普通高等院校"十二五"规划教材

单片机原理、接口与 C51 应用程序设计

主编 张先庭

副主编 向瑛 王忠 周传璘

国防工业出版社

·北京·

内 容 简 介

本书以 MCS-51 单片机为对象,分原理、扩展、接口和应用 4 个层次,讲述了单片机原理和应用技术。全书 12 章,内容包括单片机的基础知识,MCS-51 系列单片机结构,指令系统,汇编语言程序设计,中断系统,内部定时/计数器及串行接口,单片机系统扩展和 SPI、I²C、串行单总线等串行扩展技术,显示、键盘、A/D、D/A 等应用接口技术,函数及 C51 程序设计、系统抗干扰和应用系统设计等。本书内容注重新颖性和工程实用性,力求反映单片机应用领域的最新发展和培养读者的实际应用能力。

本书可作为高等院校电子信息各专业单片机课程教材,也可供单片机爱好者自学和工程技术人员参考。

图书在版编目(CIP)数据

单片机原理、接口与 C51 应用程序设计／张先庭主编.
—北京:国防工业出版社,2011.1
普通高等院校"十二五"规划教材
ISBN 978-7-118-07275-4

Ⅰ. ①单… Ⅱ. ①张… Ⅲ. ①单片微型计算机-理论
-高等学校-教材②单片微型计算机-接口-高等学校-
教材③C 语言-程序设计-高等学校-教材 Ⅳ.
①TP368.1②TP312

中国版本图书馆 CIP 数据核字(2011)第 006372 号

※

国防工业出版社出版发行
(北京市海淀区紫竹院南路 23 号 邮政编码 100048)
北京奥鑫印刷厂印刷
新华书店经售

*

开本 787×1092 1/16 印张 18½ 字数 421 千字
2011 年 1 月第 1 版第 1 次印刷 印数 1—4000 册 定价 34.00 元

(本书如有印装错误,我社负责调换)

国防书店:(010)68428422   发行邮购:(010)68414474
发行传真:(010)68411535   发行业务:(010)68472764

前　言

　　单片机是在一块集成电路芯片上集成了 CPU、存储器、I/O 接口等各种功能部件的单片微型计算机,具有集成度高、功能强、可靠性好、性价比高等优点。单片机广泛应用于工业控制、数据采集、智能化仪表、办公自动化以及家用电器等各个领域。在众多的单片机中,MCS – 51 系列单片机以其优越的性能、成熟的技术和较高的可靠性,占领了工业控制领域的主要市场。经过了 30 多年的发展,MCS – 51 系列单片机已形成了品种多、功能全、用户群庞大的系列产品,成为我国单片机应用领域的主流和高校最为流行的单片机教学机型之一。

　　本书以 MCS – 51 系列为核心,系统介绍了 MCS – 51 系列单片机的基本原理、接口技术、汇编和 C51 软件编程知识,其主要特点是:

　　(1) 注重基础性、层次性和系统性。全书分为原理、扩展、接口、应用 4 个层次,分别讲述了单片机的组成原理、中断系统、定时器和串行通信等功能部件、汇编语言编程;MCS – 51 系统存储器和 I/O 并行扩展的原理和方法,可编程并行 I/O 接口扩展原理;包括显示、键盘在内的人机接口硬件设计和软件编程,A/D、D/A 接口的原理和接口电路设计。在此基础上,介绍了 C51 的语法规则和 C51 编程方法,单片机系统设计的原则与方法,以及系统设计中可靠性和抗干扰处理措施,最后用一个工程实例介绍了单片机应用系统的设计过程。

　　(2) 注重工程实用性,力求培养读者的实际应用能力。本书在汇编语言程序设计中,通过大量例子介绍了单片机应用系统中常用的软件滤波方法和程序设计,数据的排序和查找程序设计,线性补偿查表程序设计以及人机接口中常用的数制转换程序设计;在系统设计中系统讲述了工业测控系统干扰的来源以及相应的软硬件抗扰处理措施。

　　(3) 注重新颖性,力求反映单片机应用领域的新技术和新方法。本书介绍了单片机领域广泛应用的 SPI 总线、I²C 总线和串行单总线技术;LED 点阵屏的工作原理和软硬件设计方法;常见的 LCD 字符点阵片原理和接口编程方法;此外还介绍了 C51 硬件接口编程的方式方法。

　　(4) 由浅入深,重点突出,难点分散。在介绍单片机组成、原理和汇编程序设计的基础上,分别讲述单片机外围扩展和接口方法,然后介绍单片机应用系统设计。在例题、接口电路等的选择上,尽量采用先易后难的原则,考虑与实际工程相结合并插入大量电路连接图、结构图、时序图和详细的分析说明。

本书由张先庭主编，向瑛、王忠周、周传璘副主编。第 1 章、第 3 章由向瑛编写，第 6 章、第 7 章、第 8 章由王忠编写，第 2 章、第 11 由周传璘编写，其余章节由张先庭编写。在本书编写的过程中，得到了吴开志、陈黎娟、熊德鹏、吴国辉、方庭等同事和南昌航空大学的支持和帮助，编写过程中参考了大量的教程和文献，在此一并致以衷心的感谢。

由于时间仓促和编者水平有限，加之单片机技术发展迅速，书中难免存在错误和不足之处，敬请广大读者批评指正。

编　者

2010 年 9 月

目　录

第1章 单片机的基础知识

1.1 计算机中数据的表示方法

在计算机中,能直接表示和使用的有数值数据和符号数据两大类。数值数据用来表示数值的大小,并且还带有表示数值正负的符号位。符号数据又称非数值数据,用来表示一些符号标记,包括英文大小字母、数字符号 0~9、汉字和图像信息等。由于计算机中的数据都采用二进制编码形式,因此,讨论数据的表示方法就是讨论它们在计算机中的组成格式和编码规则。

1.1.1 带符号数的表示方法

在计算机中,数值有大小,也有正负,用什么方法表示数值的符号呢?通常用一个数的最高位表示符号位,若字长为 8 位,则 D7 为符号位,D6~D0 为数值位。符号位用 0 表示正数,用 1 表示负数。例如:

$$X = (01011011)2 = + 91$$
$$X = (11011011)2 = - 91$$

这种连同一个符号位在一起的数称为机器数,它的数值称为机器数的真值。机器数的表示如图 1-1 所示。

为了运算方便,机器数在计算机中有 3 种表示法:原码、反码和补码。

原码、反码和补码都是带符号数在机器中的表示方法。在介绍这 3 种编码方法之前,先介绍模的概念和性质。

把一个计量器的容量称为模或模数,记为 M 或 mod M。例如:一个 n 位二进制计数器,它的容量是 2^n,所以它的模为 2^n(即可表示 2^n 个不同的数)。又如:时钟可表示 12 个钟点,它的模是 12。

模具有这样的性质,当模为 2^n 时,2^n 和 0 的表现形式是相同的。例如:一个 n 位的二进制计数器,可以从 0 计数到 2^{n-1},如果再加 1,计数器就会变为 0。同样,时钟的 0 点和 12 点在钟表上的表现形式也是相同的。

1. 原码

用原码表示时,最高位为符号位,正数用 0 表示,负数用 1 表示,其余的位用于表示数的绝对值。原码的表示如图 1-2 所示。

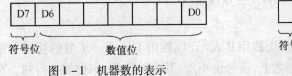

图 1-1　机器数的表示

图 1-2　原码的表示

对于一个 n 位的二进制数,其原码定义为

$$[X]_原 = \begin{cases} 2^n + X, & 0 \leqslant X < 2^{n-1} \\ 2^{n-1} + X, & -2^{n-1} < X \leqslant 0 \end{cases}$$

式中: X 为真值的 $(n-1)$ 位绝对值; n 为机器可表示的二进制位数。

【例 1.1】 求 $+67$、-25 的原码(机器字长 8 位)。

解:因为

$$|+67| = 67 = 01000011B$$
$$|-25| = 25 = 00011001B$$

所以

$$[+67]_原 = 01000011B$$
$$[-25]_原 = 10011001B$$

用原码表示时,对于 -0 和 $+0$ 的编码不一样。假设机器字长为 8 位,则

$$[-0]_原 = 10000000$$
$$[+0]_原 = 00000000$$

2. 反码

用反码表示时,最高位为符号位,正数用 0 表示,负数用 1 表示。正数的反码与原码相同,而负数的反码可在原码的基础之上,符号位不变,其余位取反得到。反码数的表示范围与原码相同,对于一个 n 位的二进制,其反码的定义为

$$[X]_反 = \begin{cases} 2^n + X, & 0 \leqslant X < 2^{n-1} \\ (2^{n-1} - 1) + X, & -2^{n-1} < X \leqslant 0 \end{cases}$$

从定义可以看出,X 为正数时,$[X]_反$ 与 X 的差别只是用 0 代替符号位,X 为负数时,用 1 表示符号位,其他各位取反。

【例 1.2】 求 $+67$、-25 的反码(机器字长 8 位)。

解:因为

$$[+67]_原 = 01000011B$$
$$[-25]_原 = 10011001B$$

所以

$$[+67]_反 = 01000011B$$
$$[-25]_反 = 11100110B$$

用反码表示时,对于 -0 和 $+0$ 的编码也不一样。假设机器字长为 8 位,则

$$[-0]_反 = 11111111$$
$$[+0]_反 = 00000000$$

3. 补码

用补码表示时,最高位为符号位,正数用 0 表示,负数用 1 表示。正数的补码与原码相同,而负数的补码可在原码的基础之上,符号位不变,其余位取反,末位加 1 得到。对于

一个负数 X，其补码也可用 $2^n - |X|$ 得到，其中 n 为计算机字长。

【例 1.3】求 $+67$、-25 的补码（机器字长 8 位）。

解：因为

$$[+67]_{原} = 01000011B$$

$$[-25]_{原} = 10011001B$$

所以

$$[+67]_{补} = 01000011B$$

$$[-25]_{补} = 11100111B$$

另外，对于计算补码，也可用一种求补运算方法求得。

求补运算：一个二进制数，符号位和数值位一起取反，末位加 1。

求补运算具有以下特点：

对于一个数 X，有

$$[X]_{补} \xrightarrow{求补} [-X]_{补} \xrightarrow{求补} [X]_{补}$$

那么，已知正数的补码，则可通过求补运算求得对应负数的补码，已知负数的补码，相应也可通过求补运算求得对应正数的补码，也就是说，在用补码表示时，求补运算可得到数的相反数。

【例 1.4】已知 $+25$ 的补码为 00011001B，用求补运算求 -25 的补码。

解：因为

$$[25]_{补} \xrightarrow{求补} [-25]_{补}$$

所以

$$[-25]_{补} = 11100110 + 1 = 11100111B$$

对于一个 n 位的二进制数，用补码表示时，对于 -0 和 $+0$，其补码是相同的，假设机器字长为 8 位，则

$$[+0]_{补} = 00000000$$

$$[-0]_{补} = 00000000$$

4. 补码的加减运算

在现在的计算机中，有符号数的表示都用补码表示，用补码表示时运算简单。补码的加减法运算规则为

$$[X+Y]_{补} = [X]_{补} + [Y]_{补}$$

$$[X-Y]_{补} = [X]_{补} + [-Y]_{补}$$

即求两个数之和的补码，直接用两个数的补码相加；求两个数之差的补码，用被减数的补码加减数的相反数的补码（$[-Y]_{补}$）。

【例 1.5】假设计算机字长为 8 位，完成下列补码运算。

（1）$(+25) + (+32)$

解：因为

$$[+25]_\text{补} = 00011001B \quad [+32]_\text{补} = 00100000B$$

$$[+25]_\text{补} = 00011001$$
$$\underline{+\ [+32]_\text{补} = 00100000}$$
$$00111001$$

所以

$$[(+25) + (+32)]_\text{补} = [+25]_\text{补} + [+32]_\text{补} = 00111001B = [+57]_\text{补}$$

(2) (+25) + (−32)

解：因为

$$[+25]_\text{补} = 00011001B \quad [-32]_\text{补} = 11100000B$$

$$[+25]_\text{补} = 00011001$$
$$\underline{+\ [-32]_\text{补} = 11100000}$$
$$11111001$$

所以

$$[(+25) + (-32)]_\text{补} = [+25]_\text{补} + [-32]_\text{补} = 11111001B = [-7]_\text{补}$$

(3) (+25) − (+32)

解：因为

$$[+25]_\text{补} = 00011001B \quad [+32]_\text{补} = 00100000B$$

$$[-32]_\text{补} = \{ [+32]_\text{补} \}_{\text{求补}} = 11100000B$$

$$[+25]_\text{补} = 00011001$$
$$\underline{+\ [-32]_\text{补} = 11100000}$$
$$11111001$$

所以

$$[(+25) - (+32)]_\text{补} = [+25]_\text{补} + \{ [+32]_\text{补} \}_{\text{求补}} = 11111001B = [-7]_\text{补}$$

(4) (+25) − (−32)

解：因为

$$[+25]_\text{补} = 00011001B \quad [-32]_\text{补} = 11100000B$$

$$[+32]_\text{补} = \{ [-32]_\text{补} \}_{\text{求补}} = 00100000B$$

$$[+25]_\text{补} = 00011001$$
$$\underline{+\ [+32]_\text{补} = 00100000}$$
$$00111001$$

所以

$$[(+25) - (-32)]_\text{补} = [+25]_\text{补} + \{ [-32]_\text{补} \}_{\text{求补}} = 00111001B = [+57]_\text{补}$$

从以上可以看出，通过补码进行加减运算非常方便，而且能把减法转换成加法，得到正确的结果。

5. 十进制数的表示

计算机内部对信息是按二进制方式进行处理的，但人们生活中习惯使用十进制。为了处理方便,在计算机中,对于十进制数也提供了十进制编码形式。

十进制编码又称为 BCD 码,分为压缩 BCD 码和非压缩 BCD 码。压缩 BCD 码又称为 8421 码,它用 4 位二进制编码来表示 1 位十进制符号。十进制数符号有 10 个: 0 ~ 9,编码情况如表 1 - 1 所列。

表 1 - 1　压缩 BCD 编码表

十进制符号	压缩 BCD 编码	十进制符号	压缩 BCD 编码
0	0000	5	0101
1	0001	6	0110
2	0010	7	0111
3	0011	8	1000
4	0100	9	1001

用压缩 BCD 码表示十进制数,只要把每个十进制符号用对应的 4 位二进制编码代替即可。例如,十进制数 124 的压缩 BCD 码为 0001 0010 0100。十进制数 456 的压缩 BCD 码为 0100 0101 0110。

非压缩 BCD 码是用 8 位二进制编码来表示 1 位十进制符号,其中低 4 位二进制编码与压缩 BCD 码相同,高 4 位任取。例如,下面介绍的数字符号的 ASCII 码就是一种非压缩的 BCD 码。用非压缩 BCD 码表示十进制数,1 位十进制符号须用 8 位二进制数表示。例如,十进制数 124 的非压缩 BCD 码为 0011 0001 0011 0010 0011 0100。

1.1.2　字符在计算机内的表示

在计算机信息处理中,除了处理数值数据外,还涉及大量的字符数据。例如,从键盘上输入的信息或打印输出的信息都是以字符方式输入/输出的,字符数据包括字母、数字、专用字符及一些控制字符等,这些字符在计算机中也是用二进制编码表示的。现在的计算机中字符数据的编码通常采用的是美国信息交换标准代码(American Standard Code for Information Interchange, ASCII)。基本 ASCII 码标准定义了 128 个字符,用 7 位二进制来编码,包括英文 26 个大写字母,26 个小写字母、10 个数字符号 0 ~ 9,还有一些专用符号(如“:”、“!”、“%”)及控制符号(如换行、换页、回车等)。常用字符的 ASCII 码见附录1。

计算机中一般以 8 位二进制表示 1 个字节,字符 ASCII 码通常放于低 7 位,高位一般补 0,在通信时,最高位常用作奇偶校验位。

1.2　微型计算机的基本结构

微型计算机主要由微处理器、存储器、I/O 接口和 I/O 设备组成。各组成部分之间通过系统总线联系在一起(图 1 - 3)。

1. 微处理器

微处理器 CPU 是计算机的核心部件,它的性能在很大程度上决定了计算机的性能。

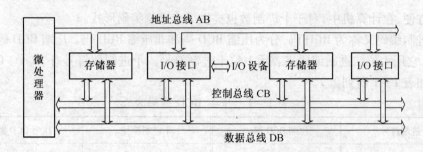

图 1-3　微型计算机结构

2. 系统总线(System Bus)

总线(Bus)就是将多个装置或部件连接起来并传送信息的公共通道。总线实际上是一组传输信号的线路。系统总线一般分为 3 种类型,即地址总线、数据总线和控制总线,有时也称为三大总线。

1) 地址总线(Address Bus,AB)

地址总线主要用来传输 CPU 发出的地址信息,选择需要访问的存储单元和 I/O 接口电路。地址总线是单向的,只能由 CPU 向外传送地址信息。地址总线的位数决定了可以直接访问的存储器的单元数目。

2) 数据总线(Data Bus,DB)

数据总线用来在微处理器和存储器以及输入/输出(I/O)接口之间传送数据,如从存储器中取数据到 CPU,把运算结果从 CPU 送到外部输出设备等。数据总线是双向的,即数据可从 CPU 传出,也可以从外部送入 CPU,微处理器的位数和外部数据总线的位数应该一致。

3) 控制总线(Control Bus,CB)

控制总线可以是 CPU 的控制信号或状态信号,也可以是外部设备的请求信号或联络信号。对于每一条具体的控制线,信号的传送方向是固定的,个别信号线还兼有双向功能。

系统总线是传送信息的通道,非常繁忙,其使用特点如下:

(1) 在某一时刻,只能由一个总线主控设备控制总线,其他总线主控设备必须放弃总线的控制权。

(2) 在连接系统总线的各个设备中,同时只能有一个发送者向总线发送信号,但可以多个设备同时从总线上获取信号。

3. 存储器(Memory)

存储器就是存放程序和数据的部件。有了存储器,计算机才能进行程序的运行和数据的处理。微型计算机上的存储器分为"主存"和"辅存"两类,当前它们主要由半导体存储器和磁盘、光盘存储器等分别构成。

半导体存储器造价高、速度快,但容量小,主要用来存放当前正在运行的程序和正在等待处理的数据。它分为只读存储器(Read Only Memory,ROM)和随机存取存储器(Random Access Memory,RAM)两种。ROM 只允许读操作,即在正常工作时只能读取其中的信息;RAM 可进行读/写操作,除读出外也可写入,所以又称为读写存储器。一般的 RAM

在断电后原来存放的信息将会丢失，而 ROM 中的信息可在断电后长期保存。

磁盘、光盘造价低、容量大，信息可长期保存，但速度慢，主要用来存放暂不运行的程序和暂不处理的数据。

4. I/O 设备和 I/O 接口

I/O 设备是指微型计算机上配备的输入/输出设备，也称外部设备或外围设备（简称外设），其功能是为微型计算机提供具体的输入/输出手段。微型计算机配置的常见 I/O 设备有键盘、显示器等。

I/O 接口主要完成匹配外设与 CPU 的工作速度、完成信号变换、数据缓冲和 CPU 联络等工作。

1.3　微处理器的组成及功能

图 1-4 为微处理器的组成框图，它包括运算器和控制器两部分。

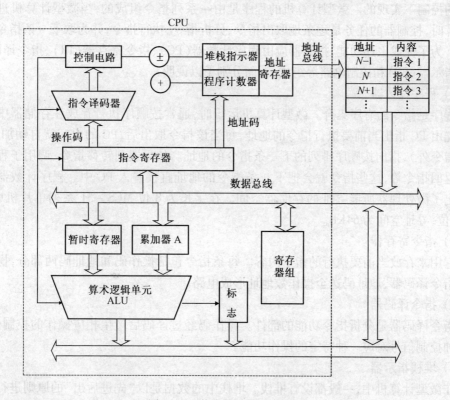

图 1-4　微处理器的组成框图

1. 运算器的组成及功能

运算器由算术逻辑单元（ALU）、累加器 A、通用寄存器组、暂存寄存器（TMP）、标志寄存器（PSW）以及其他逻辑电路组成。它是在控制器的控制下，对二进制数进行算术或逻辑运算的装置。

算术逻辑运算单元 ALU 是由加法器和其他逻辑电路组成的。它有两个输入端，其中一个为累加器 A，另一个为暂存器，有时还包含标志寄存器中的进位。在指令译码后的控制信号作用下,ALU 完成各种算术或逻辑运算,运算结果经数据总线送累加器 A,同时影响标志寄存器中的状态。

累加器 A 是运算器的关键部件之一,它有两种功能:为 ALU 的一个输入端存放第一个操作数;存放 ALU 运算结果。

寄存器组用来暂存参加运算的操作数、中间结果或地址。它是为高速处理数据而设置的,其个数因不同种类的 CPU 而异。

暂存寄存器作为 ALU 的另一输入端,用来暂存从数据总线或通用寄存器送来的操作数,供 ALU 进行运算;同时也能将数据送到内部数据总线。

标志寄存器用来保存 ALU 运算结果的状态,如进位、溢出、结果为零、奇偶数等。这种状态作为控制程序转移的条件。微型计算机的智能化,就是依赖于状态标志位 F。

2. 控制器的组成及功能

控制器是发布操作命令的机构,犹如人脑的神经中枢。计算机程序和原始数据的输入,CPU 内部的信息处理,处理结果的输出,外部设备与主机之间的信息交换等都是在控制器的控制下实现的。微型计算机的程序是由一系列指令组成的,当微型计算机进行自动运算时,控制器的任务是逐条地取出指令、分析指令、执行指令,并为取下一条指令做好准备。为了完成上述功能,控制器应由程序计数器(PC)、指令寄存器(IR)、指令译码器、堆栈指示器(SP)和控制电路等组成,下面分别予以说明:

1) 程序计数器

程序是指令的有序集合。微型计算机运行时,通常按顺序执行存放在存储器中的程序。先由 PC 指出当前要执行指令的地址,每当该指令取出后,PC 的内容就自动加 1(除转移指令外),指向按顺序排列的下一条指令的地址。如果遇到转移指令、调用子程序指令或返回指令等,这些指令就会把下一条指令的地址直接置入 PC 中。程序计数器的位数决定了微处理器所能寻址的存储器空间。在字长为 8 位 MCS - 51 系列单片机中,PC 为 16 位,寻址空间为 64KB。

2) 指令寄存器

它用来存放当前要执行的指令内容。每条指令包括操作码和地址码两部分,操作码送往指令译码器,地址码送至操作数地址形成电路。

3) 指令译码器

指令译码器是分析指令功能的部件。操作码经过译码后产生相应操作的控制信号,每一种控制信号对应一种特定的操作功能。

4) 堆栈指示器

在微型计算机中,一般都设有堆栈。堆栈中的数据是以"先进后出"的原则进行存取的。这种存取方式对于处理中断、调用子程序都非常方便。为实现堆栈操作一般要在内存开辟某一堆栈区域,栈顶由堆栈指示器自动管理。堆栈指示器中的内容称为堆栈指针,每次进行推入或弹出操作后,堆栈指示器便自动指向栈顶。

5) 控制电路

控制电路的主要功能是根据指令产生微型计算机各部件所需要的控制信号。这些控制信号是由指令译码器的输出、CPU 时序和外部状态信号等进行组合而产生的。它按一定的时间顺序发出一系列操作控制信号,以完成指令所规定的全部操作。

1.4　单片机的概念及其特点

　　单片机是在一块集成电路芯片上集成了控制器、存储器、运算器和输入/输出端口的单片微型计算机。它是应测控领域的需要而诞生的,用以实现各种检测和控制。它的组成结构既包含通用微型计算机中的基本组成部分,又增加了具有实时测控功能的一些部件,可在外部扩展 A/D 转换器、D/A 转换器、脉冲调制器等用于测控的部件。当前,为适应测控应用的需要,单片机发展了通用型和专用型两大类。通用型单片机的内部资源丰富,性能全面,适应能力强,用户可以根据需要设计各种不同的应用系统;专用型单片机是针对各种特殊场合专门设计的芯片,这种单片机的针对性强,能实现系统的最简化和资源的最优化,可靠性高、成本低,在应用中有很明显的优势。

　　单片机产生于 1971 年 Intel 公司发明的 4 位单片机。1976 年该公司推出了 MCS – 48 单片机,标识着单片机进入了 8 位机时代。此后,在 MCS – 48 的带领下,各大半导体公司相继研制和发展了自己的单片机,如 Zilog 公司的 Z8 系列,Intel 公司的 MCS – 51 系列,Motorola 公司的 6801 和 6802 系列等。此时的单片机均大多集成了 CPU、RAM、ROM、数目繁多的 I/O 接口、多种中断系统,甚至还有一些带 A/D 转换器。可以说,单片机此时发展到了一个全新阶段,应用领域更广泛,特别是家用电器从此走上了利用单片机控制的智能化发展道路。20 世纪 90 年代以后,单片机获得了飞速的发展,世界各大半导体公司相继开发了功能更为强大的单片机。新一代单片机有以下几方面特点:

　　(1) 一方面,CPU 仍以 8 位为主流,并不断完善;另一方面发展了 16 位、32 位的单片机。

　　(2) 早期单片机多使用 CISC(Complex Instruction Set Computer)系统结构,近来 RISC(Reduced Instruction Set Computer)单片机已大力发展。

　　(3) 片内程序存储器的类型不断更新。片内程序存储器的类型可分为 ROM 型、EPROM 型、无 ROM 型和低成本的 OTP(One Time Programmable ROM)型。近年来,Flash ROM 已获得了普遍发展。由于 Flash ROM 可在线多次写入,有些公司称之为 MTP(M – Time Programmable ROM)型。Flash ROM 的普遍使用,也导致了 ISP(In – System Progammable)技术的迅速发展。可扩展容量有的已突破 64KB,达到 2MB 以上。片内 RAM 已有 2KB 以上的产品,可扩展容量也可达到 2MB 以上。

　　(4) 产品日趋复杂化、多样化、专用化。在原来微型计算机结构的基础上,集成嵌入了一些外设与一些外设驱动单元,如通用接口、看门狗(Watchdog)、A/D 和 D/A、LCD 驱动单元、遥控键盘、语音接口、串行总线 I^2C,甚至通用串行总线(Universal Serial Bus,USB)、控制器局域网(Controller Area Network,CAN)等。某些公司把数字信号处理器(Digital Signal Processor,DSP)也嵌入了单片机内。

　　(5) 多采用 CMOS 工艺,出现双时钟、低电压单片机,大大降低了系统功耗。时钟速度大幅提高,有的已达 100MHz 以上。引脚数过去多为 40PIN,现在已向多引脚(100PIN 以上)和少引脚(20PIN 以下)两个方向发展。封装形式多样化,有 DIP、SH – DIP、OFP、SQFP、HQFP、TQFP、PGA、BGA、PLCC 等。

1.5　典型的单片机产品

目前,世界上生产单片机的厂商有几十家,本节介绍具有代表性的典型单片机产品。

1. Intel 公司的单片机

Intel 公司是最早推出单片机的公司之一。早在 20 世纪 70 年代末 80 年代初,先后推出 MCS – 48、MCS – 51(8 位机)和 MCS – 96(16 位机)三大系列几十个型号的单片机。MCS – 51 是最经典的 8 位机,该系列包括 3 个基本型号:8031(无 ROM 型)、8051(ROM 型)、8751(EPROM 型)。

2. ATMEL 单片机

ATMEL 公司在 1994 年以 EEPROM 技术和 Intel 公司的 80C31 单片机核心技术进行交换,从而取得 80C31 核的使用权。先进的 Flash 技术和 80C31 核相结合,生产出具有 8051 结构的 Flash 型和 EEPROM 型单片机(尤其是 89C51 和 89C52)。

3. Philips 单片机

Philips 公司在 MCS – 51 基础上生产了多种特殊用途的单片机,如内带 A/D 或 D/A 转换器的单片机,扩展 I^2C 总线的单片机、支持 CAN 总线协议的单片机等。

4. Microchip 单片机

Microchip 公司有 PIC1×××系列 8 位单片机和 PIC2×××系列 16 位单片机。Microchip 的 8 位单片机为 FLASH 型单片机,采用 RSIC(精简指令系统),仅 33 条指令,指令少,速度快,广泛应用于汽车电子行业。主要产品有 PIC10×××、PIC12×××、PIC16×××、PIC17×××、PIC18×××系列多种型号。

5. Motorola 单片机

Motorola 公司的 8 位单片机有 68HC05、68HC08 和 68HC11 几种。68HC05 是 Motorola 公司推出的一种采用 HCMOS 技术的 8 位单片机,是世界上产量排名第一的著名单片机。

6. Silicon Laboratories 单片机

C8051F 系列单片是 Silicon Laboratories 公司的主要产品。它是一种典型的高性能单片机,完全集成混合信号系统级芯片(SOC System of Chip),完全兼容 MCS – 51;采用流水线(Pipe Line)技术,不再区分时钟周期和机器周期,提高了指令执行效率;具备控制系统所需的模拟和数字外设,包括看门狗、ADC、DAC、电压比较器、电压基准输出、定时器、PWM、定时器捕捉和方波输出等;并具备多种总线接口,包括 UART、SPI、SMBUS(与 I^2C 兼容)总线以及 CAN 总线。C8051F 系列单片机采用 Flash ROM 技术,集成 JTAG,支持在线编程。

1.6　单片机的应用

单片机作为微型计算机发展中的一个分支,以其规模不大、功能较全的优点,在国民经济建设、军事及家用电器等各个领域均得到了广泛的应用。

1. 在智能仪表中的应用

广泛地应用于电力系统、交通运输工具、计量等各种仪器仪表之中,使仪器仪表智能化。如电参量测量仪、船舶航行状态记录仪、酒精度测试仪等。

2. 在机电一体化中的应用

机电一体化产品是指集机械技术、微电子技术、自动化技术和计算机技术于一体,具有智能化特征的机电产品。如单片机控制的各种机床、全制动注塑机等。

3. 在实时控制中的应用

单片机广泛应用于各种实时系统。如对工业上各种窑炉的温度、酸度、化学成分的测量和控制。将测量技术、自动控制技术和单片机技术相结合、充分发挥数据处理能力和实时控制功能,使系统工作于最佳状态,提高了系统的生产效率和产品的质量。

4. 单片机在分布式多机系统中应用

分布式多机系统具有功能强、可靠性高的特点。单片机在这种系统中一般作为系统的一个端节点,负责对现场信息的实时测控。

5. 单片机在家用电器等消费类领域中的应用

目前家用电器几乎都是单片机控制的电脑产品。如空调、冰箱、洗衣机、微波炉、彩电、音响、家庭报警器、电子宠物、手机、MP3 等。

1.7　单片机的发展趋势

现在可以说单片机是百花齐放、百家争鸣的时期,世界上各大芯片制造公司都推出了自己的单片机,从 8 位、16 位到 32 位,应有尽有,有与主流 C51 系列兼容的,也有不兼容的,但它们各具特色,互成互补,为单片机的应用提供广阔的天地。纵观单片机的发展过程,可以预示单片机的大致发展趋势。

1. 低功耗 CMOS 化

MCS – 51 系列的 8031 推出时的功耗达 630mW,而现在的单片机普遍都在 100mW 左右,随着对单片机功耗要求越来越低,现在的各个单片机制造商基本都采用了 CMOS(互补金属氧化物半导体工艺)。像 80C51 就采用了 HMOS(即高密度—金属—氧化物—半导体工艺)和 CHMOS(互补—高密度—金属—氧化物—半导体工艺)。CMOS 虽然功耗较低,但由于其物理特征决定其工作速度不够高,而 CHMOS 则具备了高速和低功耗的特点,这些特征,更适合于在要求低功耗如电池供电的应用场合。所以这种工艺将是今后一段时期单片机发展的主要途径。

2. 微型单片化

现在常规的单片机普遍将 CPU、RAM、ROM、并行和串行通信接口,中断系统、定时电路、时钟电路集成在一个单一的芯片上,增强型的单片机集成了如 A/D 转换器、PMW(脉宽调制电路)、WDT(看门狗),有些单片机还将 LCD(液晶)驱动电路都集成在单一的芯片上。这样单片机包含的单元电路就更多,功能就越强大。为实现小型化,现在许多单片机都具有多种封装形式,其中 SMD(表面封装)越来越受欢迎,使得由单片机构成的系统正朝微型化方向发展。此外,扩大电源电压范围以及在较低电压下仍然能工作是现在新推出的单片机的一个特点。

3. 开发手段和工具更先进

目前借助于 JTAG 接口构成 JTAG 调试器,直接从 CPU 获取调试信息而使得产品的设计简化,从而使得开发工具的价格反而要低于 ICE; 用高级语言代替汇编语言也渐成趋势,典型的单片机都推出了自己的 C 编译器,其中 Keil C51 的编译效率已达到很高水平;RTOS 的引入解决了嵌入式软件开发标准化的难题,促进嵌入式开发软件的模块化和可移植化,为软件工程化管理打下基础。

习题与思考

1.1　简述单片机经历了哪些主要发展阶段。

1.2　简述微处理器的功能和组成。

1.3　写出下列二进制的源码、反码和补码(设字长 8 位)。

(1) +010111　　　(2) +101011

(3) −101000　　　(4) −1111111

1.4　当下列二进制数分别代表源码、反码和补码时,其等效的十进制数是多少?

(1) 11111111　　(2) 10000000　　(3) 10000001

1.5　试将下列各数转换为 BCD 码。

(1) (30)10　　　(2) (127)10

(3) 00100010B　　(4) 74H

1.6　简述微型计算机的三总线,它们各传送什么信息?

1.7　单片机有什么应用? 说说你所见到的单片机应用产品。

第2章 MCS-51系列单片机结构

2.1 MCS-51系列单片机结构与引脚

MCS-51是Intel公司生产的一个单片机系列的名称。Intel公司继1976年推出了MCS-48系列8位单片机后,于1980年推出了MCS-51系列高档8位单片机,属于这一系列的单片机芯片主要有8051/8751/8031、8052/8752/8032、8044/8744、80C51BH/87C51/80C31BH、83C252/87C252/80C252等品种。它们的引脚及指令系统相互兼容,主要在内部结构和应用上有些区别。

2.1.1 引脚及功能说明

MCS-51系列单片机的引脚封装主要有PDIP40、PLCC44和PQTF/PQFP44(图2-1)。不同封装的芯片其引脚排列位置有所不同,但它们的功能和特性都相同。方形封装(PLCC44和PQTF/PQFP44)有44引脚,其中4个NC为空引脚,PDIP40封装有40引脚。下面以PDIP40封装形式予以介绍。

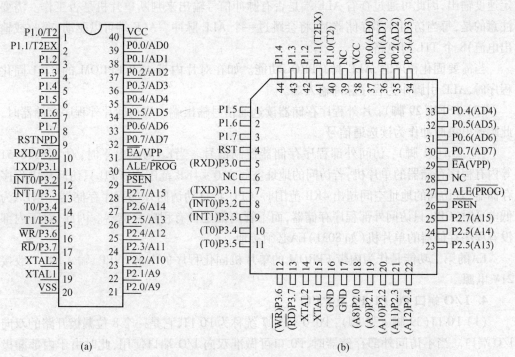

图2-1 MCS-51单片机的封装形式

(a) PIDP封装;(b) PQTF/PQTF封装。

各引脚的功能介绍如下：

1. 电源引脚

VCC(40 脚)：接 +5V 电源正端。

VSS(20 脚)：接地端。

2. 时钟电路引脚

XTAL1(19 脚)和 XTAL2(18 脚)

XTAL1：接外部晶振和微调电容的一端。在单片机内部它是振荡电路反相放大器的输入端，振荡电路的频率就是晶振的固有频率。若需采用外部时钟，对于 HMOS 单片机该引脚接地，对于 CHMOS 单片机该引脚作为外部振荡信号的输入端。

XTAL2：接外部晶振和微调电容的另一端，在单片机内部，它是反相放大器的输出端。若需采用外部时钟，对于 HMOS 单片机该引脚作为外部振荡信号的输入端，对于 CHMOS 芯片该引脚悬空不接。

3. 控制信号引脚

(1) RST/VPD(9 脚)：复位信号的输入端，高电平有效。此引脚保持两个机器周期(24 个时钟周期)以上的高电平时，就可以完成复位操作。

RST 引脚的第二个功能是 VPD，即备用电源的输入端。当 VCC 的电压值下降到低于规定的水平时，接到 VPD 的备用电源就会自动为内部 RAM 供电，以保持内部 RAM 中数据不会丢失。

(2) ALE (30 脚)：地址锁存允许信号端。在访问外部存储器时，ALE 用来锁存 P0 口扩展地址低 8 位的地址信号；在不访问外部存储器时，ALE 以时钟振荡频率的 1/6 的固定速度输出，因此可通过查看 ALE 端是否有脉冲信号输出来判断单片机是否工作。需要注意的是，每当访问外部存储器时，将会跳过一个 ALE 脉冲。ALE 端可以驱动(吸收或输出电流)8 个 TTL 门电路。

当需要固化程序时，ALE 具有$\overline{PROG}$功能。如在对片内带 4KB EPROM 的 8751 固化程序时，ALE 引脚作为程序脉冲输入端。

(3) $\overline{PSEN}$(29 脚)：片外程序存储器读选通信号输出端。当访问片外程序存储器时，此脚输出负脉冲作为读选通信号。

(4) $\overline{EA}$(31 脚)：访问外部程序存储器控制信号。当$\overline{EA}$为高电平时，对 8051、8751 等内有程序存储器的单片机，若访问的地址空间在 0 ~4KB 范围内，CPU 只访问片内程序存储器；若访问的地址空间超出 4KB 范围时，CPU 将自动访问外部程序存储器。当$\overline{EA}$为低电平时，CPU 只访问外部程序存储器，而不管内部是否有程序存储器。因此，对于内部没有程序存储器的单片机(如 8031)$\overline{EA}$必须接地。

$\overline{EA}$的第二功能是作为内带 EPROM 的单片机固化程序的电源(VPP)输入端，一般接 21V 电源。

4. I/O 端口 P0、P1、P2 及 P3 口

(1) P0 口(39 脚 ~32 脚)：P0.0 ~ P0.7 统称为 P0 口，它是一个 8 位漏极开路的双向 I/O 端口。当不访问外部存储器时，P0 口可做准双向 I/O 端口使用，此时由于内部漏极开路、一般要外接上拉电阻；当访问外部存储器时，P0 口分时提供低 8 位地址线和 8 位双向数据总线。P0 口能以吸收电流的方式驱动 8 个 TTL 负载。

（2）P1 口（1 脚 ~ 8 脚）：P1.0 ~ P1.7 统称为 P1 口，它是一个内部带上拉电阻的 8 位准双向口，一般可作 I/O 端口使用。P1 口能驱动（吸收或输出电流）4 个 TTL 负载。

（3）P2 口（21 脚 ~ 28 脚）：P2.0 ~ P2.7 统称为 P2 口，它是一个内部带上拉电阻的 8 位准双向口。在不进行外部存储器扩展时，P2 口可作一般 I/O 端口使用；当需要扩展外部存储器时，P2 口用作地址线高 8 位。P2 口能驱动（吸收或输出电流）4 个 TTL 负载。

（4）P3 口（10 脚 ~ 17 脚）：P3.0 ~ P3.7 统称为 P3 口。它是一个内部带上拉电阻的 8 位准双向口，能驱动（吸收或输出电流）4 个 TTL 负载。P3 口的每一位都具有两个功能，第一功能是用作通用的 I/O 端口使用，当 P3 口作为第二功能使用时，各端口的功能见表 2 - 1。

表 2 - 1　P3 口的第二功能

引脚	第 二 功 能	引脚	第 二 功 能
P3.0	RXD（串行接收）	P3.4	T0（定时器 0 外部输入）
P3.1	TXD（串行发送）	P3.5	T1（定时器 1 外部输入）
P3.2	$\overline{INT0}$（外部中断 0 输入）	P3.6	$\overline{WR}$（外部数据存储器写选通）
P3.3	$\overline{INT1}$（外部中断 1 输入）	P3.7	$\overline{RD}$（外部存储器读选通）

2.1.2　内部结构及功能部件

MCS - 51 系列单片机的内部结构框图如图 2 - 2 所示。分析图 2 - 2 可以看出，

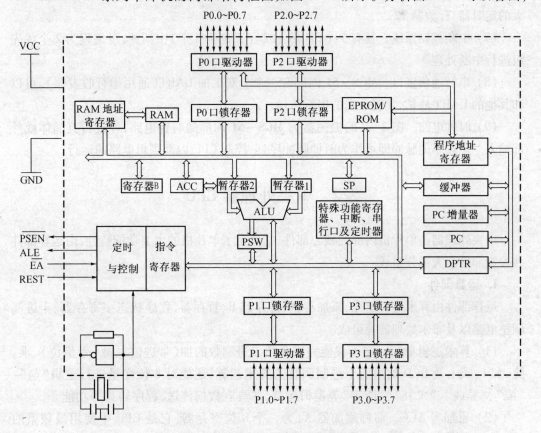

图 2 - 2　MCS - 51 单片机内部结构

MCS-51 系列单片机按其功能部件划分可由 9 部分组成。

（1）运算器。用于实现算术和逻辑运算,包括图 2-2 所示的算术核逻辑单元 ALU、累加器 ACC、程序状态寄存器（PSW）、寄存器 B 及暂存器 1 和暂存器 2 等。

（2）控制器。是控制单片机程序运行和协调各部件正常工作的"指挥中心",包括程序计数器 PC、PC 增量器、指令寄存器、指令译码器、时序及控制电路。

（3）内部数据存储器。对于 51 系列单片机,内部有 128 字节 RAM;对于 52 系列单片机,内部有 256 字节 RAM,其中低 128 字节 RAM 的地址安排与 51 系列一致,高 128 字节 RAM 空间与特殊功能寄存器区的地址重叠,需要通过不同的寻址方式来访问具体空间。

（4）内部程序存储器。8051 内部有 4KB 的 ROM 存储单元,简称"内部 ROM"。目前内部 ROM 的种类基本上有掩膜 ROM、OPT（一次性编程）类型 ROM、EPROM、Flash 等。掩膜 ROM、OPT 类型 ROM 都是一次性编程的,一般只用在定型产品中,成本低。Flash 存储器可以在线擦除和编程,用于程序调试阶段非常方便。

（5）并行 I/O 口。4 个 8 位并行 I/O 口,包括 P0 口、P1 口、P2 口、P3 口共 32 线,用于并行输入或输出数据,有的端口还具有第二功能。

（6）定时器/计数器。MCS-51 内部有两个 16 位的定时器/计数器,可以设置计数方式或定时方式,用以对外部脉冲或内部时钟进行计数。MCS-52 还增加了一个功能更强大的定时器/计数器 T2。

（7）中断控制系统。具有 5 个（MCS-52 子系列为 6 个）中断源,可编程为 2 个优先级进行中断处理。

（8）串行通信接口。MCS-51 内部有一个全双工的 UART（通用串行收发器）,可以和其他的 UART 通信,实现数据的串行传送。

（9）时钟电路。图 2-2 的振荡器为 MCS-51 内部的时钟电路,外接石英晶体或外部输入一定频率的脉冲即可作为时钟脉冲序列,控制 CPU 内部逻辑电路的运行。

2.2　中央处理器 CPU

中央处理器是单片机内部的核心部件,它决定了单片机的主要功能特性,由运算部件和控制部件两大部分组成。

1. 运算部件

运算部件由算术逻辑单元、累加器 A、寄存器 B、暂存器、程序状态字寄存器、十进制调整电路以及布尔处理器等组成。

（1）算术逻辑单元。它不仅能完成 8 位二进制数的加（带进位）、减（带借位）、乘、除、加 1、减 1 及 BCD 加法的十进制调整等算术运算,还能对 8 位变量进行逻辑"与"、"或"、"异或"、"求补"、"清零"等逻辑运算,并具有数据传送,程序转移等功能。

（2）累加器 ACC。简称累加器 A,为一个 8 位寄存器,它是 CPU 中使用最频繁的寄存器。进入 ALU 作算术和逻辑运算的操作数多来自于 A,运算结果也常送回 A

保存。

（3）寄存器 B。是为 ALU 进行乘除法时的辅助寄存器。在进行乘法运算时，累加器 A 和寄存器 B 分别存放两个相乘的数据，指令执行后，乘积的低 8 位存放在累加器 A 中，高 8 位存放在寄存器 B 中；在进行除法运算时，被除数放在累加器 A 中，除数存放在寄存器 B 中，指令执行后，商存放在累加器 A 中，余数存放在寄存器 B 中；在不进行乘除法运算时，寄存器 B 可作为一般寄存器或中间结果暂存器。

（4）程序状态字寄存器 PSW。它是一个标志寄存器，保存指令执行结果的特征信息，以供程序查询和判别。程序状态字格式及含义如表 2－2 所列。

表 2－2　程序状态字寄存器各位含义　　　　字节地址 0D0H

位序	PSW.7	PSW.6	PSW.5	PSW.4	PSW.3	PSW.2	PSW.1	PSW.0
位标识	CY	AC	F0	RS1	RS0	OV	—	P

CY：在执行算术运算和逻辑运算指令时，用于记录最高位的进位或借位。在进行 8 位加法运算时，若运算结果的最高位 D7 位有进位，则 CY 置 1，否则 CY 清 0。在进行 8 位减法运算时，若被减数比减数小需借位时，则 CY 置 1，否则 CY 清 0。另外，也可通过逻辑指令使 CY 置位或清零。

AC：辅助进位标志位。用于记录在进行加法和减法运算时，低 4 位向高 4 位是否有进位或借位。当有进位或借位时 AC 置 1，否则 AC 清 0。

F0：用户标志位。是系统预留给用户自己定义的标志位，可以用软件使它置位或清零。在编程时，也可以通过软件测试 F0 以控制程序的流向。

RS1、RS0：寄存器组选择位。可用软件置位或清零，用于从 4 组工作寄存器组中选定一个当前的工作寄存器组。

OV：溢出标志位。在加法或减法运算时，由硬件置位或清 0，以指示运算结果是否溢出。OV＝1 反映运算结果超出了累加器的数值范围（无符号数的范围是 0～255，以补码形式表示的一个有符号数的范围为－128～127）。进行无符号数的加减法运算时，OV 的值与进位标识 CY 的值相同；进行有符号数的加法运算时最高位、次高位之一有进位，或减法运算时最高位、次高位之一有借位时，OV 被置位，即 OV 的值为最高位与次高位的异或值（C7⊕C6）。执行乘除法运算时也会影响 OV 位，当乘法运算的结果大于 255 或除数 B 中的值为 0 时 OV 置 1。

P：奇偶标志位。用于记录指令执行后累加器 A 中 1 的个数的奇偶性。若累加器 A 中 1 的个数为奇数则 P 置 1；若累加器 A 中 1 的个数为偶数则 P 清 0。

PSW.1：未定义，可供用户使用。

2. 控制部件

控制部件是单片机的控制中心，它包括定时和控制电路、指令寄存器、指令译码器、程序计数器、堆栈指针、数据指针 DPTR 以及信息传送控制部件等。它先以振荡信号为基准产生 CPU 的时序，从 ROM 中取出指令到指令寄存器，然后在指令译码器中对指令进行译码，产生执行指令所需的各种控制信号，送到单片机内部的各功能部件中，指挥各功能部件产生相应的操作，完成对应的功能。

2.3 单片机的时钟与时序

MCS – 51 系列单片机具有片内振荡器和时钟电路,并以此作为单片机工作所需要的时钟信号。CPU 的时序是指各控制信号在时间上的相互联系与先后次序。单片机本身就如同一个复杂的同步时序电路,为了确保同步工作方式的实现,电路应在统一的时钟信号控制下按时序进行工作。

2.3.1 时钟电路

MCS – 51 芯片内有一个由反向放大器所构成的振荡电路。XTAL1 为振荡电路的输入端,XTAL2 为输出端。通常晶振频率为 1.2MHz ~ 12MHz,而片内的时钟产生有两种方式:一种是内部时钟方式,一种是外部时钟方式,如图 2 – 3 所示。

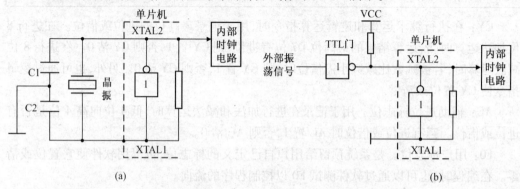

图 2 – 3 MCS – 51 单片机时钟产生方式
(a) 内部振荡方式;(b) HMOS 单片机外部振荡方式。

采用内部时钟方式时,片内的高增益反相放大器通过 XTAL1、XTAL2 外接作为反馈元件的片外晶体振荡器(呈感性)与电容组成的并联谐振回路构成一个自激振荡器,向内部时钟电路提供振荡时钟。振荡器的频率主要取决于晶体的振荡频率,电容 C1、C2 可在 5pF ~ 30pF 之间选择,电容的大小对振荡频率有微小的影响,可起频率微调作用。

2.3.2 CPU 时序

CPU 在执行指令时,通常将一条指令分解为若干基本的微操作,这些微操作所对应的脉冲信号在时间上的先后次序称为 CPU 的时序。CPU 发出的时序信号有两类,一类用于片内各功能部件的控制;另一类用于片外的存储器或扩展的 I/O 端口的控制。

1. 机器周期和指令周期

单片机的时序信号是以单片机内部时钟电路产生的时钟周期(振荡周期)或外部时钟电路送入的时钟周期为基础形成的,在它的基础上形成机器周期、指令周期和各种时序信号。

振荡周期:为单片机提供定时信号的振荡源的周期(晶振周期或外加振荡源周期)。

状态周期：两个振荡周期为 1 个状态周期,用 S 表示。

机器周期：机器周期是指 CPU 与存储器进行一次通信所需的时间。MCS-51 的每个机器周期由 6 个 S 状态组成,用 S1、S2、…、S6 表示。每个状态周期由两个 P 节拍组成,每个节拍持续一个振荡器周期(图 2-4)。若采用 6MHz 的晶体振荡器,则每个机器周期为 2μs(机器周期频率为晶体振荡器的 1/12)。

指令周期：指令周期是指执行一条指令所需的时间。在 MCS-51 的指令系统中,指令长度为 1B~4B,其中单/双字节指令的指令周期为 1 个~2 个机器周期,3 字节指令的指令周期为 2 个机器周期,乘除指令的指令周期为 4 个机器周期。若采用 6MHz 晶体振荡器,则指令执行时间分别为 2μs、4μs、8μs。

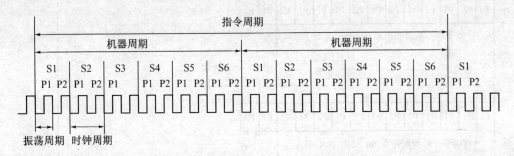

图 2-4　MCS-51 单片机各种周期的关系

2. CPU 取指令和执行指令时序

每一条指令的执行都可以分为取指和执行两个阶段。在取指阶段,CPU 从内部或外部 ROM 中取出需要执行的指令的操作码和操作数。在执行阶段对指令操作码进行译码,以产生一系列控制信号,完成指令的执行。图 2-5 列举了几种典型的 CPU 取指令和执行指令的时序。图中 ALE 信号是 MCS-51 扩展外部存储器时低 8 位地址的锁存信号,在访问程序存储器的机器周期内 ALE 信号两次有效,第一次发生在 S1P2 和 S2P1 期间,第二次发生在 S4P2 和 S5P1 期间。在访问外部数据存储器(即执行 MOVX 指令)的机器周期内,ALE 信号一次有效,发生在 S1P2 和 S2P1 期间,此时 ALE 信号输出频率是不稳定的。因此,当 ALE 信号作为时钟输出时,在 CPU 执行 MOVX 指令时,会丢失一个周期(发生在 S4P2 和 S5P1 期间),这一点应特别注意。

(1) 单周期单字节指令时序。单周期单字节指令,在 S1P2 把指令码读入指令寄存器,并开始执行指令,但在 S4P2 读下一指令的操作码要丢弃,且 PC 不加 1(图 2-5(a))。

(2) 单周期双字节指令时序。单周期双字节指令,在 S1P2 把指令码读入指令寄存器,并开始执行指令,在 S4P2 读入指令的第 2 字节(图 2-5(b))。

无论是单字节还是双字节均在 S6P2 结束该指令的操作。

(3) 单字节双周期指令的时序。单字节双周期指令,在两个机器周期之内要进行 4 次读操作,但由于是单字节指令,后 3 次读操作都是无效的(图 2-5(c))。

(4) 访问外部数据存储器的 MOVX 指令的时序。该指令是一条单字节双周期指令。一般情况下,两个指令码字节在一个机器周期内从程序存储器中取出,而 MOVX 指令执行时,第二机器周期无读操作码的操作。它在第一个机器周期 S5 开始时,送出外部数据存储器的地址,随后读或写数据,读写期间 ALE 端不输出有效信号(这就是为什么上述提到的 CPU 执行 MOVX 指令时,会丢失一个 ALE 周期)。在第二个周期,因为外部数据存储器已被寻址和选通,因此也不产生取指令码操作(图 2-5(c))。

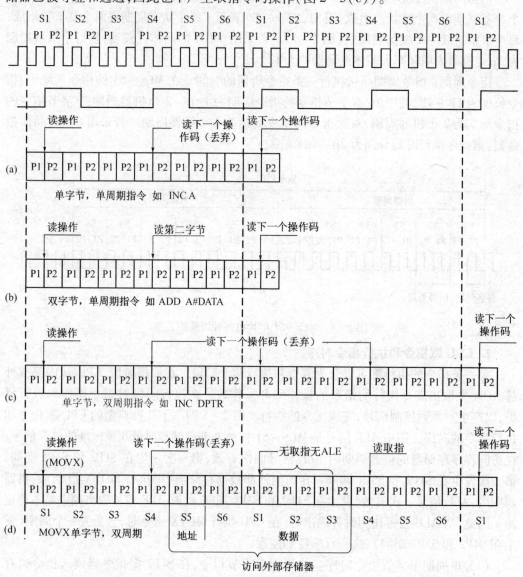

图 2-5 MCS-51 典型指令时序

2.4 MCS-51 单片机存储器及存储空间

计算机的存储器有哈佛和普林斯顿两种典型结构。哈佛结构中 RAM 和 ROM 分两个空间独立寻址;普林斯顿结构中 RAM 和 ROM 同在一个空间寻址。MCS-51 系列单片机的存储器采用哈佛结构类型,它分为程序存储器(ROM)和数据存储器(RAM),且这两类存储器各自独立编址(图 2-6)。这些存储器可以按下列 3 种方式分类:

(1) 从物理结构划分。共有 4 个存储空间,即片内程序存储器、片外程序存储器以及片内数据存储器和片外数据存储器。

（2）从使用者的角度划分。可分为 3 类,即片内、片外统一编址(0000H ~ FFFFH)的 64KB 的程序存储器地址空间;256B(00H ~ FFH)的内部数据存储器的地址空间;64KB (0000H ~ FFFFH)的外部数据存储区或 I/O 地址空间。上述 3 个空间地址是重叠的,即程序存储器片内外低地址重叠;数据存储器与程序存储器 64KB 地址全部重叠;数据存储器中片内外低 256B 地址重叠。虽然这些地址重叠,但通过单片机内部不同的指令码和寻址方式以及外部控制信号$\overline{EA}$、$\overline{PSEN}$的选择,这些空间并不会出现混乱。

（3）从功能上划分。可分为程序存储器、内部数据存储器、特殊功能寄存器、位地址空间和外部数据存储器 5 个部分。

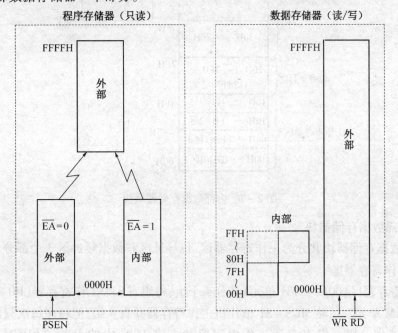

图 2 –6　单片机的存储器空间分布图

2.4.1　程序存储器

程序存储器用于存放单片机工作时的程序。单片机工作时先由用户编制好程序和表格常数,并把它存放到程序存储器中,然后在控制器的控制下,依次从程序存储器中取出指令送到 CPU 中执行,实现相应的功能。为此设有一个程序计数器(PC),用以存放要执行的指令的地址。程序计数器具有自动计数的功能,每取出一条指令,它的内容会自动加 1,以指向下一条要执行的指令,从而实现从程序存储器中依次取出指令的功能。由于 MCS –51 单片机的程序计数器为 16 位寄存器,因此程序存储器最大地空间为 64KB。

对于有内部程序存储器的单片机,当需要扩展程序存储器时,可通过引脚$\overline{EA}$来选择内外程序存储器。例如,8051/8751 型单片机有 4KB 内部程序存储器,编址为 0000H ~ 0FFFH。当$\overline{EA}$引脚接高电平时,片内、片外程序存储单元统一编址,外部程序存储器从 1000H 开始编址。PC 按先片内、后片外的顺序取指,当 PC 值大于 0FFFH 时,CPU 自动转到片外程序存储器。当$\overline{EA}$引脚接低电平时,单片机只执行片外程序存储器中的程序,此时外部程序存储器单元从 0000H 开始编址。对于不带 ROM 或 EPROM 的 80C31、80C32 单片机来说,$\overline{EA}$引脚一律接低电平。

2.4.2 内部数据存储器

MCS – 51 系列单片机的内部数据存储器由读写存储器 RAM 组成,用于存储数据。它由内部数据存储器(RAM)块和特殊功能寄存器(SFR)块组成,其结构如图 2 – 7 所示。

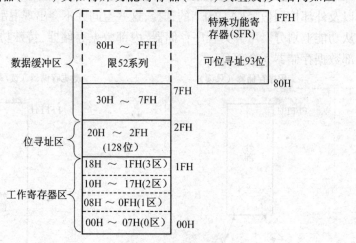

图 2 – 7　内部数据存储器结构

1. 内部数据存储器块

内部数据存储器块共分为工作寄存器区、位寻址区和数据缓冲区 3 个部分。

1)工作寄存器区

工作寄存器区(00H ~ 1FH 单元)共分 4 个组,每组有 8 个工作寄存器(R0 ~ R7)共 32 个内部 RAM 单元。虽然 MCS – 51 单片机工作寄存器共有 4 组,但程序每次只用 1 组,其他各组不工作。哪一组寄存器工作由程序状态字 PSW 中的 PSW.3(RS0)和 PSW.4(RS1)两位来选择,其对应关系如表 2 – 3 所列。CPU 通过软件修改 PSW 中 RS0 和 RS1 两位的状态,就可任选一个工作寄存器组工作。这样,虽然汇编指令中使用的工作寄存器还是 R0 ~ R7,但这些工作寄存器对应的地址单元已发生了变化。这个特点使 MCS – 51 单片机具有快速现场保护功能,对于提高程序的效率和响应中断的速度是很有利的。若程序中并不需要全部的工作寄存器组,那么剩下的工作寄存器组所对应的单元也可以作为一般的数据缓冲区使用

表 2 – 3　工作寄存器的选择

组号	RS1	RS0	R0	R1	R2	R3	R4	R5	R6	R7
0	0	0	00H	01H	02H	03H	04H	05H	06H	07H
1	0	1	08H	09H	0AH	0BH	0CH	0DH	0EH	0FH
2	1	0	10H	11H	12H	13H	14H	15H	16H	17H
3	1	1	18H	19H	1AH	1BH	1CH	1DH	1EH	1FH

2）位寻址区

从 20H ~2FH 的 16 个字节的 RAM 为位地址区。它具有双重寻址功能,既可以进行位寻址操作,也可以同普通 RAM 单元一样按字节寻址操作。16 个字节共有 128 位,每一位都有相对应的位地址,位地址范围从 00H ~7FH(表 2 -4)。例如,21H 单元的第 0 位对应的位地址为 08H,21H 单元的第 7 位对应的位地址为 0FH。

表 2 -4　内部 RAM 位寻址的位地址

RAM 地址	D7	D6	D5	D4	D3	D2	D1	D0
20H	07H	06H	05H	04H	03H	02H	01H	00H
21H	0FH	0EH	0DH	0CH	0BH	0AH	09H	08H
22H	17H	16H	15H	14H	13H	12H	11H	10H
23H	1FH	1EH	1DH	1CH	1BH	1AH	19H	18H
24H	27H	26H	25H	24H	23H	22H	21H	20H
25H	2FH	2EH	2DH	2CH	2BH	2AH	29H	28H
26H	37H	36H	35H	34H	33H	32H	31H	30H
27H	3FH	3EH	3DH	3CH	3BH	3AH	39H	38H
28H	47H	46H	45H	44H	43H	42H	41H	40H
29H	4FH	4EH	4DH	4CH	4BH	4AH	49H	48H
2AH	57H	56H	55H	54H	53H	52H	51H	50H
2BH	5FH	5EH	5DH	5CH	5BH	5AH	59H	58H
2CH	67H	66H	65H	64H	63H	62H	61H	60H
2DH	6FH	6EH	6DH	6CH	6BH	6AH	69H	68H
2EH	77H	76H	75H	74H	73H	72H	71H	70H
2FH	7FH	7EH	7DH	7CH	7BH	7AH	79H	78H

3）数据缓冲区和堆栈工作区

(1)数据缓冲区。30H ~7FH 是数据缓冲区(又称用户 RAM 区)共 80 个单元。对于 52 子系列,数据缓冲区为 30H ~ FFH 单元,共 208 个单元。另外,通用寄存器组区和位寻址区中未用的单元也可作为用户数据缓冲区使用。数据缓冲区用于存放中间结果,或设定为堆栈工作区。

(2)堆栈工作区。设置堆栈的目的是用于数据的暂存,中断、子程序调用时断点和现场的保护和恢复。堆栈就是在单片机内部 RAM 中,从某个选定的存储单元开始划定的一个地址连续的区域。这个区域本身没有任何特殊之处,它就是用户 RAM 的一部分,也是用来存放数据的;不同之处是这个区域以选定的某个存储单元作为栈底,只允许向一个方向写入数据(最后写入数据的存储单元称为栈顶)。堆栈的写入方向有两种形式:从低地址向高地址方向写入的叫向上生长型;从高地址向低地址方向写入的叫向下生长型。

MCS－51 单片机设置的是向上生长型堆栈。数据写入堆栈叫入栈（PUSH 指令），数据从堆栈中读出叫出栈（POP 指令）。按堆栈的规定，入栈和出栈只能在堆栈的一端按"先入后出、后入先出"的原则进行，因此，向上生长型堆栈栈顶存储单元的地址必定随着数据的入栈而递增，随着数据的出栈而递减。向上生长型堆栈如图 2－8 所示。

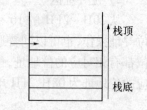

图 2－8　向上生长型堆栈

MCS－51 单片机中，最后一个写入的栈顶地址存储在特殊功能寄存器 SP（栈顶指针）中。当执行入栈操作（PUSH 指令）时，SP 就会在原来基础上自动加 1，其操作过程是：先将 SP 加 1（SP←SP + 1），然后将要入栈的数据存放在 SP 指定的存储单元中。当执行出栈操作（POP 指令）时，SP 就会在原来基础上自动减 1，其操作过程是：先将 SP 指定的存储单元的内容传送到 POP 指令给定的寄存器或内部 RAM 单元，然后 SP 减 1（SP SP←SP - 1）。当栈中位空（无数据）时，栈顶地址等于栈底地址，两者重合，SP 的内容即为栈底地址。栈底地址一旦设定，就固定不变，直到重新设置。每当数据出栈或入栈时 SP 的内容随之变化，即栈顶随之浮动。

MCS－51 单片机系统复位后，SP 的值为 07H，为避免占用宝贵的工作寄存器区和位寻址区，一般要对复位后的 SP 值进行修改，把堆栈开辟在通用寄存器区（30H ~ 7FH）。

2. 特殊功能寄存器块

特殊功能寄存器（SFR）又称为专用寄存器。它专用于控制、管理单片机算术逻辑部件、并行 I/O 口锁存器、串行口数据缓冲器、定时器/计数器、中断系统等功能模块的工作。SFR 的地址空间为 80H ~ FFH，且凡字节地址能被 8 整除的专用寄存器都有位地址，可实现位操作（表 2－5）。

表 2－5　特殊功能寄存器和位地址分布

符号	地址	位地址与位名称							
		D7	D6	D5	D4	D3	D2	D1	D0
SBUF	99H								
P2	A0H	A7	A6	A5	A4	A3	A2	A1	A0
IE	A8H	EA AF	—	ET2 AD	ES AC	ET1 AB	EX1 AA	ET0 A9	EX0 A8
B0H	B7	B7	B6	B5	B4	B3	B2	B1	B0
IP	B8	—		PT2 BD	PS BC	PT1 BB	PX1 BA	PT0 B9	PX0 B8
T2CON	C8	TE2 CF	EXF2 CE	RCLK CD	TCLK CC	EXEN2 CB	TR2 CA	C/$\overline{\text{T2}}$ C9	CP/$\overline{\text{PL2}}$ C8
RLDL	CAH								
RLDH	CBH								
T2L	CCH								

（续）

符号	地址	位地址与位名称							
		D7	D6	D5	D4	D3	D2	D1	D0
T2H	CDH								
PSW	D0H	CY D7	AC D6	F0 D5	RS1 D4	RS0 D3	OV D2	— D1	P D0
ACC	E0H	E7	E6	E5	E4	E3	E2	E1	E0
B	F0H	F7	F6	F5	F4	F3	F2	F1	F0
P0	80H	87	86	85	84	83	82	81	80
SP	81H								
DPL	82H								
DPTR DPH	83H								
TCON	88H	TF1 8F	TR1 8E	TF0 8D	TR0 8C	IE1 8B	IT1 8A	IE0 89	IT0 88
TMOD	89H	GATE	C/T	M1	M0	GATE	C/T	M1	M0
TL0	8AH								
TL1	8BH								
TH0	8CH								
TH1	8DH								
P1	90H	97	96	95	94	93	92	91	90
PCON	97H	SMOD	—	—	—	GF1	GF0	PD	IDL
SCON	98H	SMOD 9F	SM1 9EH	SM2 9D	REN 9C	TB8 9B	RB8 9A	T1 99	R1 98

对于 52 系列单片机，SFR 与用户 RAM 块高 128 字节地址重叠（图 2 −6）。单片机采用不同寻址方式来区别它们：对 SFR 的读写采用直接寻址方式；对内部 RAM 高 128 字节的读写采用间接寻址方式。

2.4.3　外部数据存储器

外部数据存储器一般由静态 RAM 芯片组成，用户可根据设计需要外部扩展。MCS −51 单片机访问外部数据存储器可由 1 个特殊功能寄存器 DPTR 进行寻址，由于 DPTR 为 16 位寄存器，所以外部数据存储器的最大扩展容量是 64KB。

外部数据存储器的地址空间为 0000H ~ FFFFH，其中 0000H ~ 00FFH 区间与内部数据存储空间是重叠的，CPU 采用不同的指令码予以区别，对内部数据存储器采用 MOV 指令读写，对外部存储器采用 MOVX 指令读写。

另外应注意，若用户的应用系统要扩展 I/O 接口时，数据区与扩展的 I/O 接口统一编址，所有的外围 I/O 接口地址均占用外部 RAM 的地址单元，因此要合理分配地址单元，保证地址译码的唯一性。

2.5 MCS-51 单片机并行 I/O 口

MCS-51 单片机内部有 4 个 8 位的并行 I/O 口 P0、P1、P2、P3，其中 P1 口、P2 口、P3 口为准双向口，P0 口为双向的三态数据线口。各端口均由端口锁存器、输出驱动器、输入缓冲器构成。在对各端口进行读写操作时，除可把端口当作一个整体进行字节操作外，还可对端口的每一位单独执行位操作，使用起来非常方便。

1. P1 口的结构和功能

P1 口是一个准双向口，只作通用的 I/O 口使用。它作输出口使用时，能带 3 个 ~ 4 个 TTL 负载；作输入口使用时，必须先向锁存器写入"1"，使场效应管 VT 截止，然后才能读取数据。

1) P1 口结构

P1 口有 8 条端口线，命名为 P1.7 ~ P1.0，每条线的结构组成如图 2 - 9 所示。它由一个输出锁存器、两个三态缓冲器和输出驱动电路等组成。输出驱动电路设有上拉电阻。

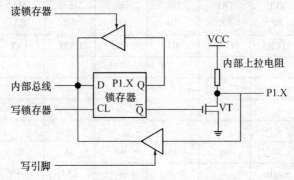

图 2 - 9 P1 口的内部结构

2) P1 口功能

P1 口的每一位可以分别定义为输入线或输出线，用户可以把 P1 口的某些位作为输入线使用，另一些位作为输出线使用。当作为输出线使用时，内部数据总线的数据在"写锁存器"信号的作用下由 D 端进入锁存器，反向输出送到 VT，再经 VT 反向输出到外部引脚 P1. X 端；当作输入线使用时，必须先向锁存器写入 1，目的是使 VT 截止以使引脚处于悬浮状态，否则若在作为输入方式之前曾向锁存器输出过"0"，则 VT 导通就会使引脚电位钳位到"0"，使高电平无法读入。

CPU 在执行"读端口"指令（如 MOV A, P1）时，单片机内部产生"读引脚"操作信号，经缓冲器输入到内部总线。

另外，CPU 在执行"读—修改—写"类指令（如 CPL P1.0）时，单片机内部产生"读锁存器"操作信号，使锁存器 Q 端的数据送到内部总线，在对该位取反后，结果又送回 P1.0 的端口锁存器并从引脚输出。之所以是"读锁存器"而不是"读引脚"，是因为这样可以避免因引脚外部电路的原因而使引脚的状态发生改变而造成误读。

2. P3 口的结构和功能

P3 口是一个内部带上拉电阻的 8 位多功能准双向口，能驱动 4 个 TTL 负载。第一功能是作通用的 I/O 口使用,其功能、原理与 P1 口相同;第二功能是作控制和特殊功能口使用,这时 8 条端口线所定义的功能各不相同。

1) P3 口的结构

P3 口有 8 条端口线,命名为 P3.7 ~ P3.0,每条线的结构如图 2-10 所示。它由一个输出锁存器、两个三态缓冲器、一个与非门和输出驱动电路等组成,输出驱动电路设有上拉电阻。

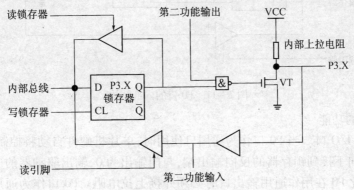

图 2-10　P3 口的内部结构

2) P3 口的功能

(1) 通用 I/O 口。当 CPU 对 P3 口进行字节或位寻址(多数应用场合是把几个端口线设为第二功能,另外几个端口线设为第一功能,这时宜采用位寻址方式)时,单片机内部的硬件将第二功能输出线置 1,端口线自动变为通用 I/O 口方式。这时若端口某位作为输出时,锁存器的状态(Q 端)与输出引脚的状态相同;若作为输入时,应先向锁存器写入 1,使引脚处于高阻输入状态。

(2) 第二功能使用。当 P3 口用于第二功能时,单片机内部硬件自动将端口锁存器的 Q 端置 1。这时 P3 口各引脚的定义见表 2-6。

表 2-6　P3 口的第二功能

引脚	第二功能	引脚	第二功能
P3.0	RXD(串行接收)	P3.4	T0(定时器 0 外部输入)
P3.1	TXD(串行发送)	P3.5	T1(定时器 1 外部输入)
P3.2	$\overline{\text{INT0}}$(外部中断 0 输入)	P3.6	$\overline{\text{WR}}$(外部数据存储器写选通)
P3.3	$\overline{\text{INT1}}$(外部中断 1 输入)	P3.7	$\overline{\text{RD}}$(外部存储器读选通)

3. P0 口的结构和功能

P0 口是一个三态双向 I/O 口,它有两种不同的功能,用于不同的工作环境。在不需要进行外部 ROM、RAM 等扩展时,作为通用的 I/O 口使用;在需要扩展时,采用分时复用的方式,通过地址锁存器后作为地址总线的低 8 位和 8 位数据总线。

1) P0 口结构

P0 口有 8 条端口线,命名为 P0.7 ~ P0.0,每条线的结构组成如图 2-11 所示。它由一个输出锁存器、转换开关 MUX、两个三态缓冲器、与门和非门、输出驱动电路和输出控制电路等组成。

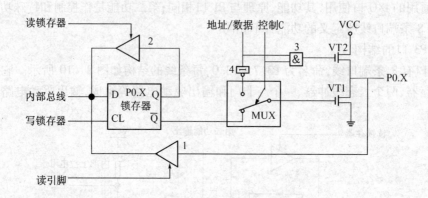

图 2-11　P0 口的内部结构

2）P0 口的功能

（1）通用 I/O 口。当 P0 口作为通用口使用时，单片机硬件自动将控制 C 设为 0，选择开关 MUX 向下接到锁存器的反向输出端，与门输出为 0，输出驱动器的上拉场效应管 VT2 截止，因此 P0 在用作通用输出口时必须外接上拉电阻。P0 作为通用 I/O 口使用时，其他情况与 P1 口类似。

（2）地址/数据总线。CPU 在执行读片外 ROM、读/写片外 RAM 或 I/O 口指令时，单片机硬件自动将控制 C 设为 1，MUX 开关接到非门的输出端，地址信息经 VT1、VT2 输出。下面分读、写两种情况予以介绍。

① P0 口分时输出低 8 位地址和输出数据。CPU 在执行输出指令时，低 8 位地址信息和数据信息分时地出现在地址/数据总线上。若地址/数据总线的状态为 1，则场效应管 VT2 导通、VT1 截止，引脚状态为 1；若地址/数据总线的状态为 0，则场效应管 VT2 截止、VT1 导通，引脚状态为 0。可见 P0.X 引脚的状态正好与地址/数据线的信息相同。

② P0 口分时输出低 8 位地址和输入数据。CPU 在执行输入指令时，首先低 8 位地址信息出现在地址/数据总线上，P0.X 引脚的状态与地址/数据总线的地址信息相同。然后，CPU 自动使模拟转换开关 MUX 拨向锁存器，并向 P0 口写入 0FFH，同时"读引脚"信号有效，数据经缓冲器读入内部数据总线。因此，可以认为 P0 口作为地址/数据总线使用时是一个真正的双向口。

4. P2 口的结构和功能

P2 口是一个准双向口，能带 3 个～4 个 TTL 负载。它有两种功能：一种是在不需要进行外部 ROM、RAM 等扩展时，作通用的 I/O 口使用，其功能和原理与 P1 口第一功能相同；另一种是当系统进行外部 ROM、RAM 等扩展时，P2 口作系统扩展的地址总线口使用，输出高 8 位的地址 A15～A7，与 P0 口第二功能输出的低 8 位地址相配合，共同访问外部程序或数据存储器。

1）P2 口结构

P2 口有 8 条端口线，命名为 P2.7～P2.0，每条线的结构如图 2-12 所示。它由一个输出锁存器、转换开关 MUX、两个三态缓冲器、一个非门、输出驱动电路和输出控制电路等组成。输出驱动电路设有上拉电阻。

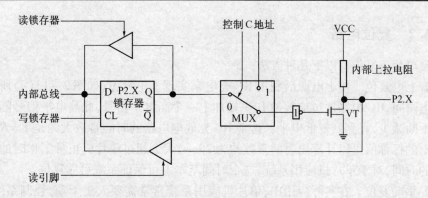

图 2 - 12　P2 口的内部结构

2) P2 口的功能

（1）通用 I/O 口。P2 口用作通用 I/O 口时，与 P1 口类似。当扩展的片外 RAM 小于 256 字节时，由于用 P0 口作为地址线的低 8 位已能够寻址外部 RAM，因此，此时 P2 口也可作为通用 I/O 口使用（必须用"MOVX A, @Ri"类指令访问外部 RAM）。

（2）地址总线。CPU 在执行读片外 ROM、读/写片外 RAM 或 I/O 口指令时，单片机内硬件自动将控制 MUX 开关接到地址线，地址信息经非门和驱动管 VT 输出。

2.6　单片机复位和复位电路

2.6.1　单片机复位功能

单片机在刚接上电源时，其内部各寄存器处于随机状态，复位可使 CPU 和系统中其他部件都处于一个确定的初始状态，并以此初始状态开始工作。RST 为外部复位信号的输入引脚，当在该引脚上保持两个机器周期以上的高电平，单片机就会被复位。在实际应用中，很多外围芯片或器件的复位时间比单片机的复位时间要长得多，因此，一般单片机应用系统要求的复位时间多为几十毫秒，以确保系统可靠复位。MCS -51 单片机复位后，各寄存器的初值见表 2 -7。

表 2 -7　复位后各寄存器的值

寄存器名	初始内容	特殊功能寄存器	初始内容
A	00H	TCON	00H
PC	0000H	TL0	00H
B	00H	TH0	00H
PSW	00H	TL1	00H
SP	07H	TH1	00H
DPTR	0000H	SCON	00H
P0 ~ P3	FFH	SBUF	××××××××B
IP	×××00000B	PCON	0×××0000B
IE	0××00000B	TMOD	00H

2.6.2 复位电路

实现单片机复位有以下几种方法:

(1)上电复位。接上电源后利用 RC 充电来实现上电复位,如图 2-13(a)所示。在系统上电瞬间,RC 电路通过电容给 RST 端加上一个高电平信号,此高电平信号随着电容的充电不断减少,直到恢复低电平。这个 RC 充放电电路的时间常数大约是 $\tau = RC$,根据图中给出的标称值可以计算出时间常数约为 20ms,大大超过单片机正常工作时的两个机器周期的时间,对于单片机应用系统,这个时间基本上可保证系统可靠复位。

(2)手动复位。在实际应用中,单片机应用系统常常需要人工干预,强制系统复位。图 2-13(b)具有上电复位和手动复位功能,系统上电时利用 RC 充放电电路实现上电复位;任何时候,只要按下开关,就可将 VCC 通过 200Ω 的电阻加到 RST 端,实现手动复位。

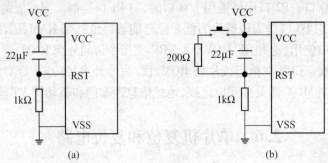

图 2-13 MCS-51 复位电路
(a)上电复位; (b)上电复位和手动复位。

2.7 MCS-51 系列单片机的工作方式

单片机的工作方式包括程序执行方式、掉电和节电方式以及 EPROM 编程和校验方式。

2.7.1 程序执行方式

程序执行方式是单片机的基本工作方式,也是单片机最主要的工作方式,单片机在实现用户功能时通常采用这种方式。单片机执行的程序放置在程序存储器中,这些程序存储器可以是片内 ROM,也可以是片外 ROM。由于系统复位后,PC 指针指向 0000H,程序从 0000H 开始执行,而从 0003H 到 0023H 又是中断服务程序区,因此,用户程序都放置在中断服务区后面,在 0000H 处放一条长转移指令转移到用户程序。

2.7.2 掉电和节电方式

单片机经常在野外、井下、空中、无人值守的监测站等供电困难的场合,或处于长期运行的监测系统中使用,要求系统的功耗很小。节电方式能使系统满足这样的要求。在 MCS-51 单片机中有 HMOS 和 CHMOS 工艺芯片,它们有不同的节电方式。

1. HMOS 单片机的掉电方式

HMOS 芯片本身运行功耗较大,这类芯片没有设置低功耗运行方式。因此,为了减小系统的功耗,设置了掉电方式。RST/VPD 端接有备用电源,当单片机正常运行时,单片机内部的 RAM 由主电源 VCC 供电;当 VCC 掉电或 VCC 电压低于 RST/VPD 端备用电源电压时,系统的其他部件都停止工作,由备用电源向 RAM 维持供电,从而保证 RAM 中的数据不丢失。

在应用系统中经常这样处理:当用户检测到掉电发生时,就通过$\overline{INT0}$或$\overline{INT1}$向 CPU发出中断请求,并在主电源掉至下限工作电压之前,通过中断服务程序把一些重要信息转存到片内 RAM 中,然后由备用电源向 RAM 维持供电。在主电源恢复之前,片内振荡器被封锁,一切部件都停止工作。当主电源恢复时,先让备用电源保持一定的时间以保证振荡器启动,然后启动系统复位。

2. CHMOS 的节电运行方式

CHMOS 芯片运行时耗电少,它可通过待机和掉电保护两种节电模式以进降低功耗。CHMOS 型单片机的工作电源和备用电源加在同一个引脚 VCC 上,正常工作时电流为 $11mA \sim 20mA$,待机状态时为 $1.7mA \sim 5mA$,掉电方式时为 $5\mu A \sim 50\mu A$。在待机方式中,振荡器保持工作,时钟继续输出到中断、串行口、定时器等部件,使它们继续工作,但时钟不送给 CPU,CPU 处于停止工作。在掉电方式中振荡器停振,因此单片机内部所有功能部件都停止工作,备用电源为片内 RAM 和特殊功能寄存器供电,使它们的内容被保存下来。在 MCS -51 的 CHMOS 型单片机中,待机方式和掉电保护方式都可以由电源控制寄存器 PCON 中的有关控制位控制。该寄存器的单元地址为87H,它的各位含义见表 2 -8。

表 2 -8   PCON 各位的含义   字节地址 87H

位序	PCON. 7	PCON. 6	PCON. 5	PCON. 4	PCON. 3	PCON. 2	PCON. 1	PCON. 0
位标识	SMOD	—	—	—	GF1	GF0	PD	IDL

SMOD:波特率加倍位。SMOD = 1,当串行口工作于方式 1、2、3 时,波特率加倍。

GF1、GF0:通用标志位。

PD:掉电方式位。当 PD = 1 时,进入掉电方式。

IDL:待机方式位。当 IDL = 1 时,进入待机方式。

复位时 PCON 的值为 0×××0000B,单片机处于正常运行方式。当 PD 和 IDL 同时为 1 时,取 PD 为 1。待机方式的退出有两种方法:第一种方法是激活任何一个被允许的中断,当中断发生时,由硬件对 PCON.0 位清零,结束待机方式;另一种方法是采用硬件复位。掉电方式退出的唯一方法是硬件复位,但应注意在这之前应使 VCC 恢复到正常工作电压值。

2.7.3   EPROM 编程和校验方式

在 MCS -51 单片机中,对于内部集成有 EPROM 的机型,可以工作于编程或校验方式。不同型号的单片机,EPROM 的容量和特性不一样,相应 EPROM 的编程、校验和加密的方法也不一样。这里以内部集成 4KB 的 EPROM 的 HMOS 器件 8751 为例来进行介绍。

1. EPROM 编程

编程时时钟频率应定在 4MHz ~ 6MHz 的范围,各引脚的接法如下:

(1) P1 口和 P2 口的 P2.3 ~ P2.0 提供 12 位地址,P1 口为低 8 位;

(2) P0 口输入编程数据;

(3) P2.6 ~ P2.4 以及 $\overline{PSEN}$ 为低电平,P2.7 和 RST 为高电平;

(4) $\overline{EA}/VPP$ 端加电压为 21V 的编程脉冲。其值不能大于 21.5V,否则会损坏 EPROM;

(5) ALE/$\overline{PROG}$ 端加宽度为 50ms 的负脉冲作为写入信号,每来一次负脉冲就把 P0 口的数据写入到由 P1 和 P2 口低 4 位提供的 12 位地址指向的片内 EPROM 单元。

8751 的 EPROM 编程一般通过专门的单片机开发系统完成。

2. EPROM 校验

在程序的保密位未设置时,无论在写入时或写入后,均可以将 EPROM 的内容读出进行校验。校验时各引脚的连接与编程时的连接基本相同,只有 P2.7 脚改为低电平。在校验过程中,读出的 EPROM 单元的内容由 P0 输出。

3. EPROM 加密

8751 的 EPROM 内部有一个程序保密位。当把该位写入后,就可禁止任何外部方法对片内程序存储器进行读写和编程,从而对片内 EPROM 建立了保险。设置保密位时不需要单元地址和数据,所以 P0 口、P1 口、P2.3 ~ P2.0 为任意状态。引脚在连接时,除了将 P2.6 改为 TTL 高电平,其他引脚的连接与编程时相同。

当加了保密位后,就不能对 EPROM 编程,也不能执行外部存储器的程序。如果要对片内 EPROM 重新编程,只有解除保密位。对保密位的解除,只有将 EPROM 全部擦除时保密位才能一起被擦除,擦除后也可以再次写入。

习题与思考

2.1 MCS – 51 单片机内部有哪些主要的逻辑功能部件?

2.2 MCS – 51 单片机中的运算器和控制器由哪些部件组成?

2.3 简述 PSW 中各标志位的功能。

2.4 MCS – 51 单片机内部 RAM 区功能结构如何分配?工作寄存器使用时如何选择?位寻址区域的字节范围是多少?

2.5 位地址 7AH 与字节地址 7AH 如何区别?位地址 7AH 具体在 RAM 中的什么位置?

2.6 什么是堆栈,堆栈指针 SP 有什么作用?在程序设计时,复位后为什么要对 SP 重新赋值?

2.7 MCS – 51 单片机的时钟周期、机器周期、指令周期是如何分配的?当主频为 12MHz 时,机器周期为几个微秒?

2.8 MCS – 51 单片机有 4 个 8 位并行 I/O 口,它们和单片机对外的地址总线和数据总线有什么关系?地址总线和数据总线各是几位?

2.9 P1 口某位锁存器置 0,其相应的引脚能否作为输入用,为什么?

2.10 MCS – 51 单片机的控制线 $\overline{EA}$,ALE,$\overline{PSEN}$ 的功能是什么?

2.11 MCS – 51 单片机的复位方式有几种?复位后各寄存器的状态如何?

第3章 指令系统

3.1 寻址方式

计算机指令系统是一套控制计算机操作的编码,称为机器语言。计算机只能识别和执行机器语言的指令。为了方便理解、便于记忆和使用,通常用符号指令(即汇编语言指令)来描述计算机的指令系统。MCS-51 系列单片机的指令系统共有 111 条指令,这些指令通常由操作码和操作数两部分构成。操作码部分指出了指令的功能,通常用代表该功能的英文缩写来表示,而操作数部分则可能是操作数本身或操作数所在的地址。MCS-51 汇编语言表示的指令格式为

[标号]:操作码 [目的操作数],[源操作数];[注释]

例如:

```
LOOP: ADD    A,  #50H ;执行累加器 A 和立即数 50H 相加
```

在指令格式中方括号中的内容为可选项,不一定都有。注释段可有可无,是用户为阅读程序方便而加注的解释说明,它没有对应的机器码不进行汇编,只起到说明作用。

表示指令中操作数所在位置的方法称为寻址方式。MCS-51 系列单片机的指令系统有 6 种基本的寻址方式。

1. 立即数寻址

立即数寻址方式中操作数包含在指令中,即操作数以指令字节的形式存放在程序存储器中。在指令中,立即数前面加"#"符号作为标志。例如:

```
MOV    A,#4AH          ;立即数 4AH 送累加器 A
MOV    DPTR,#1234      ;立即数 1234 送寄存器 DPTR
```

2. 直接寻址

在指令中直接给出操作数所在的存储单元的地址,这种方式称为直接寻址方式。直接寻址可访问的存储空间如下:

(1) 内部 RAM 低 128 单元,指令中直接以单元地址形式给出。例如:

```
MOV    A,3CH
```

指令中 3CH 为直接地址。该指令是把 RAM 中 3CH 单元的值送累加器 A。

(2) 特殊功能寄存器 SFR。直接寻址是 SFR 唯一的寻址方式,SFR 可以以单元地址给出,也可用寄存器符号形式给出。例如:

```
MOV    A,P1            ;P1 口的内容送累加器 A
```

这里 P1 也可以用直接地址代替,例如:

```
MOV    A, 90H          ;90H 是 P1 口对应的地址
```

(3) 位地址空间。位地址包括内部 RAM 中 20H~2FH 单元对应的 128 个位地址和 SFR 中能被 8 整除的寄存器对应的位地址。例如:

```
MOV    C,30H              ;位地址 30H 的值送 CY
```

3. 寄存器寻址

操作数在寄存器中,指令中给出寄存器名,这种方式称为寄存器寻址方式。寄存器寻址的寻址范围如下:

(1) 四组工作寄存器(R0~R7),例如:

```
MOV    A,R0               ;R0 的值送累加器 A
```

当前使用哪一组工作寄存器由 PSW 中的 RS0 和 RS1 决定。

(2) 特殊功能寄存器,包括 ACC、B、AB(ACC 和 B 同时)、DPTR。累加器 ACC、B、AB(ACC 和 B 同时)、DPTR 也可以用寄存器方式访问,只是对它们寻址时具体寄存器名隐含在操作码中。

4. 寄存器间接寻址

在指令中用工作寄存器(R0、R1、DPTR)给出存储单元的地址,而操作数在 RAM 中,这种方式称为寄存器间接寻址方式。寄存器间接寻址方式可用于访问片内 RAM 及片外 RAM,指令中寄存器名前要加@。例如:

```
MOV    A, @R0             ;R0 指向的内部 RAM 单元的值送累加器 A
MOVX   A, @DPTR           ;DPTR 指向的外部 RAM 单元的值送累加器 A
```

5. 基址寄存器加变址寄存器间接寻址

这种寻址方式用于访问程序存储器,它以 DPTR 或 PC 计数器作为基址寄存器,以累加器 A 作为变址寄存器,两者之和为要寻址的程序存储器中地址。例如:

```
MOVC   A, @A + PC
MOVX   A, @A + DPTR
```

6. 相对寻址

相对寻址用于访问程序存储器,常用于转移指令中。执行指令时将程序计数器 PC 的当前值与指令中给出的相对偏移量(rel)之和作为转移的目的地址,并从此地址处开始执行指令。PC 的当前值称为基地址,偏移量为 1 个字节的带符号数,用补码表示,转移范围为 $-128 \sim 127$。必须注意,如果基地址为 PC 的当前值,在转移指令进行地址计算时,PC 的当前值已指向下一条指令的第一个字节。例如,若在程序存储器 2000H 单元有一条双字节的无条件相对短转移令:

```
2000H   SJMP   05H
```

则在执行该指令时 $(PC)_{当前} = 2000H + 02H = 2002H$,故转移目的地址为

$$PC = 2002H + 05H = 2007H$$

操作数具体寻址方式及空间见表 3-1。

表 3-1 操作数寻址方式及有关空间

寻址方式	寻址空间
立即寻址	程序存储器 ROM
直接寻址	片内 RAM 低 128 字节,专用寄存器和为寻址空间
寄存器寻址	工作寄存器 R0~R7,A,B,C,DPTR
寄存器间接寻址	片内 RAM 用 R0,R1,SP;片外 RAM 用 R0、R1、DPTR
基址 + 变址	(@A + PC、@A + DPTR)
相对寻址	程序存储器 256 字节范围(PC + 偏移量)

3.2　指令系统常用符号

在 MCS-51 单片机汇编指令系统中,约定了一些指令格式常用的描述符号,现将这些符号的标记和含义说明如下:

(1) Rn:选定当前工作寄存器组(0~3 组中的一个)的通用寄存器 R0~R7。

对于 MCS-51 系列单片机,工作寄存器分 4 组,每组的工作寄存器名均为 R0、…、R7,执行指令时由程序状态字寄存器 PSW 中第 4、3 位(RS1、RS0)的值指定使用哪一组工作寄存器。凡用到工作寄存器的指令均如此,今后不再一一说明。

(2) @:间接寻址前缀。

(3) Ri:通用寄存器 R0~R1($i=0,1$),常作间址寻址用。

(4) Direct:8 位直接地址(片内 RAM 或 SFR)。

(5) #data:立即数(除 MOV DPTR,#data16 中的立即数为 16 位二进制数外,其余均为 8 位二进制数)。

(6) addr16:16 位(二进制数)目的地址,供 LCALL 和 LJMP 指令使用。

(7) addr11:11 位(二进制数)目的地址,供 ACALL 和 AJMP 指令使用。

(8) rel:8 位符号偏移量(以二进制补码表示),常用于相对转移指令。

(9) bit:位地址(用 8 位二进制数表示,使用时只有根据另一操作数情况来区别是位地址还是字节地址,如 MOV　C,20H 和 MOV　A,20H,由于 C 是位标志,而 A 是累加器,故前者的 20H 为位地址,后者的 20H 为字节地址)。

(10) /:位取反前缀,/bit 表示位地址 bit 的内容取反后再参与运算。

(11) (×):表示×地址单元中的内容(该地址可以是 8 位的,也可以是 16 位的)。

(12) ((×)):表示以×地址单元中的内容作为新地址单元中的内容。

(13) $:当前指令存放的地址。

(14)←:数据传输方向(即由右边的源操作数指向左边的目的操作数)。

3.3　MCS-51 单片机的指令系统

MCS-51 单片机指令系统共有 111 条指令,其中单字节指令 49 条、双字节指令 45 条、三字节指令 17 条。从指令执行时间看,单周期指令 64 条、双周期指令 45 条、乘除法指令执行时间为 4 个周期。这些指令可分为数据传送类指令、算术运算类指令、逻辑运算类指令、程序转移类指令、位操作类指令 5 类。

3.3.1　数据传送类指令

数据传送是一种最基本、最主要的操作。在通常的应用程序中,传送指令占用极大的比例,数据传送的灵活性对整个程序的编写和执行都起着很大的作用。

一般数据传送指令的汇编指令格式为

$$操作码 \quad <目的操作数>,<源操作数>$$

它的功能是把源操作数中的内容传送到目的操作数而源操作数内容不变,或者源操作数和目的操作数内容互换。一把来说,内部 RAM 的传送采用 MOV 指令,外部 RAM 的传送采用 MOVX 指令,读程序存储器内容采用 MOVC 指令。

数据传送指令共 29 条,可分为内部 RAM 数据传送、外部 RAM 数据传送、程序存储器数据传送、数据互换和堆栈操作 5 类。数据传送指令除以累加器 A 为目的操作数的传送指令对 P 标志有影响外,其余均不影响 PSW 的标志位。

1. 内部 RAM 传送类指令

内部 RAM 传送指令共 16 条,用于单片机内部的数据存储区和寄存器之间的数据传送。表 3-2 按目的操作数的分类,列出这类指令的指令名称、指令格式、功能和机器周期。考虑到实际应用中,汇编语言程序都是通过编译系统自动转换为机器语言程序,因而表中没有列出每条汇编语言对应的机器码。

表 3-2 内部 RAM 传送指令

指令名称	指令格式	功能	字节数	周期数
以 A 为目的操作数	MOV A,Rn	A←Rn	1	1
	MOV A,direct	A←(direct)	2	1
	MOV A,@Ri	A←(Ri)	1	1
	MOV A,#data	A←#data	2	1
以 Rn 为目的操作数	MOV Rn,A	Rn←A	1	1
	MOV Rn,direct	Rn←(direct)	2	2
	MOV Rn,#data	Rn←#data	2	1
以直接地址为目的操作数	MOV direct,A	(direct)←A	2	2
	MOV direct,Rn	(direct)←Rn	2	2
	MOV direct,direct	(direct)←(direct)	3	2
	MOV direct,@Ri	(direct)←(Ri)	2	2
	MOV direct,#data	(direct)←#data	3	2
以寄存器间接地址为目的操作数	MOV @Ri,A	(Ri)←A	2	2
	MOV @Ri,direct	(Ri)←(direct)	2	2
	MOV @Ri,#data	(Ri)←#data	1	1
16 位数据传送	MOV DPTR,#data16	DPH←#data(15~8) DPL←#data(7~0)	3	2

【例 3.1】 若 R0 = 30H,片内 RAM(30H) = 57H,片内 RAM(40H) = 7FH,试说明执行下列 4 条指令累加器 A 的值?

```
MOV    A,R0
MOV    A,@R0
MOV    A,#40H
```

```
            MOV     A,40H
```

解：执行第 1 条指令后 A 的值为 30H，执行第 2 条指令后 A 的值为 57H，执行第 3 条指令后 A 的值为 40H，执行第 4 条指令后 A 的值为 7FH。

【例 3.2】已知(30H) = 56H，说明执行下列 4 条指令后累加器 40H 单元值。

```
            MOV     A,#30H
            MOV     R0,A
            MOV     40H,@R0
```

解：执行第 1 条指令后 A = 30H，执行第 2 条指令后 R0 = 30H，第 3 条指令是把 R0 指向单元的值送给 40H，也就是把 30H 单元的值送给 40H 单元，因此(40H) = 56H。

【例 3.3】试分析下列指令的含义。

```
            MOV     90H,#40H        ;P1←40H
            MOV     P1,#40H         ;P1←40H
            MOV     R0,#90H         ;R0←90H
            MOV     @R0,#40H        ;P1←40H
```

解：以上第 1 条、第 2 条指令均是把立即数 40H 送特殊功能寄存器 P1，指令中可以用特殊功能寄存器名，也可以用直接地址；第 3 条指令是将立即数 90H 送通用寄存器 R0，第 4 条指令是将立即数 40H 送 R0 指向的单元，即内部 RAM 中 90H 单元。MCS - 51 的特殊功能寄存器只能直接寻址，而内部 RAM 高 128 字节只能采样间接寻址。

【例 3.4】试分析下列指令的含义。

```
            MOV     A,60H           ;A←(60H),目的操作数采用寄存器寻址
            MOV     0E0H,60H        ;A←(60H),目的操作数采用直接寻址
            MOV     09H,#40H        ;09H←40H,目的操作数采用直接寻址
            MOV     R1,#40H         ;R1←40H,目的操作数采用寄存器寻址
```

解：累计器 A 的地址是 0E0H，以上第 1、2 条指令的功能都是完成将 60H 单元的值送到累加器 A 中。但由于第 1 条指令采用寄存器寻址方式，字节数是 2，执行的时间是 1 个周期；而第 2 条指令采用直接寻址方式，字节数是 3，执行时间为 2 个周期。当 RS1 = 0，RS0 = 1 时，第 3、4 条指令都是完成将立即数 40H 送到内部 RAM 中 09H 单元，但由于第 3 条指令目的操作数是直接寻址，指令字节数是 3，执行时间是 2 个周期；而第 4 条指令目的操作数是寄存器寻址，指令字节数为 2，执行时间是 1 个周期。由此可见，虽然实现同样的功能，但采用寄存器寻址能够占用较小的存储空间和较高的运算速度。

2. 外部 RAM 传送类指令

CPU 与外部数据存储器之间进行数据传送时，必须使用外部传送指令。外部传送指令一般采用间接寻址的方式(使用 R0、R1 或 DPTR 作间址寄存器)通过累加器 A 实现数据传送，其指令格式见表 3 - 3。

表 3 - 3 四条指令中，当向外部 RAM 读数据时，目的操作数为累加器 A，当向外部 RAM 写数数据是，源操作数是累加器 A。当采用 Ri 作间址寄存器时，由于 Ri 可寻址范围为 256B，此时指令系统将外部 64KB 数据存储器分成 256 页，每页 256 字节，页地址由 P2 决定，页内地址由 Ri 寻址。当采用 DPTR 作间址寄存器时，由于 DPTR 是 16 位寄存器，可在 64KB 范围内寻址。表 3 - 3 指令中，只有读操作指令会影响标志位，写操作对标志位无影响。

表 3-3　外部 RAM 传送指令

指令格式	功能	字节数	周期数
MOVX　A,@Ri	A←(Ri)	1	2
MOVX　A,@DPTR	A←(DPTR)	2	2
MOVX　@Ri,A	(Ri)←A	1	2
MOVX　@DPTR,A	(DPTR)←A	2	2

【例3.5】试分析指令的执行结果。

```
MOV    P2,#90H          ;P2←90H
MOV    R1,#10H          ;R1←10H
MOV    A,#30H           ;A←30H
MOVX   @R1,A            ;(P2R1)=(9010H)←30H
```

解：由第1、2条指令可知,R1 实际上指向了外部数据存储器 9010H 单元,指令是将数据 30H 写到外部 RAM 9010H 地址中。

【例3.6】编写程序实现将内部 RAM 中 50H 单元的值送到外部 RAM 中 60H 单元,将外部 RAM 中 1000H 的值送到内部 RAM 中 60H 单元。

解：

```
MOV    R0,#50H          ;R0←50H
MOV    A,@R0            ;A←(50H),内部50H单元的值送A
MOV    R0,#60H          ;R0←60H
MOVX   @R0,A            ;(60H)←A,A的值送外部60H单元
MOV    DPTR,#1000H      ;DPTR←1000H
MOVX   A,@DPTR          ;A←(1000H),外部1000H单元的值送A
MOV    @R0,A            ;(60H)←A,A的值送内部60H单元
```

3. 程序存储器数据传送指令

程序存储器传送类指令又称查表指令。由于程序存储器只读特性,这类指令只能单向地把程序存储器的内容读给累加器 A。查表指令共两条,且都属于变址寻址,指令格式如表 3-4 所列。

表 3-4　程序存储器传送指令(查表指令)

指令格式	功能	字节数	周期数
MOVC A,@A+DPTR	A←(A+DPTR)	1	2
MOVC A,@A+PC	A←(A+PC+1)	1	2

1) 查表指令 MOVC　A,@A+PC

该指令以 16 位寄存器 PC 作为基址寄存器,加上地址偏移量(累加器 A 中的 8 位内容),形成操作数的地址,从该地址单元取出数据或常数送入累加器 A 中。

```
MOVC   A,@A+PC     ;PC←PC+1,A←(A+PC)
```

说明：MOVC 为读程序存储器,该指令的表格位置设置有一定限制,它只能设在查表指令操作码下的 256 个字节范围之内,且注意如果 MOVC 指令与表格之间有 n 个字节距离时,则需先在累加器 A 上加上相应的立即数。

【例 3.7】试分析指令的执行结果。

序号	机器码	指令	注释
①	7402	MOV A,#02H	;A←02H,表明查表格中表项的序号 02H
②	2401	ADD A,#01H	;A←A + 01H=03H,其中 01H 为偏移量,即 ;MOVC 指令与表格 TAB 之间有 1 个字节距离
③	93	MOVC A,@A + PC	
④	22	RET	
⑤	TAB:	DB 30H	;对应表格中表项序号为 00H
		DB 31H	;序号为 01H
		DB 32H	;序号为 02H

程序的目的是：将程序存储器表格中表项序号为 02H 处的常数 32H 取出送入累加器 A 中。

2）查表指令 MOVC A,@A + DPTR

该指令以合成的 16 位寄存器 DPTR 作为基址寄存器,加上地址偏移量（累加器 A 中的 8 位内容）形成操作数的地址,从该地址取出数据或常数送入累加器 A 中,即

$$MOVC\quad A,@A + DPTR \quad;A←(A + DPTR)$$

该指令可以访问由 DPTR 指向表格首址,A 作为表项序号的 0 ~ 255 项表格。当表格的个数大于 256 项时,可以通过改变 DPTR 来实现表格查找。

【例 3.8】试分析指令的执行结果。

① MOV   DPTR,#9010H   ;DPTR←9010H
② MOV   A,#10H   ;A←10H
③ MOVC   A,@A + DPTR   ;A←(A + DPTR)=(9020H)读程序存储器
④ MOVX   @DPTR,A   ;(DPTR)←A

即将程序存储器 9020H 地址单元的内容读出后送到外部数据存储器 9010H 地址中（写入）。其中程序存储器地址 9010H 是指表格的首地址,表项的序号为 10H,则实际查表的地址为 9010H + 10H =9020H。

4. 堆栈操作指令

在程序实际运行中往往需要一个后进先出的 RAM 区,在子程序调用、中断服务处理等场合用以保护 CPU 的现场,这种后进先出的缓冲区称为堆栈。MCS – 51 单片机堆栈属于向上生长型。堆栈区原则上可设在内部 RAM 的任意区域内,但为了避开工作寄存器区和位寻址区,一般设在 30H 以后的范围内,栈顶的位置由专门设置的堆栈指针寄存器 SP(8 位)给出。堆栈指令格式见表 3 – 5。

表 3 – 5 堆栈指令

指令格式	功 能	字 节 数	周 期 数
PUSH direct	SP←SP + 1,(SP)←(direct)	2	2
POP direct	(direct)←(SP),SP←SP – 1	2	2

PUSH direct 指令是将 direct 中的数据送入堆栈中,称为压栈或进栈。该指令中,首先栈指针 SP 内容加 1,执行 SP←SP + 1,然后将 direct 地址单元中的内容送入新的 SP 所指向的堆栈中,即执行(SP)←(direct)。

POP direct 指令是将堆栈中的数据送入 direct 地址单元中,称为弹栈或出栈。该指令中,先把栈指针 SP 指向单元的值送到 direct 保存((direct)←(SP)),然后栈指针 SP 减 1 (SP←SP−1)。

在使用堆栈指令是应注意,堆栈操作指令是直接寻址指令,直接地址不能是寄存器名,因此应注意下面的书写格式:

```
PUSH  ACC (不能写成 PUSH A)
PUSH  00H(不能写成 PUSH R0)
```

【例 3.9】试分析指令的执行结果。

```
MOV   SP,#60H
MOV   DPTR,#1234H
PUSH  DPL
PUSH  DPH
```

解:第 1 条:SP←60H,其意义是将片内 RAM 地址 60H ~ 7FH 区域设为堆栈空间。

第 2 条:DPTR←1234H,即 DPH←12H,DPL←34H。

第 3 条:SP←SP + 1(60H + 1 = 61H),(61)←(DPL) = 34H。

第 4 条:SP←SP + 1(61H + 1 = 62H),(62H)←(DPH) = 12H。

执行结果:(61H) = 34H,(62H) = 12H,SP = 62H。

【例 3.10】试分析指令的执行结果。

```
MOV   SP,#32H
MOV   31H,#23H
MOV   32H,#01H
POP   DPH
POP   DPL
```

解:第 1 条:SP←32H。

第 2 条:片内 RAM 31H 的内容为 23H,即(31H) = 23H。

第 3 条:(32H) = 01H。

第 4 条:DPH←(SP) = (32H),即 DPH = 01H;然后 SP←SP − 1 = 31H。

第 5 条:DPL←(SP) = (31H),即 DPL = 23H;然后 SP←SP − 1 = 30H。

执行结果:DPTR 的值为 0123,SP 的值为 30H。

5. 字节交换指令

字节交换指令共 5 条,包括 3 条整字节交换指令和两条半字节交换指令,指令格式见表 3 − 6。

表 3 − 6 字节交换指令

指令格式	功能	字节数	周期数
XCH A,Rn	$A \leftrightarrow Rn$	1	1
XCH A,direct	$A \leftrightarrow (direct)$	1	1
XCH A,@Ri	$A \leftrightarrow (Ri)$	1	1
SWAP A	$A_{0\sim3} \leftrightarrow A_{4\sim7}$	1	1
XCHD A,@Ri	$A_{0\sim3} \leftrightarrow (R_i)_{0\sim3}$	1	1

【例3.11】 设 A=34H,R3=56H,执行指令

   XCH A,R3

结果为

   A=56H,R3=34H

【例3.12】 设 A=34H,R0=30H,(30H)=56H,执行指令

   XCHD A,@R0

结果为

   A=36H,(30H)=54H

3.3.2 算术运算类指令

算术运算类指令共有24条,包括4种基本的算术运算加、减、乘、除指令及加1减1指令、1条BCD运算调整指令。算术运算类指令影响PSW标志位,使用时要注意。

1. 加法指令

加法指令共有8条,分为不带进位加法指令与带进位位加法指令两类,指令格式见表3-7。

加法指令用于把源操作数和累加器中的数相加,结果在累加器中,带进位加法指令还要加上进位位。运算结果影响PSW中的CY、AC、OV及P。

CY:当D7有进位时CY置1,否则清0;

AC:当D3有进位时AC置1,否则清0;

P:当累加器A中1的个数为奇数时P置1,否则清0;

OV:$OV=C8 \oplus C7$,其中C8为最高位进位位CY,C7为次高位进位位,只有带符号数运算才有溢出问题。

在使用加法运算指令时应注意:

(1)无符号运算时,判断运算是否超出范围(0~255),看进位标志位CY。若CY=1表示运算结果大于255,若CY=0则表示运算结果小于等于255;

(2)带符号运算时,判断运算结果是否超出范围(-128~127),看溢出标志位OV。若OV=1表示溢出,OV=0表示无溢出。

表3-7 加法指令

指令名称	指令格式	功能	字节数	周期数
不带进位加法	ADD A,Rn	$A \leftarrow A+Rn$	1	1
	ADD A,@Ri	$A \leftarrow A+(Ri)$	1	1
	ADD A,direct	$A \leftarrow A+(direct)$	2	1
	ADD A,#data	$A \leftarrow A+data$	2	1
带进位加法	ADDC A,Rn	$A \leftarrow A+Rn+CY$	1	1
	ADDC A,@Ri	$A \leftarrow A+(Ri)+CY$	1	1
	ADDC A,direct	$A \leftarrow A+(direct)+CY$	2	1
	ADDC A,#data	$A \leftarrow A+data+CY$	2	1

【例3.13】 设 A = 78H、R1 = 64H,分析执行指令 ADD　A,R1 后对 PSW 中标志位的影响。

解:

$$
\begin{array}{r}
78\text{H} \quad 01111000 \\
+64\text{H} \quad 01100100 \\
\hline
11011100
\end{array}
$$

执行后,次高位有进位但最高位无进位,故 OV = C8 $\oplus$ C7 = 0 $\oplus$ 1 = 1,从 CY 与 OV 来看,由于 CY = 0,因此当把 78H 与 64H 为无符号数时,两数相加没有发生溢出;但若 78H 与 64H 为带符号数,此时 OV = 1,说明发生了溢出,结果是错误的(两正数相加,和是负数)。从上述例子可以看出,判断无符号数相加溢出与判断带符号数相加溢出要用不同的标志位。

【例3.14】 设两个 16 位无符号数分别存在内部 RAM 单元 30H、31H 及 40H、41H 中,30H 及 40H 分别存放低 8 位,31H 及 41H 存放高 8 位,编程将两数相加,结果存入 40H、41H 单元中。

解: 程序如下:

```
CLR    C          ;清进位位
MOV    A,30H       ;A←(30H)
ADD    A,40H       ;计算低字节之和,A←A+(40H)
MOV    40H,A       ;存低字节之和
MOV    A,31H       ;A←(31H)
ADDC   A,41H       ;计算高字节之和,A←A+(41H)+CY
MOV    41H,A       ;存高字节之和
```

2. 减法指令

在 MCS - 51 单片机中,只有带借位减法指令,它是用累加器中的数减去源操作数,再减去进位位,结果在累加器中,指令格式见表 3 - 8。

表 3 - 8　减法指令

指令格式	功能	字节数	周期数
SUBB　A,Rn	A←A - Rn - CY	1	1
SUBB A,direct	A←A - (Ri) - CY	2	1
SUBB　A,@Ri	A←A - (direct) - CY	1	1
SUBB　A,#data	A←A - data - CY	2	1

减法指令只有带进位减法指令,运算结果影响 PSW 中的 CY、AC、P 和 OV。

CY: 当 D7 向高位有借位时 CY 置 1,否则清 0;

AC: 当 D3 有借位时 AC 置 1,否则清 0;

P: 当累加器 A 中 1 的个数为奇数时 P 置 1,否则清 0;

OV: OV = C8 $\oplus$ C7,其中 C8 为最高位借位位 CY,C7 为次高位借位位,只有带符号数运算才有溢出问题。

在使用减法运算指令时应注意:无符号数减法存在借位问题,无溢出问题。只有带符号数减法运算才有溢出问题,当两个异符号数相减时可能溢出,可根据 OV = C8 $\oplus$ C7

判断是否溢出,OV = 1 有溢出,OV = 0 无溢出。

【例 3.15】设 A = 0A9H,(R0) = 20H,(20H) = 98H,试分析下列程序执行的结果:

```
CLR    C
SUBB   A,@R0
```

解:A = 0A9H = 10101001B,(R0) = 98H = 10011000B,CY = 0。则有

$$
\begin{array}{r}
A = \quad 10101001B \\
(R0) = \quad 10011000B \\
- CY = \quad \quad 0 \\
\hline
00010001B = (17)_{10}
\end{array}
$$

当作无符号运算时,0A9H − 98H = $(169)_{10}$ − $(152)_{10}$ = $(17)_{10}$,因为 CY = 0 无借位,故运算结果正确;当作带符号运算时,0A9H − 98H = $(-87)_{10}$ − $(-104)_{10}$ = $(17)_{10}$,因为 OV = 0 无溢出,故运算结果也是正确的。

【例 3.16】设(A) = 76H,试分析下列程序执行的结果:

```
CLR    C
SUBB   A,#0C5H
```

解:A = 76H = 01110110B,0C5H = 11000101B,CY = 0。则有

$$
\begin{array}{r}
A = 76H \quad 01110110B \\
0C5H = \quad 11000101B \\
- CY = \quad \quad 0 \\
\hline
10110001B
\end{array}
$$

当作无符号运算时,76H − C5H = $(118)_{10}$ − $(197)_{10}$ = $(-79)_{10}$,而减法运算结果为 10110001B = $(177)_{10}$,CY = 1(有借位)。故按$(177)_{10}$ − $(256)_{10}$ = $(-79)_{10}$方式调整可得正确的运算结果。

当做有符号运算时,76H − C5H = $(118)_{10}$ − $(-59)_{10}$ = $(177)_{10}$,运算结 10110001B = $(-79)_{10}$,指令执行后 OV = C8 ⊕ C7 = 1(有溢出),故按$(-79)_{10}$ + $(256)_{10}$ = $(177)_{10}$方式调整也可得正确的运算结果。

3. 加减 1 指令

MCS − 51 系列单片机共有 5 条加 1 指令,4 条减 1 指令,指令格式见表 3 − 9。

表 3 − 9　加 1、减 1 指令

指令名称	指令格式	功能	字节数	周期数
加 1 指令	INC　A	A←A + 1	1	1
	INC　Rn	Rn← Rn + 1	1	1
	INC　@Ri	(Ri)←(Ri) + 1	1	1
	INC　direct	(direct)←(direct) + 1	2	1
	INC　DPTR	DPTR←DPRT + 1	1	2
减 1 指令	DEC　A	A←A − 1	1	1
	DEC　Rn	Rn← Rn − 1	1	1
	DEC　@Ri	(Ri)←(Ri) − 1	1	1
	DEC　direct	(direct)←(direct) − 1	2	1

加 1、减 1 指令执行后不影响标志位。在上述指令中,若直接地址 direct 为 I/O 端口 P0(80H)、P1(90H)、P2(A0H)、P3(B0H)的地址,则指令对这些端口进行读—修改—写操作。后述的 ANL(与)、OR(或)、XRL(异或)、DJNZ(减 1 不加转移指令)及位操作指令均具有对 I/O 端口进行读—修改—写的功能,今后不再一一说明。

【例 3.17】编程实现把 40H、41H 单元的值分别送到 50H、51H 单元中。

解:程序如下:

```
MOV   R0,#40H
MOV   R1,#50H      ;R0 指向 40H,R1 指向 50H
MOV   A,@R0
MOV   @R1,A        ;(50H)←(40H)
INC   R0
INC   R1           ;指针加 1,分别指向 41H、51H
MOV   A,@R0
MOV   @R1,A        ;(51H)←(41H)
```

4. 十进制调整指令

十进制调整指令是一条专门的指令,它跟在 ADD 或 ADDC 指令后面,对运算结果的十进制数进行 BCD 码调整,指令格式如表 3-10 所列。

表 3-10 十进制调整指令

指令格式	功能	字节数	周期数
DA A	将 A 中的内容转换为 BCD 码	1	1

十进制调整指令调整的方法是:当累加器 A 的低半字节的值大于 9 或 AC =1 时低半字节加 6;当高半字节大于 9 或 C =1 时,高半字节加 6,进行加 6 调整后可得到 BCD 数的加法运算的正确结果。

【例 3.18】若 A =(25)BCD   R0 =(39)BCD 执行下列指令后 A 的值是多少?

```
ADD   A,R0      ; A =5EH
DA    A         ;A =(64)BCD
```

解:执行的过程为

$$
\begin{array}{r}
2\,5\,\text{H} \\
+\,3\,9\,\text{H} \\
\hline
5\,\text{E}\,\text{H} \quad \cdots\cdots\text{加法运算的结果} \\
+\,0\,6\,\text{H} \quad \cdots\cdots\text{调整} \\
\hline
6\,4\,\text{H} \quad \cdots\cdots\text{调整后的结果}
\end{array}
$$

5. 乘、除法指令

乘除法指令见表 3-11。

表 3-11 乘除法指令

指令格式	功能	字节数	周期数
MUL A B	B A←A * B	1	4
DIV A B	A←A/B(余数给 B)	1	4

MUL 指令实现累加器 A 与寄存器 B 中的两个无符号数相乘,乘积为 16 位,高 8 位存 B 中,低 8 位存在 A 中。若积大于 255 则 OV =1,否则 OV =0,而 C 始终为 0。

DIV 指令实现两个 8 位的无符号数相除,其中被除数在累加器 A 中,除数在寄存器 B 中,商在 A 中,余数在 B 中。指令执行后,进位标志 C、溢出标志 OV 均为 0,但除数为 0 时,OV =1。

3.3.3 逻辑运算类指令

逻辑运算类指令共有 24 条,包括与、或、异或、清 0、求反及移位指令。当目的操作数为累加器 A 时会影响奇偶标志位 P,带进位的移位指令会影响 CY,除此之外,逻辑运算类指令不影响程序状态 PSW。逻辑运算指令格式见表 3 – 12。

表 3 – 12　逻辑运算指令表

指令名称	指令格式	功　能	字　节	周　期
逻辑与指令	ANL A,Rn	A←A ∧ Rn	1	1
	ANL A,@Ri	A←A ∧ (Ri)	1	1
	ANL A,direct	A←A ∧ (direct)	2	1
	ANL A,#data	A←A ∧ data	2	1
	ANL direct,#data	(direct)←(direct) ∧ data	2	1
	ANL direct,A	(direct)←(direct) ∧ A	3	2
逻辑或指令	ORL A,Rn	A←A ∨ Rn	1	1
	ORL A,@Ri	A←A ∨ (Ri)	1	1
	ORL A,direct	A←A ∨ (direct)	2	1
	ORL A,#data	A←A ∨ data	2	1
	ORL direct,#data	(direct)←(direct) ∨ data	2	1
	ORL direct,A	(direct)←(direct) ∨ A	3	2
逻辑异或指令	XRL A,Rn	A←A ⊕ Rn	1	1
	XRL A,@Ri	A←A ⊕ (Ri)	1	1
	XRL A,direct	A←A ⊕ (direct)	2	1
	XRL A,#data	A←A ⊕ data	2	1
	XRL direct,#data	(direct)←(direct) ⊕ data	2	1
	XRL direct,A	(direct)←(direct) ⊕ A	3	2
累加器 A 清 0 与取反	CPL A	A←$\overline{A}$	1	1
	CLR A	A←0	1	1
空操作	NOP	空操作	1	1
不带进位循环移位指令	RL A	An +1←An(n = 0～6),A0←A7	1	1
	RR A	An←An +1(n = 0～6),A7←A0	1	1
带进位循环移位指令	RLC A	An +1←An(n = 0～6),CY←A7,A0←CY	1	1
	RRC A	An←An +1(n = 0～6),A7←CY,CY←A0	1	1

【例 3.19】编程实现使 30H 单元的第 0 位置 1,第 7 位清 0。

解:程序如下:

```
    MOV    A,30H
    ANL    A,#7FH      ;7FH = 01111111B,第 7 位清 0
    ORL    A,#01H      ;01H = 00000001B,第 0 位置 1
    MOV    30H,A
```

【例 3.20】将 P1 口的低 3 位和 P2 口的高 5 位合成 1 个字节,从 P3 口输出,试编程实现。

解:程序如下:

```
    MOV    P1,#0FFH
    MOV    P2,#0FFH    ;P1,P2 是准双向口,读入之前要先写 1
    MOV    A,P1
    ANL    A,#07H      ;07H = 00000111B,屏蔽高 5 位,保留低 3 位
    MOV    R1,A        ;保存
    MOV    A,P2
    ANL    A,#0F8H     ;0F8H = 11111000B,屏蔽低 3 位,保留高 5 位
    ORL    A,R1        ;合成 1 字节
    MOV    P3,A        ;送 P3
```

【例 3.21】执行下列程序,分析累加器 A 中内容的变化

```
    MOV    A,#01H      ;A←01H
    RL     A           ;A←02H
    RL     A           ;A←04H
```

经过两次左移后 A 中的内容由 02H 变为 04H,由此可见,累加器每左移 1 位相当于乘 2。同理,累加器每右移 1 位相当于除 2。

【例 3.22】一个 16 位无符号数存放在 R2R3 中,R2 存高 8 位,R3 存低 8 位,试编写程序实现这个数放大 2 倍。

解:程序如下:

```
    CLR    C
    MOV    A,R3
    RLC    A           ;低 8 位左移,低位补 0,高位存放到 CY
    MOV    R3,A        ;数据保存
    MOV    A,R2
    RLC    A           ;高 8 位左移,CY 送到低位
    MOV    R2,A        ;数据保存
```

3.3.4 控制转移类指令

控制程序转移指令又有绝对转移与相对转移指令之分。绝对转移指令中给出的转移地址是直接地址(addre16 或 addr11),转移指令执行后,程序转移到指令中给出的直接地址处开始执行。相对转移指令中给出的转移地址是相对相对地址。它是 1 个带符号的用补码表示的 8 位的偏移量(rel),其转移的范围为当前地址 - 128 ~ 127,转移指令执行时,首先要根据当前的 PC 值和位移量计算转移的目的地址,然后从目的地址处开始执行,位

移量为负时向小地址端转移,位移量为正时向大地址端转移。

控制转移指令有无条件转移指令、累加器判0转移指令、比较转移指令、减1不为0转移和子程序调用和返回指令5类,其指令格式见表3-13。

表 3-13 转移指令

名称	指令格式	功能	字节数	周期数
无条件转移指令	LJMP addr16	PC←PC+3,PC←addr16	3	2
	AJMP addr11	PC←PC+2,PC10~0←addr11	2	2
	SJMP rel	PC←PC+2+rel	2	2
	JMP @A+DPTR	PC←(A+DPTR)	1	2
累加器判0转移指令	JZ rel	若A=0则PC←PC+2+rel 若A≠0则PC←PC+2	2	2
	JNZ rel	若A≠0则PC←PC+2+rel 若A=0则PC←PC+2	2	2
比较转移指令	CJNE A,direct,rel	若A≠(direct)则PC←PC+3+rel;若A=direct则PC←PC+3;若A≥(direct),则CY←0	3	2
	CJNE A,#data,rel	若A≠data则PC←PC+3+rel;若A=data则PC←PC+3;若A≥#data,则CY←0	3	2
	CJNE Rn,#data,rel	若Rn≠data,则PC←PC+3+rel;若Rn=data,则PC←PC+3;若Rn≥#data,则CY←0	3	2
	CJNE @Ri,#data,rel	若(Ri)≠data则PC←PC+3+rel;若(Ri)=data则PC←PC+3;若(Ri)≥#data则CY←0	3	2
减1不为0转移指令	DJNZ Rn,rel	若Rn-1≠0则PC←PC+2+rel;若Rn-1=0则PC←PC+2	2	2
	DJNZ direct,rel	若(direct)-1≠0则PC←PC+2+rel 若(direct)-1=0,则PC←PC+2	3	2
子程序调用和返回指令	LCALL addr16	PC←PC+3,PC值压栈,PC←addr16	3	2
	ACALL addr11	PC←PC+1,PC值压栈,PC10~0←addr11	2	2
	RET	程序返回	1	2
	RETI	中断返回	1	2

1. 无条件转移指令

无条件转移指令包括长转移指令、绝对跳转指令、相对转移指令和相对长转移指令。

(1)长转移指令为

    LJMP addr 16

指令执行的操作为 PC←PC+3,PC←addr16 指令执行后将从 addr16 处开始执行指令。转移的范围为 64KB 地址空间。

(2)绝对跳转指令为

    AJMP addr 11

该指令在 2KB 存储区域内的转移,转移的地址是把指令中给出的 addr11(a10~a0)

作为转移目的地址的低 11 位。把 AJMP 指令的下一条指令的首址(即 PC 当前值加 2)的高 5 位作为转移目的地址的高 5 位,拼装成转移地址,其操作为

　　　　　　PC←PC + 2 (注: AJMP 为两字节指令)

　　　　　　PC_{10-0}←addr11 , PC_{15-11} 不变

　　转移地址只能在 64KB 存储区的整段 2KB 区域转移,即转移地址必须与 PC 当前值加 2 形成的地址在同一个 2KB 区域内。整段 2KB 区域为 0000H ~ 03FFH,0400H ~ 07FFH,…,FC00H ~ FFFFH。

　　【例 3.23】试分析下列转移指令是否正确。

　　　　序号　地址　　　　指令
　　　　①　37FEH　　　AJMP 3BCDH
　　　　②　37FEH　　　AJMP 3700H

　　解:① PC = PC + 2 = 3800H、与转移地址 3BCDH 的高 5 位均为 00111,在同一个 2KB 内,转移正确。

　　② PC = PC + 2 = 37FEH + 2 = 3800H、高 5 位为 00111,而转移目的地址 3700H 的高 5 位为 00110,两者不在同一个 2KB 存储区内。其指令不正确。

　　(3) 相对转移指令为

　　　　　　SJMP　rel

　　指令执行的操作为

　　　　　　PC←PC + 2,PC←PC + rel

PC + 2 为执行此指令时 PC 的当前值,rel 是用 8 位的补码表示的位移量 转移的范围为当前地址 - 128 ~ 127

　　(4) 相对长转移指令为

　　　　　　JMP　A + @DPTR

　　指令执行的操作为

　　　　　　PC← A + @DPTR

相对长转移指令又称散转指令,用该指令可实现散转操作。

　　【例 3.24】设累加器 A 存放散转命令索引,各命令程序地址存放在 ComTab 起始的连续单元,编写程序根据命令索引,转向相应的命令处理程序。

　　解: 程序如下:

```
        MOV    B,#03H      ;LJMP 指令占 3 字节空间
        MUL    AB          ;计算命令对应的偏移
        MOV    DPTR,#ComTab
        JMP    @A + DPTR   ;调到散转地址
ComTab:LJMP    Com0        ;转命令 0
        LJMP   Com1        ;转命令 1
        ⋮
        LJMP   Comn        ;转命令 n
```

2. 累加器判 0 转移指令

这类指令根据累加器 A 的内容,决定是否转移,有两条指令:

```
        JZ     rel          ;A 的值为 0 转移
        JNZ    rel          ;A 的值不为 0 转移
```

【例 3.25】分析 30H 单元中的内容,如果不为 0,则把数值 FFH 送 50H,否则把数字 0 送 50H。

解:程序如下:

```
        MOV     A,30H           ;30H 的内容送 A
        JZ      LP
        MOV     A,#0FFH         ;A 中的值不为 0,则把 0FFH 送 A
LP:     MOV     50H,A           ;A 的值送 50H
```

3. 比较转移指令

这类指令是将目的操作数和源操作数作比较。指令执行时首先将两操作数比较:

若目的操作数 = 源操作数,不转移,向下顺序执行;

若目的操作数 > 源操作数,则 CY = 0,转移;

若目的操作数 < 源操作数,则 CY = 1,转移。

【例 3.26】分析 30H 单元中的内容,如果不大于 10,则 50H 送 1;如果小于 10,则 50H 送 FFH;如果等于 10,则 50H 送 0。

解:程序如下:

```
        MOV     A,30H
        CJNE    A,#0AH,LP0      ;不等于,调 LP0
        MOV     A,#00H          ;等于,00H 送 A
        SJMP    LP1
LP0:    JC      LP2             ;小于,转 LP2
        MOV     A,#01H          ;大于,01H 送 A
        SJMP    LP1
LP2:    MOV     A,#0FFH         ;小于 0FFH 送 A
LP1:    MOV     50H,A           ;结果送 50H
```

4. 减 1 条件转移指令

```
DJNZ  Rn,rel
DJNZ  direct,rel
```

这类指令又称循环指令,指令执行的过程是:每执行 1 次该指令,第一个操作数变量值减 1,结果送回第 1 个操作数中,并判断变量是否为 0,不为 0 则转移,否则顺序执行。如果变量初始值为 00H,减 1 后则下溢到 0FFH。减 1 过程不影响任何标志位。

【例 3.27】编程实现,把 30H 单元后面连续 10 个单元清 0。

解:程序如下:

```
        MOV     R0,30H          ;指针指向 30H
        MOV     R6,#0AH
        MOV     A,#00H
LP:     MOV     @R0,A           ;当前单元清 0
        INC     R0              ;指向下一单元
        DJNZ    R6,LP           ;没完,继续
```

5. 子程序调用类指令

在进行程序设计时,比较好的方法是采用模块化的设计,将某些功能程序编成子程序的形式供主程序调用,这样可使复杂的程序结构清晰,修改方便。子程序的调用与返回指

令共有 4 条：

1) LCALL addr16

该条指令实际执行的操作为

$$PC\leftarrow PC+3、SP\leftarrow SP+1、(SP)\leftarrow PC_{7\sim0}、SP\leftarrow SP+1、(SP)\leftarrow PC_{15\sim8}、PC\leftarrow addr16$$

指令中的 addr16 为子程序的入口地址,执行指令后,PC←addr16,为了在子程序执行完毕后能正确返回主程序,用堆栈保护子程序的返回地址。

2) ACALL addr11

指令执行的操作类似于绝对转移指令,即

$$PC\leftarrow PC+2、SP\leftarrow SP+1、(SP)\leftarrow PC_{7\sim0}、SP\leftarrow SP+1、(SP)\leftarrow PC_{15\sim8}、PC10\sim0\leftarrow addr11$$

这是一条双字节的指令,当前 PC 的高 5 位加上 addr11(低 11 位)为子程序的入口地址,其寻址范围为 2KB 的地址空间。

3) 返回指令 RET

RET 为每个子程序的最后一条指令 RET,在执行返回指令时,将原先压栈的断点出栈,从而实现返回主程序,并从原断点处重新执行主程序。指令执行的操作为

$$PC_{15\sim8}\leftarrow(SP)、SP\leftarrow SP-1、PC_{7\sim0}\leftarrow(SP)、SP\leftarrow SP-1$$

4) 中断返回指令 RETI

CPU 响应中断后,执行的中断服务程序也存在返回到主程序的问题,在中断服务程序中用 RETI 返回主程序。RETI 与 RET 类似也具有恢复断点的功能,除此之外,它还会清除"优先级激活"触发器,以重新开放同级或低级的中断申请。

3.3.5 布尔操作类指令

MCS-51 系列单片机的硬件结构中有一个位处理机(又称布尔处理机),它能对进位位 CY、内部 20H~2FH 中连续的 128 位及特殊功能寄存器中的可寻址位进行位操作。位操作包括位传送、位状态控制指令、位逻辑运算、位转移等几类指令,指令格式见表3-14。

表 3-14 布尔操作指令

指令名称	指令格式	功 能	字节数	周期数
位数据传送指令	MOV C,bit	CY←bit	2	1
	MOV bit,C	bit←C	2	1
位状态控制指令	CLR C	CY←0	1	1
	CLR bit	bit←0	2	1
	SETB C	CY←1	1	1
	SETB bit	bit←1	2	1
位逻辑操作指令	ANL C,bit	CY←CY∧bit	2	2
	ANL C,/bit	CY←CY∧$\overline{bit}$	2	2
	ORL C,bit	CY←CY∨bit	2	2
	ORL C,/bit	CY←CY∨$\overline{bit}$	2	2
	CPL C	CY←$\overline{CY}$	1	2
	CPL bit	bit←$\overline{bit}$	2	2

（续）

指令名称	指令格式	功　能	字节数	周期数
位条件转移指令	JC　rel	若 CY = 1，则转移 PC = PC + 2 + rel 否则顺序执行 PC = PC + 2	2	2
	JNC　rel	若 CY = 0，则转移 PC = PC + 2 + rel 否则顺序执行 PC = PC + 2	2	2
	JB　bit,rel	若 bit = 1，则转移 PC = PC + 3 + rel 否则顺序执行 PC = PC + 2	3	2
	JNB　bit,rel	若 bit = 0，则转移 PC = PC + 3 + rel 否则顺序执行 PC = PC + 2	3	2
	JBC　bit,rel	若 bit = 1，则转移 PC = PC + 3 + rel，且 bit←0，否则顺序执行 PC = PC + 2	3	2

【例 3.28】编程实现下列逻辑，当 D = 0 时，$Y = \overline{A \wedge B}$；当 D = 1 时，$Y = \overline{A \vee B}$，其中 D 放在 00H 中、A 放在 01H 中、B 放在 02H 中、Y 放在 03H 中。

解：程序如下：

```
        JB      00H,LP0      ;D = 1,转 LP0
        MOV     C,01H
        ANL     C,02H        ;A∧B
        SJMP    LP1
LP0:    MOV     C,01H
        ORL     C,02H        ;A∨B
LP1:    CPL     C            ;取反
        MOV     03H,C        ;送 03H
```

习题与思考

3.1　说明以下指令执行操作的异同。

（1）MOV R0,#11H 和 MOV R0,11H

（2）MOV A,R0 和 MOV A,@R0

（3）ORL 20H,A 和 ORL A,20H

（4）MOV B,20H 和 MOV C,20H

3.2　指出下列指令的寻址方式和指令功能：

（1）INC　　@R0　　（2）INC　　30H

（2）INC　　B　　　（4）RL　　A

（3）CPL　　40H　　（6）SETB　50H

3.3　执行下列指令序列后，将会实现什么功能？

（1）MOV　　R0,#20H

　　　MOV　　R1,#30H

　　　MOV　　P2,#90H

```
        MOVX    A,@R0
        MOVX    @R1,A
(2) MOV    DPTR,#9010H
    MOV     A,#10H
    MOVC    A,@A+DPTR
    MOVX    @DPTR,A
(3) MOV    SP,#0AH
    POP     09H
    POP     08H
    POP     07H
(4) MOV    PSW,#20H
    MOV     00H,#20H
    MOV     10H,#30H
    MOV     A,@R0
    MOV     PSW,#10H
    MOV     @R0,A
(5) MOV    R0,#30H
    MOV     R1,#20H
    XCH     A,@R0
    XCH     A,@R1
    XCH     A,@R0
```

3.4 已知(1000H)=45H,(1001H)=77H,执行下列指令后(A)=_____,(DPTR)=_____。

```
    MOV     DPTR,#1000H
    MOVX    A,@DPTR
    INC     DPTR
    MOVX    @DPTR,A
```

3.5 已知(SP)=30H,,执行下列指令后(SP)=_____,((SP))=_____。

```
    MOV     50H,#0F0H
    PUSH    50H
```

3.6 执行下列指令后(A)=_____。

```
    MOV     A,#50H
    MOV     R0,#0FFH
    XCH     A,R0
```

3.7 执行下列指令后(P1)=_____。

```
    MOV     P1,#6EH
    CPL     P1.0
    CPL     P1.2
    CLR     P1.1
    SETB    P1.7
```

3.8 指出下列指令的功能。

```
(1) ADD    A,  R0
    ADD    A,  @R0
    ADD    A,  30H
```

```
        ADD    A, #80H
(2)  ADDC   A, R0
     ADDC   A, @R0
     ADDC   A, 30H
     ADDC   A, #80H
```

3.9 指出下列程序段的功能。

```
     MOV    A,R3
     MOV    B,R4
     MUL    AB
     MOV    R3,B
     MOV    R4,A
```

3.10 指出下列指令的功能。

```
     ANL    P1,#0F5H
     ORL    P1,#08H
     XRL    P1,#08
```

3.11 指出下列程序段的功能。

```
     MOV    R0,#50H
     MOV    A, @R0
     ANL    A,#0F0H
     SWAP   A
     MOV    60H,A
     MOV    A,@R0
     ANL    A,#0FH
     MOV    61H,A
```

3.12 已知外部 RAM 0A003H 单元的值为 05H,执行下列程序后累加器 A 的值是多少?

```
     MOV    A,#03H
     MOV    DPTR,#0A000H
     MOVC   A,@A + DPTR
```

3.13 设(SP)=074H 指出执行下列指令后,SP 的值以及堆栈中 75H、76H、77H 单元的内容。

```
     MOV    DPTR,#0BF00H
     MOV    A,#50H
     PUSH   ACC
     PUSH   DPL
     PUSH   DPH
```

3.14 指出下列指令的功能。

```
     MOV    C,0
     ANL    C,20H
     ORL    C,30H
     CPL    C
     MOV    P1.0,C
```

3.15 指出下列程序段的功能。

```
S0: MOV       R7,#10H
    MOV       R0,#30H
```

```
        MOV      DPTR,#8000H
  S1: MOV    A,@R0
        MOV      @DPTR,A
        INC      DPTR
        INC      R0
        DJNZ     R7,S1
```

3.16 设两个无符号二进制整数的加数各长 2 个字节,分别存于寄存器 R0、R1 和 R2、R3(高位在前),结果存于寄存器 R4、R5 中。试编写求和程序,并问和是几位的?

3.17 将上题改为无符号十进制整数(BCD 码),其他要求同上。

3.18 设两个字节无符号二进制整数减 1 个字节无符号二进制整数,被减数存于 R2、R3 中,减数存于 R4,并将差存于 R5、R6 中。试编写程序。

3.19 试编写一段程序,将片内 RAM 20H 单元与片内 RAM 30H 单元交换数据。

3.20 在上题基础上,将程序功能扩展到片内 RAM 20H～2FH 与片内 RAM 30H～3FH 各自对应单元(20H 与 30H,21H 与 31H,…,2FH 与 3FH)交换数据。

第 4 章 汇编语言程序设计

4.1 MCS-51 单片机汇编语言的伪指令

MCS-51 系列单片机除了前面讲述的指令系统中 111 条指令外,还有另外一类指令,这类指令称为伪指令。这些指令在汇编后不产生机器码,只是在程序进行编译时,向汇编软件提供程序的一些特殊信息,例如程序起止、数据定义、表格存放位置等。常用的伪指令有:

1. 起始伪指令 ORG

格式:ORG Addr16

ORG 伪指令的功能是规定本条指令下面的程序或表格数据的起始地址。

例如:

```
ORG    2000H
START: MOV  A,#30H
```

即规定标号 START 所在的地址为 2000H,也即第 1 条指令从 2000H 开始存放。在程序中允许多次使用 ORG 指令,以规定不同的程序段或表格数据的起始位置,但指令后面的地址不允许重叠。

2. 源程序结束伪指令 END

END 伪指令用来表示源程序到此全部结束。编译软件检测到该指令时,它就认为源程序已经结束,对 END 后面的指令不予编译。因此,源程序只有一条 END 语句,且一般放到源程序结尾处。

3. 等值伪指令 EQU

格式:字符名称 EQU 项(常数或汇编符号)

EQU 命令是把"项"赋给"字符名称"。在使用时,要注意字符名称不等于标号(其后面没有冒号),其中的"项",可以是数,也可以是汇编符号。用 EQU 赋过值的符号可以用作数据地址、代码地址、位地址或是一个立即数。

例如:

```
AA    EQU    R0
MOV    A,AA
```

这里 AA 代表工作寄存器 R0。

4. 数据地址赋值命令 DATA

格式:字符名称 DATA 表达式

该指令的功能与 EQU 的功能类似,它的功能是把右边的"表达式"的值赋给左边的"字符名"。这里的表达式既允许是一个数据或地址,也可以包含被定义的"字符名"在内的表达式,但不可以是汇编符号,如 R0。

例如：

```
INDAT   DATA  30H
MOV     INDAT,A
```

这里 INDAT 代替内部 RAM 存储器 30H 单元。

5. 定义字节指令 DB

格式：DB 8 位二进制常数表

DB 伪指令的功能是从指定的 ROM 地址单元开始存入 DB 后面的数据，这些数据可以是用逗号隔开的字节串或括在单引号中的字符串。

例如：

```
      ORG  2000H
      DB    54H
TAB:  0B7H,34H,96H
STR:  '6AB'
```

编译后：

```
(2000H)=54H
(2001H)=B7H
(2002H)=34H
(2003H)=96H
(2004H)=36H
(2005H)=41H
(2006H)=42H
```

其中,36H,41H,42H 分别是 6、A、B 的 ASCII 编码值。

6. 定义字伪指令 DW

格式：DW 16 位二进制常数表

该指令用于从指定地址开始,在程序存储器的连续单元中定义双字节的数据。

例如：

```
ORG       1000H
TAB: DW   3456,7BH,10H
```

编译后：

```
(1000H)=34H
(1001H)=56H
(1002H)=00H
(1003H)=7BH
(1004H)=00H
(1005H)=10H
```

7. 预留存储空间伪指令 DS

格式：DS 表达式

在汇编时,从指定的地址空间开始保留 DS 之后表达式的值所规定的存储单元以备后用。

例如：

```
ORG  1000H
DS   08H
DB   30H,8AH
```

编译后,从 1000H 开始保留 8 个单元,(1008H) = 30H,(1009H) = 8AH。

8. 位地址符指令 BIT

格式:字符名　BIT　位地址

其中,字符名不是标号,其后没有冒号。其功能是把 BIT 之后的位地址值赋给字符名。

例如:

```
A1   BIT   P1.0
A2   BIT   02H
SETB A1
CLR  A2
```

这样,P1 口的第 0 位的位地址就赋给了 A1,而 A2 的值为 02H。执行指令后,P1.0 的值为"1",而位地址 02H 单元的值为"0"。

4.2　程序流程图和程序结构

程序编写通常是基于流程图的。如果一个较大的程序先分析好了,算法也确定了,但没有流程图,而是凭脑海里的记忆来直接写程序,那么一旦程序有误或某个地方漏了一条语句,就很难找出来。所以在编写程序时,一定要按照流程图来编写。常用的流程图符号如图 4-1 所示。

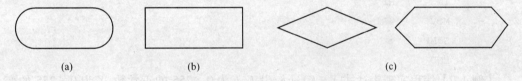

(a)　　　　　　　(b)　　　　　　　(c)

图 4-1　常用程序流程图符号
(a)开始或结束;(b)程序执行;(c)判断。

图 4-1(a)中是表示程序开始或结束的流程框图符号,例如:

开始　　　　结束　　　　返回

图 4-1(b)是表示程序执行框图的符号,框内一般写上某些操作,例如:

R0 ← 8　　　　　P1.0 取反

图 4-1(c)是表示判断的框图,框内写上判断的条件,根据条件是否满足(满足用 YES(或 Y)表示,不满足用 NO(或 N)表示)控制执行不同的操作,例如:

单片机程序设计和其它的程序设计一样,程序结构一般也采用 3 种基本的控制结构,即顺序结构,分支结构和循环结构,再加上广泛使用的子程序和中断服务程序,共 5 种基本结构。

4.2.1　顺序结构程序设计

顺序结构是最简单的程序结构,其特点是程序中的语句由前向后顺序执行,直到最后。这种程序无分支、循环和子程序调用。

【例 4.1】将片内 RAM 50H、51H 地址中的内容各自低 4 位(或称低半字节、后半字节)合并后,结果存入片内 RAM 52H 地址中。

解:程序如下:

```
        ORG     100H
        MOV     R1,#50H
        MOV     A,@R1
        ANL     A,#0FH ;取 50H 低 4 位
        SWAP    A
        INC     R1
        XCH     A,@R1 ;50H 低 4 位放到 51H 的高 4 位上
        ANL     A,#0FH ;取 51H 低 4 位
        ORL     A,@R1 ;合成
        INC     R1
        MOV     @R1,A
        SJMP    $
        END
```

【例 4.2】编程实现表达式 $Y = KX + b$,设 K,b 为 0~255 的正常数,X 为 0~255 的变量,存放在内部 RAM 中,Y 为双字节变量用 R0R1 表示,R0 存高 8 位,R1 存低 8 位。

解:程序先计算 $R0R = K \times X$,然后计算($R0R = R0R + b$)。程序如下:

```
        ORG     1000H
        MOV     A,#K
        MOV     B,X
        MUL     AB      ;K×X
        MOV     R0,B    ;高字节送 R0
        MOV     R1,A    ;低字节送 R1
        CLR     C
        MOV     A,#b
        ADD     A,R1
        MOV     R1,A
        MOV     A,R0
        ADDC    A,#00H    ;加进位
        MOV     R0,A
        SJMP    $
        END
```

4.2.2 分支结构程序设计

分支程序的特点是程序中含有控制转移指令。由于转移指令分为无条件转移和条件转移指令,所以分支程序也可分为无条件分支程序和条件分支程序。

条件分支程序根据不同的条件,执行不同的程序段。MCS-51 单片机中用来判断分支条件的指令有 JZ、JNZ、CJNE、JC、JNC、JB 和 JNB 等。无条件分支程序使用跳转指令 LJMP、AJMP、SJMP 或散转指令 JMP。

【例4.3】设有两个无符号数 a 和 b,分别存放在 N0 和 N1 单元,试编一程序比较两个数的大小,并把大数送入 M0 单元,小数送入 M1 单元。

解:根据图4-2,按先判断 a、b 是否相等,如果相等,最大数等于最小数。如果不等,再判断 a、b 谁大、谁小,可用 CJNE 指令实现上述判断。

程序如下:

```
        ORG     1000
        MOV     A,N0
        MOV     R0,N1
        CJNE    A,R0,LP2   ;不相等转
LP1:    MOV     M0,A
        MOV     M1,R0
        SJMP    $
LP2:    JNC     LP1        ;N0 大于 N1 转
        MOV     M0,R0
        MOV     M1,A
        SJMP    $
        END
```

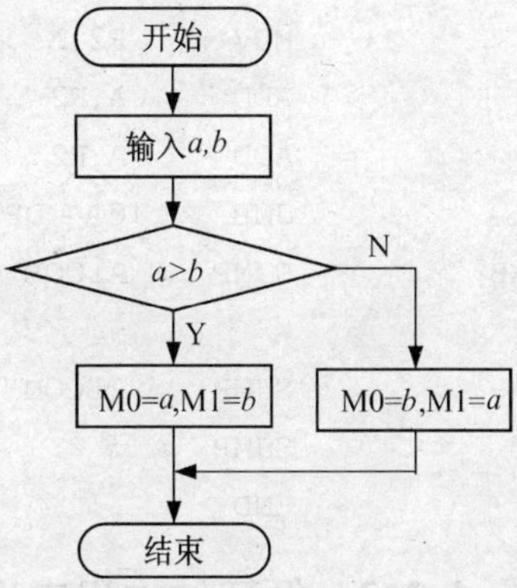

图4-2 例4.3流程

【例4.4】试编程实现下列符号函数,设 X 存放在内部 RAM 的 35H 中,结果存放在36H。

$$Y = \begin{cases} 1, & X > 0 \\ 0, & X = 0 \\ -1, & X < 0 \end{cases}$$

解:判断一个数是否为零用 JZ 指令,判断是否为负数,只查看它的符号位(最高位)即可,如果最高位为 1,则为负数,否则为正数,如图 4-3 所示。

程序如下:

```
        ORG     1000H
        MOV     A,35H
        JZ      LP2        ;是 0 转
        JNB     ACC.7,LP1  ;正数转
        MOV     A,#0FFH
```

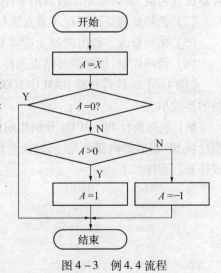

图4-3 例4.4流程

```
            SJMP      LP2
LP1:        MOV       A,#01H
LP2:        MOV       36H,A
            SJMP      $
            END
```

【例 4.5】试按输入的 ASCII 字符命令(A ~ F),转向相应的处理程序。命令字符的处理程序入口地址顺序存放于表 TAB 中。设查表之前输入的命令字符在 A 中。

解:程序把命令字符减去字符 A,得到索引,再通过指令 JMP @A + DPTR 跳到相应的命令处理入口地址。

```
            ORG       1000H
            MOV       DPTR, # TAB
            CLR       C
            SUBB      A,#41H        ;字符命令减 A,形成表码
            MOV       R2,A
            ADD       A,R2
            ADD       A,R2          ;表码乘 2,(每个表项占 2 个字节)
            JMP       @A + DPTR
TAB:        SJMP      A1COM         ;命令 A 要执行程序入口
             ⋮
            SJMP      F1COM         ;命令 F 要执行程序入口
            SJMP      $
            END
```

4.2.3 循环结构程序设计

循环程序是一段可以反复执行的程序。在程序设计时,如果遇到需要反复执行的某种操作,可以使用循环程序结构。循环程序一般包括以下 4 部分:

(1) 循环初始化把初值参数赋给控制变量。例如,给循环体中的计数器和各工作寄存器设置初值,其中循环计数器用于控制循环次数。

(2) 循环处理是循环程序重复执行的部分。

(3) 循环修改一般由控制变量增 1(或减 1)计数实现。

(4) 循环控制,根据循环结束条件,判断循环是否结束。

【例 4.6】编程将外部 RAM 中 1000H 起始的连续 10 个数据传送内部 RAM 中 50H 起始的连续单元。

解:先用指针 R0、DPTR 分别指向内部和外部存储器,然后把 DPTR 指向的外部单元值送到 R0 指向的内部单元,同时两个指针加 1,指向下一个单元,依此 10 次循环即可完成任务。程序如下:

```
            ORG       1000H
            MOV       DPTR,#1000H   ;DPTR 指向外部 RAM 1000H 单元
            MOV       R0,#50H       ;R0 指向内部 RAM 50H 单元
            MOV       R7,#0AH       ;循环次数为 10
LP:         MOVX      A,@ DPTR      ;外部 RAM 取数
```

```
        MOV     @R0,A           ;送内部 RAM
        INC     DPTR
        INC     R0              ;两个指针同时加1,指向下一单元
        DJNZ    R7,LP           ;没完继续
        SJMP    $
        END
```

【例4.7】如果 Xi 均为单字节数,并按 i 顺序存放在内部 RAM 从 50 开始的 n 个单元中,n 存放在 R2 中,现要求它们的和(双字节)存放在 R3R4 中,试编程实现。

解:可用 R0 指向 50H,每次将 R0 指向单元内容与 R3R4 相加,结果再存 R3R4。同时指针前移,依次 n 次即可完成任务。程序如下:

```
        ORG     1000H
SUM:    MOV     R3,#00H
        MOV     R4,#00H
        MOV     R0,#50H
LP:     MOV     A,R4
        ADD     A,@R0
        MOV     R4,A
        CLR     A
        ADDC    A,R3            ;加进位
        MOV     R3,A
        INC     R0              ;修改指针
        DJNZ    R2,LP           ;循环结束控制
        SJMP    $
        END
```

【例4.8】试将 30H 至 32H 单元内容左移 4 位,其移出部分送至 R2 中。

解:程序可分两步实现。第一步,用指针 R0 指向 32H,利用 RLC 指令移位,每移一次指针减一,这样 3 次循环后(30H ~ 32H)作为一整体已移动一次(图 4 - 4);第二步,重复上面过程 4 次即完成整体左移 4 位。程序如下:

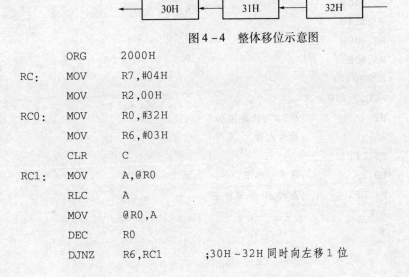

图 4 - 4　整体移位示意图

```
        ORG     2000H
RC:     MOV     R7,#04H
        MOV     R2,00H
RC0:    MOV     R0,#32H
        MOV     R6,#03H
        CLR     C
RC1:    MOV     A,@R0
        RLC     A
        MOV     @R0,A
        DEC     R0
        DJNZ    R6,RC1          ;30H~32H同时向左移1位
```

```
          MOV     A,R2
          RLC     A
          MOV     R2,A              ;移出的位存于 R2
          DJNZ    R7,RC0            ;30H~32H 向左移 4 位
          SJMP    $
          END
```

【例 4.9】设有 100 个字节带符号数存于 2000H 为首址的外部 RAM 中,试计算负数个数并存于 30H 单元中。

解:判断是否为负数,可查看符号位(字节第 7 位)是否为 1,如果为 1 则为负数,否则为正。

```
          ORG     1000H
          MOV     DPTR,#2000H
          MOV     R7,#64H
          MOV     R2,#00H
LP1:      MOVX    A,@ DPTR          ;取数
          JNB     ACC.7,LP2         ;是正数转
          INC     R2                ;是负数,计数加 1
LP2:      INC     DPTR              ;取下一个数
          DJNZ    R7,LP1            ;数据没取完转
          MOV     30H,R2
          SJMP    $
          END
```

【例 4.10】设有 20 个字节二进制数存于以 40H 为首址的内部 RAM 中,试计算它们"1"的个数,并存于 A 中。

解:程序可分两步完成。第一步,计算一个字节中"1"的个数,方法是每左移一次看字节的第 7 位是否为"1",如果为"1"则个数加 1,8 次循环后就可以计算出单字节中"1"的个数;第二步,按上述方法依次求出 20 字节"1"的总个数,流程见图 4-5。

```
          ORG     2000H
          MOV     R0,#40H
          MOV     R7,#14H
          MOV     R2,#00H
LP1:      MOV     R6,#08
          MOV     A,@R0
LP2:      JNB     ACC.7,LP3
          INC     R2                ;是"1",计数值加 1
LP3:      RL      A                 ;然后左移
          DJNZ    R6,LP2
          INC     R0                ;移下一字节
          DJNZ    R7,LP1            ;直到 20 字节移完
          MOV     A,R2
          SJMP    $
          END
```

【例4.11】设有 100 个字节 ASCII 码存于以 2800H 为首址的外部 RAM 中,试加上奇校验位,并存回原单元中。

解:先把数据送累加器 A,则可通过 PSW.0 来判断 A 中数据的奇偶性。如果 PSW.0 为 0(1 的个数为偶数)则在 ASCII 最高位置 1(因为 ASCII 码用 7 位表示,最高位置 1,不影响 ASCII 码表示的意义);这样 PSW.0 就会变为 1(1 的个数为奇数)。程序流程见图4 –6。

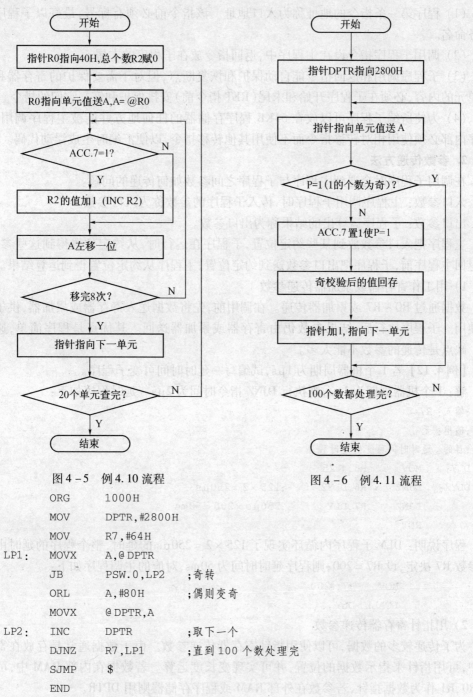

图 4 – 5   例 4.10 流程   图 4 – 6   例 4.11 流程

```
        ORG     1000H
        MOV     DPTR,#2800H
        MOV     R7,#64H
LP1:    MOVX    A,@DPTR
        JB      PSW.0,LP2      ;奇转
        ORL     A,#80H         ;偶则变奇
        MOVX    @DPTR,A
LP2:    INC     DPTR           ;取下一个
        DJNZ    R7,LP1         ;直到 100 个数处理完
        SJMP    $
        END
```

4.2.4 子程序结构程序设计

子程序是指能完成某一确定的任务并能被其他程序反复调用的程序段。有时把调用子程序的程序称为主调程序,被调用的子程序称被调程序。采用子程序结构可使程序简化,便于调试,并可实现程序模块化。但子程序在结构上应具有通用性和独立性。

1. 编写子程序时应注意

(1)程序第一条指令的地址称为入口地址。该指令前必须有标号,最好以子程序的任务命名。

(2)调用子程序指令设在主程序中,返回指令放在子程序的末尾。

(3)子程序调用和返回指令能自动保护和恢复断点,但对于需要保护的寄存器和内存单元的内容,必须在子程序开始和末尾(RET 指令前)安排保护和恢复它们的指令。

(4)为使所编子程序可以放在 64KB 程序存储器的任何地方并能被主程序调用,子程序内部必须使用相对转移指令而不使用其他转移指令,以便汇编时生成浮动代码。

2. 参数传递方法

在调用子程序时会遇到主程序与子程序之间参数如何传递的问题。

入口参数:主程序调用子程序时,传入子程序的参数称为入口参数。

出口参数:子程序运算出的结果称为出口参数。

主程序把入口参数放到某些约定位置,子程序在运行时,从约定位置得到这些参数。在返回主程序前,子程序把出口参数送到约定位置,主程序从约定位置得到运算结果。

1)用工作寄存器或累加器传递参数

数据通过 R0 ~ R7 或累加器传递。在调用前,先将数据送入寄存器或累加器,供子程序使用。子程序执行后,结果参数仍由寄存器或累加器送回。其优点是程序简单,速度快。缺点是传递的参数不能太多。

【例 4.12】若 1 个机器周期为 1μs,试编写一延时时间可变子程序。

解:1 个机器周期为 1μs,则执行 DJNZ 指令时间为 2μs。延时程序如下:

```
;输入:R7
;输出:无
;目的:延时时间可变的延时程序
DLY:    MOV     R6,#125
DLY2:   DJNZ    R6,DLY2      ;125×2=250μs
        DJNZ    R7,DLY       ;250μs×200=50ms
        RET
```

程序说明:DLY 子程序内循环实现了 125×2=250μs 的延时,整个程序的延时由入口参数 R7 决定,设 R7=200;则程序延时时间为 50ms,对应的主调程序如下:

```
        MOV     R7,#200
        LCALL   DLY
```

2)用指针寄存器传递参数

为了传递较多的数据,可以使用指针寄存器传递参数。由于数据通常是存放在寄存器中,可用指针来指示数据的位置,并可实现变长度运算。若数据在内部 RAM 中,可以用 R0、R1 作为数据指针,若参数在外部 RAM 或程序存储器则用 DPTR。

【例4.13】将 R0 和 R1 指出的内部 RAM 中两个 3 字节无符号数相加,结果送 R0 指出的内部 RAM 单元。

解:

```
;入口参数:   R0:指向加数低字节单元,
;            R1:指向被加数低字节单元
;出口参数:   R0:指向和高字节的单元
;目的:实现 R0,R1 指向内部 RAM 值相加,结构存 R0
NADD:   MOV    R7,#3
        CLR    C
NADD1:  MOV    A,@R0
        ADDC   A,@R1
        MOV    @R0,A
        INC    R0
        INC    R1
        DJNZ   R7,NADD1
        RET
```

【例4.14】编写一程序把字符串常量"MCS－51 CONTROLLER"复制到 R0 指向的连续内部 RAM 中地址,字符串以全 0 结束。

解:

```
;入口参数:DPTR:字符串常量首地址
;出口参数:R0:   目的 RAM 的首地址
;目的:把字符串常量复制到内部 RAM.
STRCPY:
        MOV    DPTR,#TAB
LP:     CLR    A
        MOVC   A,@A+DPTR     ;取出字符
        JZ     FIN           ;如果是结束符,退出
        MOV    @R0,A         ;否则,字符复制
        INC    DPTR
        INC    R0            ;源和目的指针加 1
        SJMP   LP
FIN:    RET
TAB:    DB     "MCS－51 CONTROLLER"
```

3) 用堆栈传递参数

使用堆栈进行参数传递时,主要是利用 PUSH 指令把参数压入堆栈,进入子程序后可以通过 POP 指令间接访问堆栈中的参数。同样,子程序的出口参数也可以用堆栈传递给主程序。注意,在调用子程序时,断点地址自动进栈,占用两个单元,在子程序中弹出参数时,不要把断点地址也弹出。

【例4.15】在寄存器 R2 中存有两位十六进制数,试将它们分别转换成 ASCII 码,存入 Y1 和 Y1＋1 单元。

解:(1)题目分析:由于要进行两次转换,故可调用子程序来完成。在调用之前,先

把要传送的参数压入堆栈。进入子程序之后,再将压入堆栈的参数弹出到工作寄存器或者其他内存单元。这样的传送方法有一个优点,即可以根据需要将堆栈中的数据弹出到指定的工作单元。

(2)硬件资源分配:

内部 RAM 30H～31H:存放两个转换的 ASCII 码

DPTR:数据表格表头地址

R2:待转换两位的十六进制数

入口参数((SP)):两位十六进制数

出口参数((SP)):1 位十六进制数对应的 ASCII 码

(3)参考程序:

```
            ORG    3000H
     Y1     DATA   30H
            MOV    SP,#50H          ;设堆栈指针初值
            MOV    DPTR,#TAB        ;ASCII 表头地址送数据指针
            PUSH   02H              ;R2 中十六进制数进栈
            ACALL  HASC             ;调用转换子程序
            POP    Y1               ;第一个 ASCII 码送 Y1 单元
            MOV    A,R2
            SWAP   A                ;高 4 位与低 4 位交换
            PUSH   ACC              ;第二个十六进制数进栈
            ACALL  HASC             ;再次调用
            POP    Y1 +1            ;第二个 ASCII 码送 Y1 +1 单元
            RET
     HASC:  DEC    SP               ;子程序调用时,子程序两字节入口地址自动入栈
            DEC    SP               ;修改 SP 到参数位置
            POP    ACC              ;弹出参数到 A
            ANL    A,#0FH
            MOVC   A,@A + DPTR      ;查表
            PUSH   ACC              ;参数进栈
            INC    SP               ;修改 SP 到返回地址
            INC    SP
            RET
     TAB:   DB     '0123456789ABCDEF'
```

4.3　常用程序设计举例

4.3.1　查表程序设计

单片机应用系统中,查表程序是一种常见的程序。查表程序实现查表算法,该方法把事先计算或实验数据按一定顺序编成表格,存于程序存储器内,然后根据输入参数值,从表中取得结果。查表程序可完成数据补偿、计算和转换等功能。用于查表的专用指令有

两条：

```
    MOVC  A,@A + DPTR 和 MOVC  A,@A + PC
```

【例 4.16】设有一个循回检测报警装置,需要对 16 路输入进行控制,每路有一个最大允许值,该值为双字节数。控制时,需要根据测量的路数,找出该路的最大允许值,看输入值是否大于最大允许值,如大于则报警。下面根据这个要求,编制一个查表程序。

解：设路数为 $x(0 \leqslant x \leqslant 15)$ 存放在 R2,y 为最大允许值,用 R3R4 表示,由于 y 值为双字节,所以需要执行两次查表指令。

```
;入口参数 R2:        循回检测路数(x)
;出口参数 R3R4:      存放查表结果(y)
;目的:              用查表方法找出某路最大值
FINDTB:
        MOV   A,R2            ;输入路数 x 的值
        ADD   A,R2            ;x 乘 2 与双字节 y 相对应
        MOV   R3,A            ;保存指针
        ADD   A,#TAB - $ -3   ;查表指令与数据表头第 1 字节之间距离
        MOVC  A,@A + PC       ;查第 1 字节
        XCH   A,R3
        ADD   A,#TAB - $ -2   ;查表指令与数据表头第 2 字节之间距离
        MOVC  A,@A + PC       ;查第 2 字节
        MOV   R4,A
        RET
TAB:    DW  1520,3721,4264,7850   ;最大值表共 16 项
        DW  3483,32657,883,9943
        DW  1000,4051,6785,8931
        DW  4468,5871,13284,27808
```

上述查表程序有一个局限,表格长度不能超过 255 字节。当表格长度大于 255 字节时,必须使用指令 MOVC A,@A + DPTR,并且需要对 DPH、DPL 进行运算处理,求出表格的地址,下面举例说明。

【例 4.17】在温控系统中,检测的电压与温度成非线性关系,为此要做线性化补偿。设测得的电压已由 A/ D 转换为 10 位二进制数,试编写程序根据试验测得数据查表得到温度线性化补偿值。

解：

```
;入口参数: R2 R3,查表前放采样电压值 x
;出口参数: R2 R3,查表后放温度值 y
;目的:    由输入 A/D 值查表求出对应的温度值
CHAB:   MOV   DPTR,#TAB;赋值表头地址
        MOV   A,R3
        CLR   C              ;x 乘 2 与双字节 y 相对应
        RLC   A              ;(R2R3)左移一位相当于乘 2
        MOV   R3,A
        XCH   A,R2
```

```
        RLC     A
        XCH     A,R2
        ADD     A,DPL               ;计算查表地址
        MOV     DPL,A
        MOV     A,DPH
        ADDC    A,R2
        MOV     DPH,A
        CLR     A
        MOVC    A,@A + DPTR         ;查 Y 值高字节
        MOV     R2,A
        CLR     A
        INC     DPTR
        MOVC    A,@A + DPTR         ;查 Y 值低字节
        MOV     R3,A
        RET
TAB:    DW…
```

由于采样电压值 x 为双字节,使用指令 MOVC A,@A + DPTR 时,不能直接用 A 作变址寄存器,需要先把 DPH 和 DPL 加上 x,进行双字节加法处理,然后累加器 A 清 0,再执行查表指令。

4.3.2 排序和检索程序设计

数据排序就是对给定对象中的各数据元素按指定的顺序进行排列的过程。常见的排序方法有插入排序法、选择排序法、冒泡排序法等。

冒泡排序法把一批数据想象成纵向排列,自下而上比较相邻的两个数据元素,如果这两个数据元素的大小顺序符合要求,则保持原样,否则交换它们的位置。这样比较一轮后,最小的数据元素就像气泡一样浮到最顶上,故称冒泡算法。实际编程设计时,每一轮操作都从数据区的首地址开始,向末端推进。N 个数据元素一般要进行 $N-1$ 轮次比较、交换排序。

【例 4.18】用冒泡法对 R0 指向的连续 N 个单元进行排序。

解:设 R0 指向要排序的连续单元首地址,R4 存放数据个数。

```
;入口参数:R0,要排序的首地址
;          R4,数据个数 N
;出口参数:R0,排序后的数据首地址
;目的:用冒泡法实对 R0 指向单元排序
SORT:
        MOV     A,R0
        MOV     R6,A                ;首地址保存
SRT1:   CLR     F0                  ;第一轮冒泡操作前,初始化交换标志
        DEC     R4
        MOV     A,R4                ;取上一轮冒泡操作中比较次数
        MOV     R2,A                ;控制本轮比较次数
```

```
            JZ      SRT4            ;比较次数为零,排序结束
    SRT2:   MOV     A,@R0           ;读取一个数据
            MOV     R3,A            ;暂存
            INC     R0              ;指向后一个数据
            MOV     A,@R0           ;读取
            CLR     C
            SUBB    A,R3            ;和前一个数据比较
            JNC     SRT3            ;不小于前一个数据,符合增序要求
            SETB    F0              ;小于前一个数据,设置交换标志
            MOV     A,R3            ;交换两个数据(冒泡)
            XCH     A,@R0
            DEC     R0              ;指向前一个数据
            XCH     A,@R0
            INC     R0              ;恢复指针,指向后一个数据
    SRT3:   DJNZ    R2,SRT2;        处理完这一轮
            JB      F0,SRT1         ;本轮若有交换操作,则需进行下一轮操作
    SRT4:   MOV     A,R6
            MOV     R0,A            ;恢复首地址
            RET
```

数据检索是一种在数据区中查找关键字的操作。有两种数据检索的方法,即顺序检索和对分检索。顺序检索是把关键字与数据表中的数据从上到下比较,看是否相等。

【例 4.19】设关键字存放在累加器 A 中,数据表格首地址存放在 DPTR 中,表格长度存放在 R7 中,试编写一顺序检索程序。

解:

```
            ;入口参数:A,关键字
            ;       DPTR,表格首地址
            ;       R7,表格长度
            ;出口参数:F0,A,如 F0 =0,则 A 为索引号;F0 =1,没找到
            ;目的:   利用顺序查找检索关键字
    FDS1:   MOV     B,A             ;保存待查找的内容
            MOV     R2,#0           ;顺序号初始化(指向表首)
            MOV     A,R7            ;保存表格的长度
            MOV     R6,A
    FD11:   MOV     A,R2            ;按顺序号读取表格内容
            MOVC    A,@A + DPTR
            CJNE    A,B,FD12        ;与待查找的内容比较
            CLR     F0              ;相同,查找成功
            MOV     A,R2            ;取对应的顺序号
            RET
    FD12:   INC     R2              ;指向表格中的下一个内容
            DJNZ    R6,FD11         ;查完全部表格内容
            SETB    F0              ;未查找到,失败
```

```
            RET
```

对分检索的前提是数据已排好序,以便按对分原则进行关键字比较,它的检索速度较快。具体过程是:取表格中间数据与关键字比较,如果相等,则检索成功;如果数据大于关键字,则下次比较范围为起始位置到本次取数位置;否则,下次比较范围为本次取数位置到数据终点。以此类推,逐步缩小范围,直到最后。

【例 4.20】设关键字存放在累加器 A 中,数据表格首地址存放在 DPTR 中,表格长度存放在 R7 中,试编写一顺序检索程序。

解:

```
        ;入口参数:    A,关键字
        ;             DPTR,表格首地址
        ;             R7,表格长度
        ;出口参数:    F0,A,如 F0 = 0,则 A 为索引号;F0 = 1,没找到
        ;目的:        利用对分查找检索关键字
        ;说明:        R2 为比较区间低端;R3 为比较区间高端;R4 区间中心
FDD1:   MOV    B,A              ;保存待查找的内容
        MOV    R2,#0            ;区间低端指针初始化(指向第一个数据)
        MOV    A,R7
        DEC    A
        MOV    R3,A             ;区间高端指针初始化(指向最后一个数据)
FD61:   CLR    C                ;判断区间大小
        MOV    A,R3
        SUBB   A,R2
        JC     FD69             ;区间消失,查找失败
        RRC    A                ;取区间大小的一半
        ADD    A,R2             ;加上区间的低端
        MOV    R4,A             ;得到区间的中心
        MOVC   A,@A + DPTR      ;读取该点的内容
        CJNE   A,B,FD65         ;与待查找的内容比较
        CLR    F0               ;相同,查找成功
        MOV    A,R4             ;取顺序号
        RET
FD65:   JC     FD68             ;该点的内容比待查找的内容大否?
        MOV    A,R4             ;偏大,取该点位置
        DEC    A                ;减 1
        MOV    R3,A             ;作为新的区间高端
        SJMP   FD61             ;继续查找
FD68:   MOV    A,R4             ;偏小,取该点位置
        INC    A                ;加 1
        MOV    R2,A             ;作为新的区间低端
        SJMP   FD61             ;继续查找
FD69:   SETB   F0               ;查找失败
        RET
```

4.3.3　运算程序设计

【例 4.21】4 字节加法运算,加数、被加数分别存于 R0、R1 为首址的单元中,和存于 R0 为首址的单元中(低位在前)。

解:

```
;入口参数:R0 加数首地址,R1 被加数首地址,从低到高
;出口参数:R0 和的首地址,最高地址为进位位,从高到低
;目的:    4 字节连续加
AD4:    MOV    R7, #04H
        CLR    C
SA:     MOV    A, @R0
        ADDC   A, @R1
        MOV    @R0, A
        INC    R0
        INC    R1              ;加数、被加数都指向下一高 8 位
        DJNZ   R7, SA          ;直到 4 字节加完
        CLR    A
        MOV    ACC.0, C
        MOV    @R0, A          ;存进位
        RET
```

【例 4.22】4 字节减法运算,被减数、减数存于 R0、R1 为首址的单元中,差存于 R0 为首址的单元中(二进制数、低位在前)。

解:程序可以由 R0 和 R2 分别指向被减数和减数的低位,减完低位时,减数指针和被减数指针分别移向次低位再减,然后移向次高位、高位,就完成了 4 位减法运算。

```
;入口参数:R0,被减数首地址,R1,减数首地址,从低到高
;出口参数:R0,差的首地址,最高地址为进位位,从高到低
;目的:    4 字节连续减
SUB4:   MOV    R7, #04H
        CLR    C
SA:     MOV    A, @R0
        SUBB   A, @R1
        MOV    @R0, A
        INC    R0
        INC    R1              ;减数、被减数都指向下一高 8 位
        DJNZ   R7, SA
        CLR    A
        MOV    ACC.0, C
        MOV    @R0, A          ;存借位
        RET
```

【例 4.23】试编程实现无符号双字节乘,R2R3 × R6R7→R4R5R6R7。

解:双字节无符号乘法可以由下列算式实现。

```
                                        R2   R3
                                  ×     R6   R7
        --------------------------------------------------------
                             (R3 × R7)H  (R3 × R7)L
                 (R2 × R7)H (R2 × R7)L
                 (R3 × R6)H (R3 × R6)L
       (R3 × R6)H (R3 × R6)L
```

```
                   R4          R5          R6          R7
```

;入口参数: R2R3,被乘数;R3R4,乘数

;出口参数: R4R5R6R7,乘积结果

;目的: 双字节无符号快速乘法

```
QMUL:     MOV     A,R3
          MOV     B,R7
          MUL     AB          ;R3 × R7
          XCH     A,R7        ;R7 = (R3 × R7)L
          MOV     R5,         ;R5 = (R3 × R7)H
          MOV     B,R2
          MUL     AB          ;R2 × R7
          ADD     A,R5
          MOV     R4,A        ;R4 = (R2 × R7)L + (R3 × R7)H
          CLR     A
          ADDC    A,B
          MOV     R5,A        ;R5 = (R2 × R7)H + 进位
          MOV     A,R6
          MOV     B,R3
          MUL     AB          ;R3 × R6
          ADD     A,R4
          XCH     A,R6
          XCH     A,B
          ADDC    A,R5
          MOV     R5,A
          MOV     F0,C        ;暂存进位
          MOV     A,R2
          MUL     AB          ;R2 × R6
          ADD     A,R5
          MOV     R5,A
          CLR     A
          MOV     ACC.0,C
          MOV     C,F0
          ADDC    A,B
          MOV     R4,A
          RET
```

【例 4.24】无符号除 R2R3R4R5 ÷ R6R7→R4R5（余数存 R2R3 中）。

设计思路：除法可通过一系列减法和移位来完成。对于多字节的除法运算通常是按照减法和移位操作来实现。首先将被除数左移一位，然后用被除数的高位数与除数比较；若大于除数，则上商为 1，并从被除数中减去除效，形成部分余数；若小于除数，则上商为 0，不执行减除数操作，再把所得的余数左移一位，重复上述过程，直到被除数的每一位都参加过运算为止。

在计算机中，判断够减不够减，只能先作一次减法，由余数的符号来判断，如果余数为正，说明够减，商上 1；如果余数为负，说明不够减，上商为 0，其他操作同上。

```
;入口参数: R2R3R4R5, 被除数
;          R6R7, 除数
;出口参数: R4R5, 商
;          R2R3, 余数
;目的:    4 字节除 2 字节无符号除法
DDIV:   MOV    B, #10H
DDV1:   CLR    C
        MOV    A, R5
        CLR    C
        RLC    A
        MOV    R5, A
        MOV    A, R4
        RLC    A
        MOV    R4, A
        MOV    A, R3
        RLC    A
        MOV    R3, A
        XCH    A, R2
        RLC    A
        XCH    A, R2          ;R2R3R4R5 左移 1 位
        MOV    F0, C          ;最高位先保存
        SUBB   A, R7
        MOV    R1, A
        MOV    A, R2
        SUBB   A, R6          ;移位后的 R2R3 - R6R7
        JB     F0, DDV2       ;移位前 R2R3 的最高位为 1, 肯定够减
        JC     DDV3           ;移位前 R2R3 的最高位为 0, 则看移位后的 R2R3 是
DDV2:   MOV    R2, A          ;否大于 R6R7, 大于则够减
        MOV    A, R1
        MOV    R3, A
        INC    R5             ;够减, R5 + 1, 同时把余数存 R2R3
DDV3:   DJNZ   B, DDV1        ;没完继续
        RET
```

4.3.4 数制转换程序设计

【例4.25】1 位十六进制数存于 A 中,要求转换为 ASCII 码后存于 A 中。

方法 1:对于小于 9 的 ASCII 代码减去 30H 得到 4 位二进制代码,对于大于 9 的十六进制数的 ASCII 减去 37 得 4 位二进制数。

```
;入口参数:A,十六进制数
;出口参数:A,对应的 ASCII 值
;目的:   十六进制数转 ASCII
HEXTOASCII:
        ANL     A,#0F
        ADD     A, #30
        CJNE    A,#3A,LP0
LP0:    JC      LP1
        ADD     A,#07  ;0～9 加 30,A～F 加 37
LP1:    RET
```

方法 2:直接通过查 ASCII 表求出

```
HEXTOASCII:
        ANL     A,#0F
        MOV     DPTR,#TABASCII
        MOVC    A,@A+DPTR
        RET
TABASCII: DB '0 1 2 3 4 5 6 7 8 9 A B C D E F'
```

【例4.26】ASCII 转十六进制数,ASCII 码存于 A 中,转换后的十六进制数也保存在 A 中。

解:0～9 的 ASCII 值减 30H,A～F 的 ASCII 值减 37H 得到对应十六进制数。

```
;入口参数:A,ASCII 值
;出口参数:A,对应的十六进制数
;目的:    ASCII 进制数转十六进制数
ASCIITOHEX:
        CLR     C
        SUBB    A,#30H
        MOV     B,A
        SUBB    A,#0AH
        JC      SB1
        XCH     A,B            ;大于 37H? 是 A-F?
        SUBB    A,#07H
        RET
SB1:    XCH     A,B
        RET
```

【例4.27】十进制与二进制之间的转换,十进制数存于 (R_0)、(R_0+1)、(R_0+2)、(R_0+3),将其转换为二进制数后存于 R2、R3 中。

解:R2R3 = [[(R0)×10 + (R0+1)]×10 + (R0+2)]×10 + (R0+3)。程序中

可按 R2R3 = R2R3 × 10 + (R0),方式循环实现,每循环一次指针 R0 加一指向下一单元。

```
        ;入口参数:R0,十进制数存储的连续单元
        ;出口参数:R2R3,转换的二进制数
        ;目的    :十进制数转二进制数
DToB:
        MOV     R2,#00H
        MOV     R7,#03H
        MOV     A,@R0
        MOV     R3,A
LP:     MOV     A,R3
        MOV     B,#0AH
        MUL     AB
        MOV     R3,A
        MOV     A,#0AH
        XCH     A,B
        XCH     A,R2
        MUL     AB
        ADD     A,R2
        XCH     A,R3
        INC     R0
        ADD     A,@R0
        XCH     A,R3
        ADDC    A,#00H
        MOV     R2,A            ;R2R3 = R2R3 × 10 + (R0)
        DJNZ    R7,LP           ;没完继续
        RET
```

【例 4.28】二进制与十进制之间的转换,二进制数存于 60H 单元中,将其转换为十进制数字后存于 61H、62H、63H 单元中。

解:转换过程是把二进制数除 10,得到小于 10 的余数,然后再把商除除 10,依此循环。例如:数据 123 可按下列方式得到数字。

```
        123 / 10 = 12 ----- 3   ;得到数字 3
        12 / 10 = 1 ------- 2    ;得到数字 2
        1 / 10 = 0 -------- 1    ;得到数字 1
BToD:   MOV     A,60H
        MOV     R0,#63
        MOV     R7,#03H
LP:     MOV     B,#0AH
        DIV     A,B             ;除 10
        XCH     A,B
        MOV     @R0,A           ;余数存(R0)
        XCH     A,B             ;商存 A
        DEC     R0              ;修改指针
```

```
        DJNZ    R7,LOOP          ;没完继续
        RET
```

4.3.5 滤波程序设计

数字滤波是单片机测量系统中常用的数据处理方法。比较常用的滤波方法有限幅滤波、中值滤波、算术平均滤波法、递推平均滤波法、加权滑动平均滤波和中值平均滤波。

限幅滤波的基本方法是比较相邻(n 和 $n-1$ 时刻)的两个采样值 y_n 和 y_{n-1}，如果它们的差值过大，超过了参数可能的最大变化范围，则认为发生了随机干扰，并视后一次采样值 y_n 为非法值，应予剔除，y_n 作废后，可以用 $\bar{y}_{n-1}$($\bar{y}_{n-1}$ 为前次滤波值)替代 y_n。

设 $\Delta y_n = |y_n - \bar{y}_{n-1}|$，则限幅滤波的算法为：

$$\bar{y}_n = \begin{cases} y_n, & \Delta y_n \leqslant a, \\ \bar{y}_{n-1}, & \Delta \bar{y}_n > a \end{cases}$$

式中：a 为相邻两个采样值之差的最大可能变化范围。

【例 4.29】设 Data1 和 Data2 为内部 RAM 单元，分别存放上次滤波值 $\bar{y}_{n-1}$ 和本次采样值 y_n，则实现算法的程序如下：

```
FILT:   MOV     A,DATA2
        CLR     C
        SUBB    A,DATA1
        JNC     PRO1             ;若 yn - ȳn-1 ≥0,转 PRODT1
        CPL     A                ;若 yn - ȳn-1 <0,则求补
        INC     A                ;取反加 1
PRO1:   CJNE    A,#a,PRO2        ;若 |ȳn - ȳn-1| ≠a,转 PRODT2
        AJMP    DONE
PRO2:   JC      DONE             ;若 |ȳn - ȳn-1| <a,转 DONE
        MOV     DATA2,DATA1      ;否则 ȳn = ȳn-1
DONE:   RET
```

中值滤波是对某一被测参数连续采样 n 次(一般 n 取奇数)，然后把 n 次采样值按大小排列，取中间值为本次采样值。

【例 4.30】设采样的 N 个单字节数存放在 30H 为起始地址的连续单元，试采用中值滤波方法求出滤波值，滤波值存放在 R7 中。

```
FILT0:  MOV     R0,#30H
        MOV     R4,#N
        LCALL   SORT             ;对数据排序见例 4.18
        MOV     A,#N
        CLR     C
        RRC     A
        ADD     A,R0             ;求出中值位置
        MOV     R0,A
        MOV     A,@R0
        MOV     R6,A             ;取出中值并保存在 R6 中
```

```
            RET
```

递推平均滤波法是把 N 个测量数据看成一个队列,队列的长度固定为 N,每进行一次新的测量,把测量结果放入队尾,而扔掉原来队首的一次数据,这样在队列中始终有 N 个"最新"的数据,计算滤波值时,只要把队列中的 N 个数据进行算术平均,就可得到新的滤波值,这样每进行一次测量,就可以得到一个新的平均滤波值,这种滤波算法称为递推平均滤波法。

【例4.31】设已采样的 $N(N=16)$ 个单字节数存放在 50H 起始的连续单元,新采样的数据存放在 R2 中,试利用递推平均滤波法求出滤波值并存放在 R3 中。

解: 程序可由数据入队、求和、求平均等子程序完成。

(1) 数据入队:

```
        ;入口参数: R0,数据存放的首地址
        ;           R2,新采样值
        ;           R6,队列长度
        ;出口参数: R0
        ;目的:      数据入队尾,队头数据出队
SHIFT:  MOV    A,R0
        MOV    R3,A            ;R0 指针保存在 R3
        MOV    R1,A
        INC    R1              ;R1 指向 R0 后一元素
        DEC    R6              ;循环次数为 N-1
LP0:    MOV    A,@R1
        MOV    @R0,A           ;后一元素覆盖前一元素,即元素前移
        INC    R1
        INC    R0              ;指针前移
        DJNZ   R6,LP0          ;没移完继续
        MOV    A,R2
        MOV    @R0,A           ;R2 入队尾
        MOV    A,R3
        MOV    R0,A            ;恢复 R0 指针
        RET
```

(2) 求出连续数据总和:

```
        ;入口参数: R0,连续单元首地址
        ;           R4,数据长度
        ;出口参数: R2R3
SUMN:   MOV    A,#00H
        MOV    R2,A
        MOV    R3,A
LP1:    MOV    A,R3
        ADD    A,@R0
        MOV    R3,A
        MOV    A,R2
        ADDC   A,#00H
```

```
        MOV     R2,A            ;R2R3 = R2R3 + (R0)
        INC     R0              ;指向下一元素
        DJNZ    R4,LP1          ;没加完继续
        RET
```

（3）两位数除，该程序仅适用除数为 2^n 的除法。数据向右移动 n 位相当于除以 2^n，采用这种方法可以节约程序执行时间。

```
        ;入口参数: R2R3,被除数
        ;         R4,除数,对应 2ⁿ 中的 n
        ;出口参数: R3,
AVG:    CLR     C
LP3:    MOV     A,R2
        RRC     A
        MOV     R2,A
        MOV     R3,A
        RRC     A
        MOV     R3,A
        DJNZ    R4,LP3
        RET
```

（4）求滤波值：

```
FILT2:  MOV     R0,#50H         ;R0 指向 50H
        MOV     R6,#16          ;队列长度为 16
        LCALL   SHIFT           ;数据移动
        MOV     R4,#16          ;16 个数据求和
        LCALL   SUMN            ;和存放在 R2R3
        MOV     R4,#4           ;R2R3 /16 = R2R3 ≫ 4
        LCALL   DIV2N           ;滤波值存 R3
        RET
```

中值平均滤波：设 N 次采样值 $X_1, X_2, \cdots, X_N$ 按大小顺序排列为 $X_1 \leqslant X_2 \leqslant X_3, \cdots, \leqslant X_N$，把最小的 X_1 和最大的 X_N 去掉，剩下的取算术平均值即为滤波后的值 y，即

$$y = \frac{X_2 + X_3 + \cdots + X_{N-1}}{N - 2}$$

【例 3.32】设有 $N(N=10)$ 个采样数存于以 40H 为首址单元中，试进行中值平均滤波，将滤波值存于 4A 单元中。（无符号数）

解：程序由去最大值、去最小值、求平均 3 部分组成。

（1）去最大值：

```
;入口参数: R7,数组个数 n
;         R0,数据存放的首地址
;出口参数: R0, 最大值保存在(R0 +n-1)中
;目的:     求出 R0 指向数组的最大值并保存在数组的最高地址
FMAX:   DEC     R7              ;循环次数为 n-1
LP:     MOV     A,@R0H
        INC     R0              ;指针加 1
```

```
          CLR     C
          SUBB    A, @R0
          JC      DONE
          MOV     A, @R0          ;(R0)>(R0+1)则(R0)与(R0+1)交换
          DEC     R0
          XCH     A, @R0
          INC     R0
          MOV     @R0, A
DONE:     DJNZ    R7, LP          ;没完继续
          RET                     ;最后最大值存放在(R0+n-1)
```

（2）去最小值：

```
;入口参数：R7,数组个数 n
;        R0,数据存放的首地址
;出口参数：R0,最小值保存在(R0+n-1)中
;目的：    求出 R0 指向数组的最大值并保存在数组的最高地址
FMIN:     DEC     R7              ;循环次数为 n-1
LP4:      MOV     A, @R0
          INC     R0              ;指针加1
          CLR     C
          SUBB    A, @R0
          JNC     DONE1
          MOV     A, @R0
          DEC     R0
          XCH     A, @R0
          INC     R0
          MOV     @R0, A          ;(R0)<(R0+1)则(R0)与(R0+1)交换
DONE1:    DJNZ    R7, LP4
          RET                     ;最后最小值存放在(R0+n-1)
```

（3）滤波程序：

```
FILT3:    MOV     R0,#40H         ;R0 指向 40H
          MOV     R7,#10          ;10 个数求去掉最大数
          LCALL   FMAX            ;最大数去掉,并存于 49H 中(40+10-1)=49
          MOV     R0,#40H         ;R0 重新指向 40H
          MOV     R7,#09          ;去掉最大值后,剩下的 9 的数去最小数
          LCALL   FMIN            ;最小数去掉,并存于 48H 中(40+9-1)=48
          MOV     R0,#40H         ;R0 重新指向 40H
          MOV     R4,#08          ;剩下 8 个数求和
          LCALL   SUMN            ;和存于 R2R3 中
          MOV     R4,#3           ;R2R3/8=R2R3≫3
          LCALL   DIV2N           ;滤波值存 R3
          MOV     A,R3
          MOV     4A,A            ;滤波值转存 4AH
          RET
```

习题与思考

4.1 编写一段能实现约 1s 延时的软件延时程序。

4.2 将片内 RAM 22H 单元存放的以 ASCII 码表示的数,转换为十六进制数后,存于片内 RAM 21H 单元中。

4.3 编程计算片内 RAM 区 50H~57H 8 个单元中数的平均值,结果存放在 54H 单元中。

4.4 编写一个多字节数乘 10 的运算子程序。

4.5 设有两个长度均为 15 的数组,分别存放在以 2000H 和 3000H 为首的存储区,试编程求其对应项之和,结果存放在以 2000H 为首的存储区中。

4.6 试编程把以 2000H 为首地址的连续 50 个单元的内容按升序排列,结果存放到以 3000H 为首地址的存储区中。

4.7 若 20H 位地址单元的值为 1,则将以 2000H 单元的连续 50 个单元的内容复制到 3000H 为首的连续 50 个单元中,否则将以 2000H 为首的连续 50 个单元清 0。

4.8 编写一子程序,实现查找 R0 指向的连续 N 个数的最大值,N 存放在 R2 中,查找的结果存放在 A 中。

4.9 设有 10 个 8 位无符号数存放在以 50H 为首连续单元中,试编程实现去掉最大值,去掉最小值,求剩下 8 个数的平均值程序,结果存放在 A 中。

4.10 试编程实现下列函数的功能:

$$y = \begin{cases} X+20, & X > 0 \\ 0, & X = 0 \\ 30, & \text{其他} \end{cases}$$

4.11 设有一个 MCS-51 单片机控制系统,需按照从键盘输入的命令执行不同的操作。输入命令为 ASCII 字符串形式,放在由(R0)指示的内部 RAM 中。命令共有 RESET、BEGIN、STOP、SEDN、CHNNEL、CHANGE 等 6 种,分别称为 00H,01H,02H,03H,04H,05H 号命令。现要求按(R0)指示的字符串找出对应的命令号,并存放到 R2 中。试编写一程序实现该功能。

第5章 中断系统

在单片机测控系统中,外部设备何时向单片机发出请求,CPU 预先是不知道的,如果采用查询方式必将大大降低 CPU 的工作效率。为了解决快速的 CPU 与慢速的外设间的矛盾,发展了中断的概念。良好的中断系统能提高计算机实时处理的能力,实现 CPU 与外设分时操作和自动处理故障。

5.1 中断的概念

中断是指中央处理器 CPU 正在执行程序,处理某件事情时,外部发生了某一事件请求 CPU 马上处理,CPU 暂时中断当前的工作转入处理所发生的事件,处理完以后,再返回原来被中断的地方,继续原来的工作。能够实现中断处理功能的部件称为中断系统。向CPU 提出中断请求的源称为中断源。中断源向 CPU 提出的处理请求,称为中断请求或中断申请。CPU 同意处理该请求称为中断响应,处理中断请求的程序称为中断服务子程序。当 CPU 暂时终止正在执行的程序,转去执行中断服务子程序时,除了硬件自动把断点 PC 值(即下一条应执行的指令地址)压入堆栈之外,用户应注意保护有关的工作寄存器、累加器、标志位等信息,这称为保护现场;在完成中断服务子程序后,恢复有关的工作寄存器、累加器、标志位的内容,称为恢复现场;最后执行中断返回指令 RETI,从堆栈中自动弹出断点地址 PC,继续执行被中断的程序,称为中断返回。其中断响应过程如图 5-1(a) 所示。

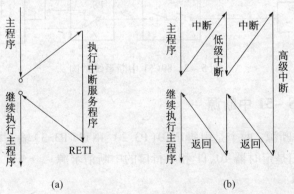

图 5-1 中断响应和中断嵌套
(a) 中断响应过程;(b) 中断嵌套过程。

优先权:给各中断源规定一个优先级别,称为优先权。当两个或者两个以上的中断源同时提出中断请求时,计算机首先为优先权最高的中断源服务,服务结束后再响应级别较低的中断源。计算机按中断源级别高低逐次响应的过程称优先权排队。这个过程可以通过硬件电路来实现,也可以通过程序查询来实现。

中断嵌套:当 CPU 响应某一中断的请求而进行中断处理时,若有优先权级别更高的中断源发出申请中断,CPU 则中断正在进行的中断服务程序,并保留这个程序的断点(类似于子程序嵌套),响应高级中断,在高级中断处理完以后,再继续执行被中断的中断服务程序(图 5 – 1(b))。申请中断的中断源的优先权级别与正在处理的中断源同级或更低时,CPU 暂时不响应这个中断申请,直至正在处理的中断服务程序执行完以后才去处理新的中断申请。

5.2 MCS – 51 中断系统

MCS – 51 单片机的中断系统结构随型号的不同而不同,包括中断源数目,中断优先级、中断控制寄存器都有差异。典型的 89C51 单片机有 5 个中断源,具有两个中断优先级,可以实现二级中断嵌套。每一个中断源可以设置为高优先级或低优先级中断,允许或禁止向 CPU 申请中断。89C51 的中断系统结构如图 5 – 2 所示。

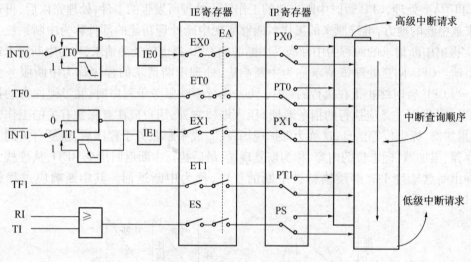

图 5 – 2 89C51 中断系统结构

5.2.1 MCS – 51 中断源

8051 有 5 个中断源:两个是引脚 $\overline{\text{INT0}}$(P3.2)、$\overline{\text{INT1}}$(P3.3)输入的外部中断源;3 个是内部中断源,它们是定时器 T0、T1 和串行口的中断请求源。

1. 外部中断源

$\overline{\text{INT0}}$、$\overline{\text{INT1}}$ 上输入的两个外部中断标志和触发方式控制位在特殊功能寄存器 TCON 的低 4 位(表 5 – 1)。

表 5 – 1 TCON 各位含义

位序	D7	D 6	D5	D4	D3	D2	D1	D0
位标识	TF1	—	TF0	—	IE1	IT1	IE0	IT0

IE1：外部中断 1 请求源（$\overline{INT1}$，P3.3）标志。IE1 = 1 表明外部中断 1 正在向 CPU 申请中断。当 CPU 响应该中断时由硬件清 0 IE1（边沿触发方式）。

IT1：外部中断 1 触发方式控制位。

IT1 = 0：外部中断 1 为电平触发方式。这种方式下，INT1 端输入低电平时，置位 IE1，CPU 在每个周期都采样 $\overline{INT1}$ 引脚的输入电平，当采样到低电平时，置 1 IE1，采样到高电平时清 0 IE1。采用电平触发方式时，外部中断源信号（输入到 $\overline{INT1}$）必须保持低电平信号有效，直到该中断被 CPU 响应，同时在该中断服务程序执行完之前，外部中断源必须被清除，否则将产生另一次中断。

IT1 = 1：外部中断 1 控制为边沿（先高后低的负跳变）触发方式。这种方式 CPU 在每一个周期采样 $\overline{INT1}$ 引脚的输入电平。如果相继的两次采样，前一个周期采样到 $\overline{INT1}$ 为高电平，后一个周期采样到 $\overline{INT1}$ 为低电平，则置 1 IE1。IE1 = 1 表示外部中断 1 正在向 CPU 申请中断，直到该中断 CPU 响应时，才由硬件清 0 IE1。因为每个机器周期采样一次外部中断输入电平，因此采用边沿触发方式时，外部中断源输入的高电平和低电平的时间必须保持 12 个时钟周期以上，才能保证被 CPU 检测到从高到低的跳变。

IE0：外部中断 0 请求源（$\overline{INT0}$，P3.2）标志。IE0 = 1 外部中断 0 向 CPU 请求中断，当 CPU 响应该中断时由硬件清 0 IE0（边沿触发方式）。

IT0：外部中断 0 触发方式控制，其控制方式与外部中断 1 类似。

IT0 = 0：外部中断 0 为电平触发方式。

IT0 = 1：外部中断 0 为边沿触发方式。

2. 定时器 T0、T1 中断源

TF1 和 TF0 分别为定时器 T1 和 T0 的溢出标志。

TF1：T1 溢出中断标志。T1 被启动计数后，从初值开始加 1 计数，直至计满溢出后，由硬件使 TF1 = 1，向 CPU 请求中断，此标志一直保持到 CPU 响应中断后，才由硬件自动清 0。也可用软件查询该标志，并由软件清 0。

TF0：T0 溢出中断标志。其操作功能类似于 TF1。

3. 串行口中断请求源

SCON 为串行口控制寄存器，其低 2 位锁定串行口的发送中断和接收中断的中断请求标志 TI 和 RI，格式见表 5-2。

表 5-2　SCON 中的 TI 与 RI

位序	D7	D6	D5	D4	D3	D2	D1	D0
位标识	—	—	—	—	—	—	TI	RI

TI：串行发送中断标志。CPU 将一个字节数据写入发送缓冲器 SBUF 后启动发送，每发送完一个串行帧，硬件置位 TI。TI 标志由软件清除。

RI：串行接收中断标志。在串行口允许接收时，每接收完一个串行帧，硬件置位 RI。RI 标志由软件清除。

5.2.2　中断控制

1. 中断允许寄存器 IE

MCS-51 单片机的 CPU 对中断源的开放或屏蔽，是由片内的中断允许寄存器 IE 控制的,IE 的字节地址为 A8H,可以位寻址,格式如表 5 – 3 所列。

表 5 – 3　IE 各位含义　　　　　　　　　　字节地址 A8H

位序	D7	D 6	D5	D4	D3	D2	D1	D 0
位标识	EA	—	—	ES	ET1	EX1	ET0	EX0

EA:中断允许总控制位。

　　EA = 0,CPU 屏蔽所有的中断请求(关中断);

　　EA = 1,CPU 开放所有中断(开中断)。

ES:串行口中断允许位。

　　ES = 0,禁止串行口中断。

　　ES = 1,允许串行口中断。

ET1:定时器/计数器 T1 的溢出中断允许位。

　　ET1 = 0,禁止 T1 溢出中断;

　　ET1 = 1,允许 T1 溢出中断。

EX1:外部中断 1 中断允许位。

　　EX1 = 0,禁止外部中断 1 中断;

　　EX1 = 1,允许外部中断 1 中断。

ET0:定时器/计数器 T0 的溢出中断允许位。

　　ET0 = 0,禁止 T0 溢出中断;

　　ET0 = 1,允许 T0 溢出中断。

EX0:中断 0 中断允许位。

　　EX0 = 0,禁止外部中断 0 中断;

　　EX0 = 1,允许外部中断 0 中断。

MCS – 51 单片机复位以后 IE 被清 0,由用户程序置 1 或清 0 IE 相应的位,实现允许或禁止各中断源的中断申请。若允许某一个中断源中断,除了开放中断总的允许位 EA 外,必须同时使 CPU 开放该中断源的中断允许位。

2. 中断优先级寄存器 IP

MCS – 51 单片机有两个中断优先级,对于每一个中断请求源可编程为高优先级中断或低优先级中断。专用寄存器 IP 统一管理中断优先级,它具有两个中断优先级,由软件设置每个中断源为高优先级中断或低优先级中断,并可实现两级中断嵌套。高优先级中断源可以中断正在执行的低优先级中断服务程序,除非在执行低优先级中断服务程序时设置了 CPU 关中断或禁止某些高优先级中断源的中断。同级或低优先级的中断源不能中断正在执行的中断服务程序。如果 IP 中优先级别相同,CPU 将采用默认优先级处理中断。默认优先级由硬件形成,排列次序如下:

中断源	默认优先级
外部中断 0	最高级
定时器 T0 中断	↓
外部中断 1	
串行口中断	最低级

当重新设置优先级时,则顺序查询逻辑电路将会改变相应排队顺序。例如,给中断优先级寄存器 IP 中设置的优先级控制字为 11H,则 PS 和 PX0 均为高优先级中断。当这两个中断源同时发出中断申请时,CPU 将先响应自然优先级高的 PX0 的中断申请,而后响应自然优先级低的 PS 的中断申请。中断优先级寄存器 IP 各位的功能如表 5 - 4 所列。

表 5 - 4　IP 各位含义

位序	D7	D6	D5	D4	D3	D2	D1	D0
位标识	—	—	—	PS	PT1	PX1	PT0	PX0

PS:串行口中断优先级控制位。

　　PS = 1,串行口中断定义为高优先级。

　　PS = 0,串行口中断定义为低优先级。

PT1:定时器/计数器 T1 中断优先级控制位。

　　PT1 = 1,定时器/计数器 T1 中断定义为高优先级。

　　PT1 = 0,定时器/计数器 T1 中断定义为低优先级。

PX1:外部中断 1 中断优先级控制位。

　　PX1 = 1,外部中断 1 定义为高优先级。

　　PX1 = 0,外部中断 1 定义为低优先级。

PT0:定时器/计数器 T0 中断优先级控制位。

　　PT0 = 1,定时器/计数器 T0 中断定义为高优先级。

　　PT0 = 0,定时器/计数器 T0 中断定义为低优先级。

PX0:外部中断 0 中断优先级控制位。

　　PX0 = 1,外部中断 0 定义为高优先级。

　　PX0 = 0,外部中断 0 定义为低优先级。

MCS - 51 系列单片机复位以后 IP 为 0,各个中断源均为低优先级中断。

5.2.3　中断处理

1. 中断响应过程

CPU 在每一个机器周期顺序检查每一个中断源。并按优先级处理每个被激活的中断请求,如果没有被下述条件所阻止,将在下一个机器周期响应激活了的最高级中断请求。

(1) CPU 正在处理相同的或更高优先级的中断;

(2) 现行的机器周期不是所执行指令的最后一个机器周期;

(3) 正在执行的指令是 RETI 或是访问 IE 或 IP 的指令(CPU 在执行 RETI 或访问 IE、IP 的指令后,至少需要再执行一条指令才会响应新的中断请求)。

如果上述条件中有一个存在,CPU 将丢弃中断查询结果;若一个条件都不存在,将在紧接着的下一个周期执行中断查询结果。

CPU 响应中断时,先置位相应的中断优先级状态触发器(该触发器指出 CPU 开始处理中断的级别),然后执行一条硬件子程序调用,使控制转移到相应的中断入口,清 0 中断请求源申请标志(TI、RI 除外)。接着把 PC 值压入堆栈,将被响应的中断服务程序的入口地址送入 PC。MCS-51 系列单片机 5 个中断服务程序入口地址如表 5-5 所列,由于 5 个地址之间仅隔 8 个单元,用于存放中断服务程序往往不够用,因此通常也在这里放一条绝对转移指令,转到真正的中断服务程序。

表 5-5 中断入口地址和保留存储单元

中 断 源	入 口 地 址	保 留 地 址
外部中断 0	0003H	0003H ~ 000AH
定时器 0 溢出中断	000BH	000BH ~ 0012H
外部中断 1	0013H	0013H ~ 001AH
定时器 1 溢出中断	001BH	001BH ~ 0022H
串行中断	0023H	0023H ~ 002AH

CPU 执行中断服务程序一直到 RETI 指令为止。RETI 指令是表示中断服务程序的结束,CPU 执行完这条指令后,清 0 响应中断时所设置的优先级触发器,然后从堆栈中弹出栈顶的两个字节到 PC,CPU 从原来被中断处继续执行被中断的程序。由此可见,用户的中断服务程序必须加上返回指令 RETI 指令,CPU 的现场保护和恢复必须由用户中断服务程序处理。

2. 外部中断响应时间

外部中断INT0和INT1电平在每一个机器周期的 S5P2 被采样并锁存到 IE0、IE1 中,这个新置入的 IE0、IE1 的状态等到下一个机器周期才被查询电路查询到。如果中断被激活,并且满足响应条件,CPU 接着执行一条由硬件生成的子程序调用指令以转到相应的中断服务子程序入口,该硬件调用指令本身需两个机器周期。这样,从产生外部中断请求到开始执行中断服务子程序的第 1 条指令之间至少需要 3 个完整的机器周期。

如果中断请求被前面列出的 3 个条件之一所阻止,则需要更长的响应时间。如果已经在处理同级或更高级中断,额外的等待时间取决于正在执行的中断服务子程序的处理时间。如果正在处理的指令没有执行到最后的机器周期,所需的额外等待时间不会多于 3 个机器周期,因为最长的指令(乘法指令 MUL 和除法指令 DIV)也只有 4 个机器周期。如果正在处理的指令为 RETI 或访问 IE、IP 的指令,额外的等待时间不会多于 5 个机器周期(执行这些指令最多需要 1 个机器周期)。这样,在一个单一中断的系统里,外部中断响应时间总是在 3 个 ~8 个机器周期之间。

3. 中断请求的撤除

CPU 响应某中断请求后,在中断返回前,应该撤销该中断请求,否则会引起另一次中断。不同的中断源撤除方式是不一样的。

(1) 定时器 0 或 1 溢出中断,CPU 在响应中断后,中断请求由硬件自动撤除。

(2) 边沿激活的外部中断,CPU 在响应中断后,硬件自动清除有关的中断请求。

(3) 串行口中断,CPU 响应中断后,靠软件来清除相应的标志。

(4) 电平触发的外部中断撤除。在电平触发方式下,外部中断标志 IE0 或 IE1 是依靠 CPU 检测INT0或INT1上的低电平置位的。尽管 CPU 在响应中断时能由硬件自动复位

IE0 或 IE1,但若外部中断源不能及时撤除$\overline{INT0}$或$\overline{INT1}$上的低电平,就会使已经复位的 IE0 或 IE1 再次置位,这是绝对不允许的。因此电平触发型外部中断请求的撤除必须使 $\overline{INT0}$或$\overline{INT1}$随着其中断的响应而变为高电平。图 5 – 3 是撤除电平触发中断的可行的 方案。

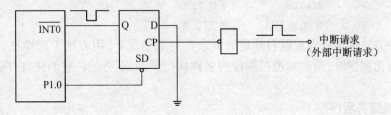

图 5 – 3　一种撤除电平激活的中断方案

图 5 – 3 中触发器的作用是锁存外部中断请求的低电平信号,并由 Q 端输出到$\overline{INT0}$ 供 CPU 检测。D 触发器的异步置位端接单片机的 P1.0,此端口平时为 1,对 D 触发器输 出无影响。当中断响应后,为了撤除中断请求,只要在 P1.0 上输出一个负脉冲,使触发器 置 1,就可以撤除低电平的中断请求。负脉冲信号可以用下面两条指令实现。

```
ANL    P1,#0FEH
ORL    P1,#01H
```

执行第一条指令使 P1.0 输出为 0,其持续时间为两个机器周期,足以使 D 触发器置 位,从而撤除中断请求。执行第二条指令使 P1.0 变为 1,否则 D 触发器的 S 端始终有效, $\overline{INT0}$端始终为 1,无法再次申请中断。

5.3　中断应用程序举例

中断程序一般包含中断控制程序(即中断初始化程序)和中断服务程序两部分。

1. 中断初始化程序

中断初始化程序实质上就是对 TCON、SCON、IE 和 IP 寄存器的管理和控制。只要这 些寄存器的相应位按照要求进行了状态预置,CPU 就会按照用户的意图对中断源进行管 理和控制。中断初始化程序一般不独立编写,而是包含在主程序中,根据需要进行编写。 中断初始化程序需完成以下操作:

(1) 开中断;

(2) 某一中断源中断请求的允许与禁止(屏蔽);

(3) 确定各中断源的优先级别;

(4) 若是外部中断请求,则要设定触发方式是电平触发还是边沿触发。

【例 5.1】假设规定外部中断 0 为电平触发方式,高优先级,试写出有关的初始化 程序。

解:可用两种方法完成。

① 方法 1,用位操作指令完成:

```
SETB    EA          ;开中断允许总控制位
SETB    EX0         ;外中断 0 开中断
```

```
        SETB    PX0             ;外中断 0 高优先级
        CLR     IT0             ;电平触发
```

② 方法 2,用其他指令也可完成同样功能:

```
        MOV     IE,#81H         ;同时置位 EA 和 EX0
        ORL     IP,#01H         ;置位 PX0
        ANL     TCON,#0FEH      ;使 IT0 为 0
```

这两种方法都可以完成题目规定的要求。一般情况下,用方法 1 简单些。因为在编制中断初始化程序时,只需知道控制位的名称就行了,而不必记住它们在寄存器中的确切位置。

2. 中断服务程序

中断服务程序是一种为中断源的特定任务而编写的独立程序,以中断返回指令 RETI 结束。中断服务程序结束后返回到原来被中断的地方(即断点),继续执行原来的程序。中断服务程序和子程序一样,在调用和返回时,也有一个保护断点和现场的问题。在中断响应过程中,断点的保护主要由硬件电路自动实现。它将断点压入堆栈,再将中断服务程序的入口地址送入程序计数器 PC,使程序转向中断服务程序。中断处理时现场保护由中断服务程序来完成。在 MCS - 51 系列单片机中,现场一般包括累加器 A、工作寄存器 R0 ~ R7 以及程序状态字 PSW 等。保护现场和恢复现场一般采用 PUSH 和 POP 指令来实现,PUSH 和 POP 指令一般成对出现,以保证寄存器的内容不会改变,同时还要注意堆栈操作的"先进后出,后进先出"的原则。此外,在编写中断服务程序时还应注意以下三点:

(1) 各中断源入口地址之间只相隔 8 个字节。中断服务程序放在此处,一般容量是不够的。常用的方法是在中断入口地址单元处,存放一条无条件转移指令,如"LJMP Address",使程序跳转到用户安排的中断服务程序起始地址去。

(2) 在执行当前中断程序时,为了禁止更高优先级中断源的中断请求,可先用软件关闭 CPU 中断,或屏蔽更高级中断源的中断,在中断返回前再开放被关闭或被屏蔽的中断。

(3) 在多级中断情况下,应在保护现场之前关掉中断,在恢复现场之后打开中断。如果在中断处理时允许有更高级的中断打断它,则在保护现场之后开中断,恢复现场之前关中断。

【例 5.2】设在主程序中用到了寄存器 PSW、ACC、B、DPTR,而在执行中断服务程序时需要用到这些寄存器。试编写程序在中断服务程序中对这些寄存器加以保护。

解:程序如下:

```
SERVICE: PUSH    PSW             ;保护程序状态字
         PUSH    ACC             ;保护累加器 A
         PUSH    B               ;保护寄存器 B
         PUSH    DPL             ;保护数据指针低字节
         PUSH    DPH             ;保护数据指针高字节
           ⋮                     ;中断处理
         POP     DPH             ;恢复现场,即恢复各寄存器内容
         POP     DPL
```

```
        POP    B
        POP.   ACC
        POP    PSW
        RETI
```

【例5.3】图5-4为多个故障显示电路,当系统无故障时,4个故障源输入端X1~X4全为低电平,显示灯全灭;当某部分出现故障,其对应的输入由低电平变为高电平,从而引起 MCS-51 单片机中断,中断服务程序的任务是判定故障源,并用对应的发光二极管LED1~LED4 进行显示。

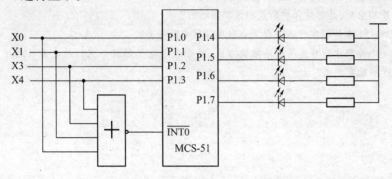

图5-4　多路故障显示电路

解:编程如下:

```
        ORG      0000H      ;程序开始
        AJMP     MAIN       ;转主程序
        ORG      0003H      ;外部中断 INT0 入口地址
        AJMP     SERVICE    ;转中断服务程序
MAIN:   ORL      P1,#0FFH   ;灯全灭,准备读入
        SETB     IT0        ;选择边沿方式
        SETB     EX0        ;允许 INT0 中断
        SETB     EA         ;CPU 开中断
        AJMP     $          ;等待中断
SERVICE: JNB P1.3,N1        ;若 X1 无故障转
        CLR P1.4            ;若 X1 有故障,LED1 亮
N1:     JNB P1.2,N2         ;若 X2 无故障转
        CLR P1.5            ;若 X2 有故障,LED2 亮
N2:     JNB P1.1,N3         ;若 X3 无故障转
        CLR P1.6            ;若 X3 有故障,LED3 亮
N3:     JNB P1.0,N4         ;若 X4 无故障转
        CLR P1.7            ;若 X4 有故障,LED4 亮
N4:     RETI
```

这个程序主要分为主程序和中断服务程序两部分。主程序主要完成初始化的工作,中断服务程序主要检测故障源是否发生,如果某故障源发生,则将相应的指示灯点亮。在主程序和中断服务程序中,没有存在使用寄存器之间的冲突问题。因此,在中断服务程序中不用保护现场和恢复现场。

习题与思考

5.1 MCS–51 单片机有多少中断源,对应各个中断源的中断入口地址是什么?

5.2 MCS–51 单片机响应中断的条件是什么?

5.3 中断服务程序和子程序的主要区别是什么?

5.4 一个完整的中断处理的基本过程包括哪些内容?

5.5 中断响应后,是怎样保护断点和保护现场的?

5.6 MCS–51 单片机在什么条件下会出现二级中断嵌套?

5.7 若一个外部中断可选用边沿触发方式,能否改用电平触发方式? 反之若可选用电平触发方式,能否改用边沿触发方式? 为什么?

第6章 内部定时器/计数器及串行接口

6.1 定时器/计数器

在测控技术中,往往需要定时检测某个物理参数,或按一定的时间间隔来进行某种控制。这种定时的获得,可用软件来实现,即编制一段延时程序,但这样会降低 CPU 的工作效率。为此,在微型计算机测控系统中,常采用硬件来实现定时,即使用定时器/计数器。在 MCS-51 系列单片机内部含有两个 16 位定时器/计数器 T0 和 T1(增强型 52 系列增加了一个 T2 定时器/计数器)。它们既可以用于定时,也可用于对外部脉冲的计数,还可作为串行接口的波特率发生器,这些功能都可通过软件来设定与修改。

6.1.1 定时器/计数器结构与功能

MCS-51 单片机的定时器/计数器由加法计数器、TMOD 寄存器和 TCON 寄存器组成,其结构如图 6-1 所示。寄存器 TH0、TL0(字节地址分别为 8CH 和 8AH)构成定时器/计数器 T0,寄存器 TH1、TL1(字节地址分别为 8DH 和 8BH)构成定时器/计数器 T1,这些寄存器之间是通过内部总线和控制逻辑电路连接起来的。

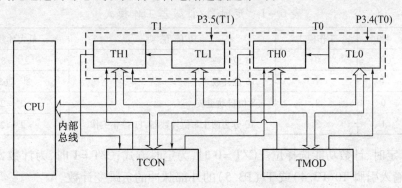

图 6-1 定时器/计数器结构框图

TMOD 主要是用于选定定时器的工作方式,TCON 主要是用于控制定时器的启动和停止。当定时器工作在计数方式时,外部脉冲是通过引脚 T0(P3.4)和 T1(P3.5)输入的。

定时器/计数器对内部的机器周期个数的计数就实现了定时器功能,对片外脉冲个数的计数就是计数器功能。在作定时器使用时,输入的时钟脉冲是由晶体振荡器的输出经 12 分频后得到的,所以定时器也可看作是对单片机机器周期个数的计数器。

在作计数器使用时,计数脉冲从外部输入引脚 T0(P3.4)或 T1(P3.5)输入。在这种情况下,当检测到输入引脚上的电平由高跳变到低时,计数器就加 1。CPU 每个机器周期的 S5P2 时采样外部输入,当采样值在第一个机器周期为高,在第二个机器周期为低时,则在下一个机器周期的 S3P1 期间计数器加 1。由于确认一次负跳变要花两个机器周期，即 24 个振荡周期，因此，外部输入的计数脉冲的最高频率为系统振荡频率的 1/24，这就要求输入信号的电平应在跳变后至少一个机器周期内保持不变，以保证在给定的电平再次变化前至少被采样一次。

6.1.2 定时器/计数器相关寄存器

MCS-51 系列单片机的定时器/计数器是一种可编程的部件，在定时器/计数器开始工作之前，CPU 必须将一些命令(称为控制字)写入该定时器/计数器，这个过程称为定时器/计数器的初始化。在初始化程序中，要将工作方式控制字写入模式寄存器 TMOD，工作状态控制字(或相关位)写入控制寄存器 TCON。

1. 工作模式寄存器 TMOD

特殊功能寄存器 TMOD 为定时器的模式控制寄存器，占用的字节地址为 89H。由于它不可以进行位寻址，如果要定义定时器的工作模式，需要采用字节操作指令赋值。该寄存器中每位的定义如图 6-2 所示。其中高 4 位用于定时器 T1，低 4 位用于定时器 T0。

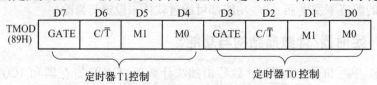

图 6-2　工作方式寄存器 TMOD 各位的定义

M1M0：模式选择位，可通过软件设置选择定时器/计数器 4 种工作模式，如表 6-1 所列。

表 6-1　定时器/计数器工作模式

M1	M0	工作模式	功 能 说 明	最大计数次数
0	0	0	13 位计数	$2^{13} = 8192$
0	1	1	16 位计数	$2^{16} = 65536$
1	0	2	8 位自动重装	$2^8 = 256$
1	1	3	T0 分为两个 8 位计数器，T1 停止工作	$2^8 = 256$

C/$\overline{\text{T}}$：定时、计数功能选择位。C/$\overline{\text{T}} = 0$ 时，为定时方式；C/$\overline{\text{T}} = 1$ 时，为计数方式，计数器对外部输入引脚 T0(P3.4)或 T1(P3.5)的外部脉冲的负跳变计数。

GATE：门控位。GATE = 0 时，用软件使运行控制位 TR0 或 TR1(定时器/计数器控制寄存器 TCON 中的两位)置 1 来启动定时器/计数器运行；GATE = 1 时，用外部中断引脚(INT0 或 INT1)上的高电平来启动定时器/计数器运行。

2. 定时器控制寄存器 TCON

TCON 的字节地址为 88H，可进行位寻址(表 6-2)，其低 4 位与外部中断有关，在中断中已介绍，高 4 位的功能如下：

表 6-2　TCON 各位含义　　　　　　　　　字节地址 88H

位序	TCON.7	TCON.6	TCON.5	TCON.4	TCON.3	TCON.2	TCON.1	TCON.0
位标识	TF1	TR1	TF0	TR0	IE1	IT1	IE0	IT0

TF0：定时器/计数器 T0 的计数溢出标志位。当定时器/计数器 T0 计数溢出时，该位置 1。在使用查询方式编程时，此位作为状态位供 CPU 查询，查询后由软件清 0；使用中断方式编程时，此位作为中断请求标志位，中断响应后由硬件自动清 0。

TF1：定时器/计数器 T1 的计数溢出标志位。当定时器/计数器 T1 计数溢出时，该位置 1。在使用查询方式编程时，此位作为状态位供 CPU 查询，查询后由软件清 0；使用中断方式时，此位作为中断请求标志位，中断响应后由硬件自动清 0。

TR0：定时器/计数器 T0 的运行控制位，可由软件置 1 或清 0。TR0 = 1，启动定时器/计数器工作；TR0 = 0，停止定时器/计数器工作。

TR1：定时器/计数器 T1 的运行控制位，可由软件置 1 或清 0。TR1 = 1，启动定时器/计数器工作；TR1 = 0，停止定时器/计数器工作。

6.1.3 定时器/计数器工作模式

定时器/计数器可以通过特殊功能寄存器 TMOD 中的控制位 $C/\overline{T}$ 的设置来选择定时器方式或计数器方式，通过 M1M0 两位的设置选择 4 种工作模式。除定时器/计数器 T1 不具有模式 3 外，其他情况 T0、T1 的工作过程完全一致，现以定时器/计数器 T0 为例介绍定时器/计数器的工作模式。

1. 模式 0

当 M1M0 为 00 时，定时器选定为模式 0 工作。在这种方式下，16 位寄存器（由特殊功能寄存器 TL0 和 TH0 组成）只用了 13 位，TL0 的高 3 位未用，由 TH0 的 8 位和 TL0 的低 5 位组成一个 13 位的定时器/计数器，其最大的计数次数应为 2^{13} 次。工作模式 0 的逻辑结构图如图 6-3 所示。

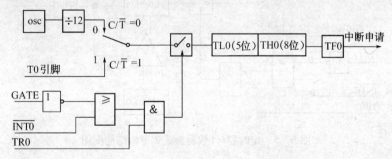

图 6-3 定时器/计数器模式 0 逻辑结构框图

当 GATE = 0 时，只要 TCON 中的启动控制位 TR0 为 1，由 TL0 和 TH0 组成的 13 位计数器就开始计数；当 GATE = 1 时，此时仅仅 TR0 = 1 仍不能使定时器/计数器开始工作，还需要$\overline{INT0}$引脚为 1 才能使定时器/计数器工作，即当$\overline{INT0}$由 0 变 1 时开始计数，由 1 变 0 时停止计数，这样可以用来测量在$\overline{INT0}$端的脉冲高电平的宽度。

当 13 位加 1 计数器溢出后，会使 TCON 的溢出标志位 TF0 自动置 1，同时计数器 TH0（8 位）TL0（低 5 位）变为全 0，如果要循环定时，必须要用软件重新装入初值。

2. 模式 1

当 M1M0 为 01 时，定时器/计数器选定为模式 1 工作。在这种方式下，16 位寄存器由特殊功能寄存器 TL0 和 TH0 组成一个 16 位的定时器/计数器，其最大的计数次数应为

2^{16} 次。工作模式 1 的逻辑结构如图 6-4 所示。除了计数位数不同外，模式 1 与模式 0 的工作过程相同。

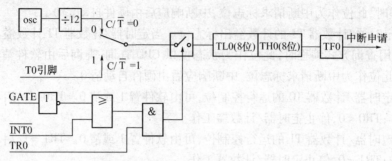

图 6-4　定时器/计数器模式 1 逻辑结构框图

3. 模式 2

模式 2 是自动重装初值的 8 位定时器/计数器。当模式 0 和模式 1 计数溢出时，计数器变为全 0。因此再循环定时的时候，需要重新用软件给 TH0 和 TL0 寄存器赋初值。这样会影响定时精度，方式 2 就是针对此问题而设置的。

当 M1M0 为 10 时，定时器选定为模式 2 工作。在这种模式下，8 位寄存器 TL0 作为计数器，TL0 和 TH0 装入相同的初值。当计数溢出时，在 TF0 置 1 的同时，TH0 的初值自动重新装入 TL0。在这种工作方式下其最大的计数次数应为 2^8 次。工作模式 2 的逻辑结构图如图 6-5 所示。

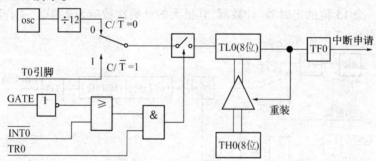

图 6-5　定时器/计数器模式 2 逻辑结构框图

4. 模式 3

当 M1M0 为 11 时，定时器选定为模式 3 工作。模式 3 只适用于定时器/计数器 T0，定时器/计数器 T1 不能工作在模式 3。

在模式 3 中，定时/计数器 T0 分为两个独立的 8 位计数器 TL0 和 TH0。TL0 使用 T0 的状态和控制位 $C/\overline{T}$、GATE、TR0 及 $\overline{INT0}$，而 TH0 被固定为一个 8 位定时器（不能作外部计数方式），并使用定时器 T1 的状态和控制位 TR1 和 TF1，同时占用定时器 T1 的中断源。其逻辑结构如图 6-6 所示。

一般情况下，当定时器 T1 用作串行口的波特率发生器时，定时器/计数器 T0 才工作在模式 3。当定时器 T0 处于工作模式 3 时，定时器/计数器 T1 可定为模式 0、模式 1 和模式 2，作为串行口的波特率发生器或不需要中断的场合。

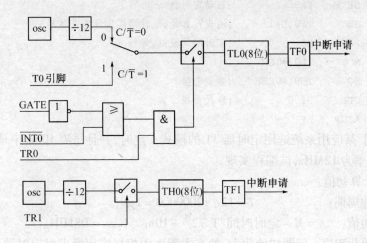

图 6 - 6　定时器/计数器模式 3 逻辑结构框图

6.1.4　定时器/计数器应用

定时器/计数器的应用编程需要考虑的是：根据应用的要求，通过程序初始化，正确设置控制字，正确计算计数初值，编写中断服务程序，适时设置控制字等。通常情况下，设置顺序如下：

（1）工作方式控制字（TMOD）的设置。

（2）计数初值的计算并装入 TH_x、TL_x。

（3）允许中断位 ET_x、EA，使主机开放中断。

（4）启/停位 TR_x 的设置等。

MCS - 51 系列单片机的定时器/计数器是按加 1 计数的，由于加法计数器是计满溢出时才申请中断，所以在给计数器赋初值时，不能直接输入所需的计数值，而应输入的是计数器计数的最大值与这一计数值的差值。设最大值为 M（工作于模式 0、1、2 计数器计数的最大值分别为 2^{13}、2^{16}、2^8），计数值为 N，初值为 X，则 X 的计算方法如下：

$$计数状态：\quad X = M - N$$
$$定时状态：\quad X = M - 定时时间/T$$
$$而\quad\quad\quad T = 12 \div 晶振频率$$

【例 6.1】应用定时器 T0 产生 1ms 定时，使 P1.0 输出周期为 2ms 的方波，设晶振为 6MHz。

解：设定时器采用方式 1，定时时间是 1ms。

（1）计数脉冲周期：$T = 12/6000000 = 2\ \mu s$；

（2）定时器值 X：$X = M - 定时时间/T = 2^{16} - 1ms/2\mu s = FE0CH$；

（3）程序采用查询方式实现：

```
ST:     SETB    P1.0
        MOV     TMOD,#01H    ;定时器 T0 采用方式 1
        MOV     TL0,#0CH
        MOV     TH0,#0FEH    ;设置定时器初值
```

```
        SETB    TR0             ;启动定时器
LP:     JBC     TF0,LP1         ;溢出？如是，软件清溢出标志并跳转
        AJMP    LP              ;定时时间没到，等待
LP1:    MOV     TL0,#0CH
        MOV     TH0,#0FEH       ;重装初值
        CPL     P1.0            ;取反形成方波
        AJMP    LP
```

【例6.2】某应用系统选用定时器 T1 的模式1定时，并且每隔10ms申请一次定时中断，设系统频率为12MHz，试编程实现。

解：先计算初值：

计数脉冲周期：$\qquad T = 12/\,12000000 = 1\mu s$；

定时器初值：$\quad X = M - 定时时间/T = 2^{16} - 10ms/\,1\mu s = D8F0H$。

（1）初始化程序：所谓初始化，一般在主程序中根据应用要求对定时器/计数器进行功能选择及参数设定等预置程序，本例初始化程序如下：

```
    ST:
        ⋮                       ;主程序段
        MOV     TMOD,#10H       ;T1 定时方式，工作模式1
        MOV     TH1,#0D8H       ;设置高字节计数初值
        MOV     TL1,#0F0H       ;设置低字节
        SETB    EA              ;
        SETB    ET1             ;开中断

        ⋮                       ;其他初始化程序
        SETB    TR1             ;启动 T1 开始计时
        ⋮                       ;继续主程序
```

（2）中断服务程序：

```
    T1ISR:

        PUSH    ACC             ;  ⎫
        POP     PSW             ;  ⎬ 现场保护
        PUSH    DPL             ;  ⎪
        PUSH    DPH             ;  ⎭
        ⋮
        MOV     TL1,#0F0H       ;  ⎫ 重新赋初值
        MOV     TH1,#0D8H       ;  ⎬
        ⋮                          中断处理主体程序
        POP     DPH             ;  ⎫
        POP     DPL             ;  ⎪
        POP     PSW             ;  ⎬ 现场恢复
        POP     ACC             ;  ⎭

        RETI
```

　　这里演示了中断服务程序的基本格式,MCS – 51 单片机每个中断入口地址只留了 8 个程序寄存器单元,一般不够用,常用转移指令转到真正的中断服务程序区去执行。

　　【例 6.3】某应用系统需要通过 P1.0 和 P1.1 分别输出周期为 200μs 和 400μs 的方波。设系统频率为 6MHz,用 T0 的模式 3 实现。

　　解:本例用 T0 的模式 3 实现,设 TF0 每隔 100μs 溢出并申请 T0 中断,TF1 每隔 200μs 溢出并申请 T1 中断,在中断服务程序中分别使 P1.0 和 P1.1 取反即可实现本例功能。

　　设在模式 3 的情况下,T0 的定时时间为 100μs,T1 的定时时间为 200μs,则定时器 T0、T1 的初值分别为

$$X0 = M - 定时时间/T = 2^8 - 100\mu s/2\mu s = 0CEH$$

$$X1 = M - 定时时间/T = 2^8 - 200\mu s/2\mu s = 9CH$$

　　(1) 初始化程序:

```
         ⋮
ST:    MOV    TMOD,#03H    ;设置 T0 定时模式 3
       MOV    TH0,#9CH     ;TH0 初值
       MOV    TL0,#0CEH    ;TL0 初值
       SETB   EA           ;
       SETB   ET1          ;  ⎫
       SETB   ET0          ;  ⎬ 开中断
       SETB   TR0          ;启动 T0
       SETB   TR1          ;启动 T1
         ⋮
```

　　(2) 定时器 T0 中断服务程序:

```
T0ISR:
         ⋮
       MOV    TL0,#0CEH    ;重新设置初值
       CPL    P1.0         ;对 P1.0 输出信号取反
         ⋮
       RETI
```

　　(3) 定时器 T1 中断服务程序:

```
T0ISR:
         ⋮
       MOV    TH0,#9CH     ;重新设置初值
       CPL    P1.1         ;对 P1.1 输出信号取反
         ⋮
       RET1
```

　　【例 6.4】已知某生产线的传送带上不断地有产品单向传送,产品之间有较大间隔。使用光电开关统计一定时间内的产品个数(图 6 – 7)。假定红灯亮时停止统计,红灯灭时才在上次统计结果的基础上继续统计,试用定时器/计数器 T1 的方式 1 完成该项产品的计数任务。

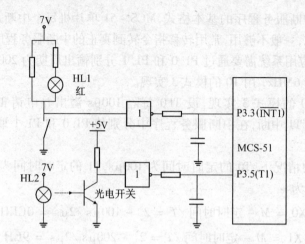

图 6 – 7 产品计数原理图

解题要点：根据题意可使 GATE = 1，这时计数器是否计数由INT1决定，INT1为高电平则开始计数，也即红灯灭时开始计数。

（1）初始化：TMOD = 11010000B = 0D0H(GATE = 1，C/T = 1，M0M1 = 01)。

（2）T1 在方式 1 时，溢出产生中断且计数器回零，故在中断服务程序中，需用 R0 计录中断次数，以保护累积计数结果。

（3）启动 T1 计数，开 T1 中断。

```
        ORG   0000H
        AJMP   ST62          ;复位入口
        ORG   001BH
        AJMP   T1INT         ;T1 中断入口
ST62:   MOV    SP, #60H       ;初始化程序
        MOV    TCON, #00H
        MOV    TMOD, #0D0H   ;GATE = 1，C/T = 1，M0M1 = 01
        MOV    TH1, #00H
        MOV    TL1, #00H
        MOV    R0, #00H       ;清中断次数计数单元
        MOV    P3, #28H      ;先使 P3.3，P3.5 置 1
        SETB   TR1           ;启动 T1
        SETB   ET1           ;开 T1 中断
        SETB   EA            ;开总中断
        ⋮
T1INT:
        INC    R0             ;中断服务子程序
        RETI
```

6.1.5 定时器/计数器应用的其他问题

1. 定时器/计数器的实时性

定时器/计数器启动计数后，当计满溢出回 0 时内部将自动产生中断请求。但从溢出

回 0 请求中断到主机响应中断并作出处理存在时间延时,且这种延时随请求时现场环境的不同而不同,一般需要 3 个周期以上,这就给实时处理带来误差。大多数应用场合这种误差可以忽略,但对某些实时性要求苛刻的场合,需要采取补偿措施。这种由中断响应引起的延时,对定时器/计数器工作于模式 0 或 1 而言有两种含义:

一是由于中断响应延时而引起的实时处理的误差。这种情况可以采用如下方法补偿:在定时器溢出中断得到响应时,停止定时器计数,读出计数值(它反映了中断响应的延迟时间),根据此数值计算出到下一次中断所需的时间,并修改相应的定时器初值和重新启动定时器。

二是如需多次且连续不间断地定时/计数,由于中断响应延时,则在中断服务程序中再置计数初值时已延误了若干个计数值而引起误差。在这种情况下可以采用动态补偿的方法以减少误差。所谓动态补偿,即在中断服务程序中对 TH_x、TL_x 重新置计数初值时,应将 TH_x、TL_x 从溢出回 0 又重新从 0 开始计数的值读出,并补偿到原计数初值中去进行重新设置。实际应用时要注意指令运行也要占用 CPU 时间。

下面是以 T0 为例采用的补偿方法:

```
        ⋮
    CLR     EA          ;禁止中断
    MOV     A,TL0       ;读 TL0 中已计数值
    ADD     A,#LOW      ;LOW 为原低字节初始值
    MOV     TLX,A       ;设置低字节初值
    MOV     A,#HIGH     ;原高字节初始值送 A
    ADDC    A,TH0       ;加进位
    MOV     TH0,A       ;置高字节初值
    SETB    EA          ;开中断
```

2. 动态读取运行中的计数值

在动态读取运行中的定时器/计数器的计数值时,如果不加注意,读出的计数值可能出错。这是因为 TH_x 和 TL_x 不可能同时读出。比如,先读 TL_x 后读 TH_x,因为定时器/计数器处于运行状态,设在读 TL_x 时尚未产生向 TH_x 进位,而在读 TH_x 前已产生进位,这时读得的 TH_x 就不对了;同样,先读 THX 后读 TL_x 也可能出错。解决办法:先读 TH_x,后读 TL_x,再读 TH_x。若两次读得的 TH_x 没有变化,则读得的内容是正确的;若前后两次读得的 TH_x 有变化,则重复上述过程,直到两次读得的 TH_x 没有变化。下面以 T0 为例说明这种方法的应用。

```
ReRd:   MOV     A,TH0       ;读 TH0 存 A 中
        MOV     R0,TL0      ;读 TL0 存 R0
        CJNE    A,TH0,ReRd  ;两次读的 TH0 相等则读取数据正确,否则,重读
        MOV     R1,A        ;TH0 存 R1
        ⋮
```

3. 利用定时器/计数器扩展外部中断源

在某些应用系统中常会出现两个外部中断源不够用,而定时器/计数器有多余的情况,则可将定时器/计数器设置为计数方式,扩展外部中断源。现选择定时器/计数器 1 为对外部事件计数方式且工作在模式 2(自动重装),设置计数初值为 FFH,则 T1 端口输入

一个负脉冲,计数器即回 0 溢出,置位对应的中断请求标志位 TF1,向主机请求中断处理,从而达到了增加一个外部中断源的目的。其对应程序如下:

(1) 主程序段:

```
          ORG    0000H
          AJMP   MAIN        ;转主程序
          ORG    001BH
          LJMP   T1ISR       ;转 T1 中断服务程序
          ⋮
MAIN:     ⋮
          MOV    SP,#60H     ;设置堆栈区
          MOV    TMOD,#60H   ;设置 T1 为计数器,工作模式 2
          MOV    TL1,#0FFH   ;设置时间常数
          MOV    TH1,#0FFH
          SETB   EA          ;开总中断
          SETB   ET1         ;开 T1 中断
          ⋮
```

(2) 中断服务程序:

```
T1ISR:    PUSH   ACC      ;  ⎫
          PUSH   PSW      ;  ⎬  现场入栈保护
          PUSH   DPL      ;  ⎪
          PUSH   DPH      ;  ⎭
          ⋮                  ;中断主体处理程序(略)
          POP    DPH      ;  ⎫
          POP    DPL      ;  ⎬  现场出栈恢复
          POP    PSW      ;  ⎪
          POP    ACC      ;  ⎭
          RETI
```

6.1.6 MCS - 51 定时器/计数器 2 的工作方式

增强型的 MCS - 52 系列单片机寄存器除了定时器/计数器 0 和 1 之外,还集成了一个功能极强的定时器/计数器 2,它是一个 16 位位宽的定时器/计数器,分 TH2 和 TL2 两个 8 位计数器,由特殊功能寄存器 T2CON 和 T2MOD 来设置与控制。

1. 定时器/计数器的控制寄存器 T2CON

T2CON 用于控制定时器/计数器的启动和停止,还包括溢出标志及工作方式选择位等。它的字节地址为 0C8H,可以位寻址,其格式及各位定义见表 6 - 3。

表 6 - 3 T2CON 各位定义　　　　　　　　字节地址 0C8H

位序	T2CON. 7	T2CON. 6	T2CON. 5	T2CON. 4	T2CON. 3	T2CON. 2	T2CON. 1	T2CON. 0
标识	TF2	EXF2	RCLK	TCLK	EXEN2	TR2	C/$\overline{\text{T2}}$	CP/$\overline{\text{RL2}}$

TF2:定时器/计数器 2 溢出中断请求标志位。当定时器/计数器 2 加 1 计数计满溢出回 0 时,由内部硬件置 1,但当 RCLK 位或 TCLK 位为 1 时将不置位。该位置 1 后必须

由软件清 0。

EXF2：定时器/计数器 2 外部中断请求标志位。当引脚 T2EX(P1.1)上的电平由高电平变为低电平(负跳变)引起 T2 的"捕获"或"重装"操作且 EXEN2 位为 1 时，将 EXF2 置 1，向 CPU 申请中断。同样，EXF2 位必须由软件清 0。

RCLK：串行通信接收时钟允许位。当 RCLK 位被置 1 时，单片机的串行口使用定时器/计数器 T2 的溢出信号作为串行方式 1 或 3 的接收时钟；当 RCLK 位被复位为 0 时，使用定时器/计数器 T1 的溢出信号作为接收时钟。

TCLK：串行通信发送时钟允许位。当 TCLK 位被置 1 时，单片机的串行口使用定时器/计数器 T2 的溢出信号作为串行方式 1 或 3 的发送时钟；当 TCLK 位被复位为 0 时，使用定时器/计数器 T1 的溢出信号作为发送时钟。

EXEN2：定时器/计数器 T2 外部采样允许位。如果 T2 没有被用于串行口时钟发生器，则当 EXEN2 位被置 1 时，T2EX(P1.1)引脚上的负跳变将激活 T2 的"捕获"或"重装"操作；当 EXEN2 为被清 0 时，T2 忽略 T2EX 引脚上的信号。

TR2：定时器/计数器 2 运行控制位。当软件置 TR2 位 1 时，启动定时器/计数器 2，开始计数运行；当 TR2 被置为 0 时，则停止计数操作。

$C/\overline{T2}$：定时器/计数器的工作方式选择位。当 $C/\overline{T2}$ 被置 1 时，选择对 T2(P1.0)引脚输入的外部脉冲进行计数操作。当 $C/\overline{T2}$ 被置 0 时，则选择对机器周期进行计数操作。

$CP/\overline{RL2}$：定时器/计数器 2 捕获或重装模式选择位。当 $CP/\overline{RL2}$ 为 1 且 EXEN2 也为 1 时，则定时器/计数器 T2 计数溢出，或 T2EX(P1.1)上出现负跳变，都将引起重装操作。当 RCLK 位为 1 或 TCLK 位为 1 时，$CP/\overline{RL2}$ 不起作用。当定时器/计数器 T2 溢出时，将迫使定时器/计数器 T2 自动进行重装操作。定时器/计数器 T2 的自动重装寄存器是 16 位的，和 T0、T1 的自动重装相比，可进行更长的定时。

2. 定时器/计数器 2 的工作方式

定时器/计数器 T2 是一个 16 位的计数器，可工作在定时方式和对外部脉冲的计数方式，当计数器溢出时，置位中断请求标志 TF2 并向 CPU 申请中断。它的工作方式是通过程序对特殊功能寄存器 T2CON 的相关位进行设置来选择的。具体设置见表 6-4。

表 6-4　通过 T2CON 选择定时器/计数器 T2 的工作方式

RCLK + TCLK	$CP/\overline{RL2}$	TR2	工作方式说明
0	0	1	16 位自动重装
0	1	1	16 位捕获方式
1	X	1	波特率发生器
X	X	0	关闭

1) 自动重装方式

定时器/计数器 T2 的 16 位自动重装方式的逻辑结构图如图 6-8 所示，根据特殊功能寄存器 T2CON 中的 EXEN2 标志位的不同状态，有两种选择，同时特殊功能寄存器 T2MOD 中的 DCEN 位还可以选择加 1 计数(DCEN =1)或减 1 计数(DCEN =0)方式。特殊功能寄存器 T2MOD 的格式及相关位的含义见表 6-5。

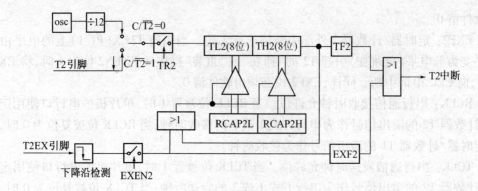

图 6-8　T2 自动重装逻辑结构

表 6-5　T2MOD 各位定义

位序	D7	D6	D5	D4	D3	D2	D1	D0
标识	X	X	X	X	X	X	T2OE	DCEN

X：保留无定义。

T2OE：定时器/计数器 T2 输出允许位。定时器模式下该位置 1 时可在 T2(P1.0)引脚上输出 50% 占空比的可变频率方波信号。

DCEN：定时器/计数器 T2 递增/递减方式计数控制。

(1) DCEN = 0 时，T2CON 中的 EXEN2 可选择两种不同的工作方式。

如果 EXEN2 = 0，T2 递增计数到 0FFFFH，然后因溢出而置位 TF2。在溢出的同时，定时器会自动重装保存在 RCAP2H 和 RCAP2L 中的 16 位的初始值，此值由软件预先设置。

如果 EXEN2 = 1，16 位初值的重装可由溢出触发，也可由外部输入引脚 T2EX 上的负跳变触发。这个跳变也可以置位 EXF2 位，只要允许 T2 中断，TF2、EXF2 都可引发中断。

(2) DCEN = 1 时，置位 DCEN 可允许 T2 进行递增或递减计数，其逻辑结构如图 6-9 所示。在这种模式下，计数器的模式由 T2EX 引脚控制。T2EX 为高电平时 T2 递增计数，

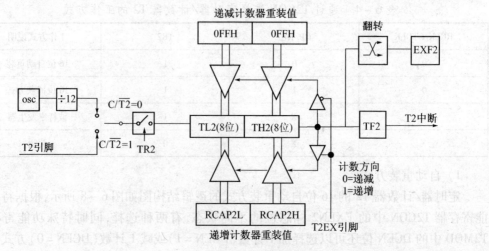

图 6-9　T2 递增递减计数逻辑结构

当计数器溢出时将置位 TF2,同时此溢出信号还将 RCAP2H 和 RCAP2L 中的值重新装到 TH2 和 TL2;T2EX 为低电平时 T2 将递减计数,当 TH2 和 TL2 中数的值减到和 RCAP2H 和 RCAP2L 中预存的值相等时,将引发递减溢出,置位 TF2 申请中断,并将 0FFFFH 重装到 TH2 和 TL2 中。不管 T2 递增溢出还是递减溢出,EXF2 位总是取反,因此可用作计数器的第 17 位。在这种模式下,只有 TF2 可引发 T2 中断,EXF2 不引发中断。

2）捕获方式

所谓"捕获",指的是将输入信号发生跳变时相关计数器的值保存起来的操作。捕获操作在需要精确测量输入信号的脉宽等场合经常使用。只有在 T2CON 中的 EXEN2 标志位为 1 的时候,才能进行捕获操作。

当 EXEN2 为 0 时,定时器/计数器 2 是一个 16 位的计数器,根据 C/$\overline{T2}$ 可选择计数来源为机器周期或从 T2(P1.0)引脚输入的外部脉冲。当计数器计数溢出时,置位 TF2,向 CPU 申请中断。这种方式除了 TF2 标识必须通过软件清除外,和 T0 或 T1 的工作方式 1 完全一样。

当 EXEN2 为 1 时,定时器/计数器 T2 除具有上述功能外,还增加了捕获功能。在定时器/计数器 T2 运行过程中,外部输入端口 T2EX(P1.1)引脚上电平信号的负跳变将会把计数器 TH2 和 TL2 中当前的计数值分别保存到 RCAP2H 和 RCAP2L 中,同时将置位 T2CON 寄存器中的 EXF2 中断请求标志位,向 CPU 请求中断处理,同样 EXF2 必须通过软件清 0。T2 捕获工作方式的逻辑结构见图 6 – 10。

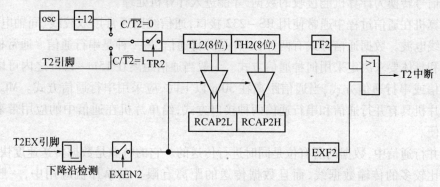

图 6 – 10　T2 捕获工作的逻辑结构

由于两个中断请求标志 TF2 和 EXF2 通过相或的方式向 CPU 提出中断申请,因此,CPU 在响应中断请求的时候为了确切知道哪一个中断源引起的中断,就必须在中断服务程序中通过查询相应的标志位来判断引起中断的中断源。这就是要通过软件复位 TF2 和 EXF2 中断请求标志的原因。

3）波特率发生器方式

当 T2CON 中的 RCLK 和 TCLK 任何一位为 1 时,定时器/计数器 2 工作在波特率发生器方式。

6.2　MCS – 51 串行接口

计算机之间的通信有并行通信和串行通信两种。串行通信是一位一位地传送数据,由于串行通信最小只需要两根传送线,特别适合于长距离通信。在串行通信中,通信的快慢由波特率来表示,在不同的工作模式中,波特率的设置方式也不同,只有正确进行波特率的设置,才能进行可靠的数据通信。串行通信的总线标准有 RS – 232C、RS – 422、RS – 485 等,RS – 232C 是最常用的串行接口标准。

MCS – 51 系列单片机内部有一个全双工的异步通信 I/O 接口,波特率和帧的格式可以通过软件编程来设置。它的串行通信口有 4 种工作模式:方式 0、方式 1、方式 2 和方式 3。帧的格式有 10 位、11 位两种。MCS – 51 系列单片机的串行通信有着广泛的应用,可以实现单片机与单片机之间或单片机与 PC 机之间的串口通信,也可以使用单片机的串行通信接口,实现键盘输入和 LED、LCD 显示器的输出控制,简化电路,节约单片机系统的硬件资源。

6.2.1 串行通信概念

通信系统包括数据传送端、数据接收端、数据转换接口和传送数据的线路。单片机、PC 机、工作站都可以作为传送、接收数据的终端设备。数据在传送过程中通常需要经过一些中间设备,这些中间设备称为数据交换设备,负责数据的传送工作。数据在通信过程中,由数据终端设备传送端送出数据,通过调制解调器把数据转换为一定的电平信号,在通信线路上进行传输。通信数据传送到计算机的接收端时,同样也需要通过调制解调器把电平信号转换为计算机能接收的数据,才能进入计算机处理。

计算机在通信过程中通常使用 RS – 232 接口,通信线路通常用双绞线、同轴电缆、光纤或无线电波。数据通信方式有两种,一种是并行通信,另一种是串行通信。通常根据通信距离和具体要求决定采用何种通信方式。一般当通信距离在 15m ~ 30m 之内可以采用并行通信或串行通信方式,当通信距离在 30m 以上时,应采用串行通信方式。MCS – 51 系列单片机具有并行通信和串行通信两种接口方式,给单片机在通信中的应用带来了极大的方便。

在并行通信中,数据的所有位是同时进行传送的。它的特点是数据传送速度快,缺点是需要比较多的传输数据线,而且数据传送的距离有限。在单片机应用中,一般用于 CPU 与 LED 或 LCD 显示器的数据传送,或 CPU 与 A/D、D/A 转换器的数据传送等并行接口方面。图 6 – 11(a) 为 MCS – 51 系列单片机与外部设备之间的并行通信接口连接

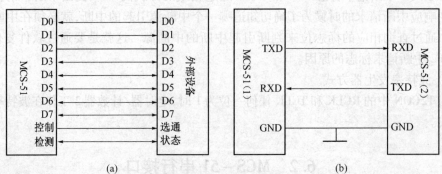

图 6 – 11 单片机并行和串行通信方式
(a) 单片机之间的并行通信方式;(b) 单片机之间的串行通信方式。

方法。

在串行通信中,数据是按一定的顺序一位一位地传送的。串行通信时最少只需要两根传送线,比如可以利用电话线进行通信,特别适合于长距离通信。图6-11(b)为MCS-51单片机之间的串行通信的连接方法。

在串行通信中,计算机内部的并行数据传到内部的移位寄存器中,然后数据被逐位移出形成串行数据,通过通信线传送到接收端,再将串行数据逐位送入移位寄存器后转换为并行数据存放在计算机中(图6-12)。进行串行通信的接收端和发送端的计算机,必须有一些约定,比如相同的传送速率和统一的编码方法。接收端计算机必须知道发送端计算机发送了哪些信息,发送的信息是否正确,如果有错如何通知对方重新发送。发送端的计算机必须知道接收端的计算机是否正确接收到信息,是否需要重新发送等。这些约定称为串行通信的通信协议或规程,通信的双方遵守了这些协议才能正确地进行数据通信。

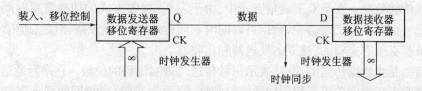

图6-12 串行异步数据通信方式

串行通信可分为两种基本通信方式,即同步通信方式和异步通信方式。同步方式是将一大批数据分成几个数据块,数据块之间用同步字符予以隔开,而传输的各位二进制码之间都没有间隔,其基本特征是发送与接收时钟始终保持严格同步。异步通信是按帧传送数据,它利用每一帧的起、止信号来建立发送与接收之间的同步,每帧内部各位均采用固定的时间间隔,但帧与帧之间的时间间隔是随机的。其基本特征是每个字符必须用起始位和停止位作为字符开始和结束的标志,它是以字符为单位一个个地发送和接收的。异步通信的格式如图6-13所示。图中给出的是7位数据位、1位奇偶校验位和1位停止位,加上固定的1位起始位,共10位组成一个传送字符的格式。

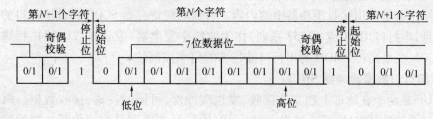

图6-13 串行异步通信传送格式

传送时数据的低位在前,高位在后。字符之间允许有不定长度的空闲位(1)。起始位(0)作为联络信号,它用低电平告诉接收方开始传送,接下来的是数据位和奇偶校验位,停止位(1)标志一个字符的结束。

传送一个字符以起始位开始并以停止位结束。这就提供了区分和识别联络信号与数据信号的标志。传送开始前,收发双方要把所采用的信息格式(包括字符的数据位长度,停止位长度,有无奇偶校验位以及采用的校验方式等)和数据传输速率即波特率作统一的约定。如果要改变格式和传输速率,则要求收发双方同时改变。

传送开始后,接收设备不断检测传输线,看是否有起始位到来。当收到一系列的"1"(空闲位或停止位)之后,检测到一个"0",说明起始位出现,就开始接收所规定的数据位和奇偶校验位以及停止位。经过处理将停止位去掉,把数据位拼成一个并行字节,并且经校验无误才算正确地接收到一个字符。一个字符接收完毕后,接收设备又继续测试传输线,监视"0"电平的到来(下一个字符开始),直到全部数据接收完毕。

串行通信中,数据在通信线路两端的设备之间传输的方式通常有 3 种:单工、半双工和全双工。单工为单向配置,只允许数据按照一个固定方向传送,通信线的一端为发送端,另一端为接收端。半双工为半双向配置,允许数据向任何一个方向传送,但每次只能有一个站发送,另一个站接收。通信线两端的每一端都由一个发送设备和一个接收设备组成,通过接收和发送开关使设备与线路接通。接收与发送开关是由软件控制的电子开关,通信线两端的设备通过半双工通信协议进行功能的切换。全双工为全双向配置,允许同时双向传输数据。在半双工通信方式中,由于发送、接收方式的切换需要时间,所以效率比较低。而在全双工通信中,数据可以同时双向传送,效率比较高,但是,通信线两端的通信设备都必须有完整的、独立的发送器和接收器。

波特率是指数据传送的速率,表示每秒传送二进制代码的位数。在串行通信中,发送设备和接收设备之间除了采用相同的字符帧格式(异步通信)或相同的同步字符(同步通信)来协调同步工作外,两者之间发送数据的速度和接收数据的速度也必须相同,这样才能保证被传送数据的成功传送。波特率是串行通信的重要指标,对数据的成功传送至关重要。

6.2.2　MCS-51 串行接口

MCS-51 单片机内部有 1 个功能很强的全双工串行口,可同时发送和接收数据。串行口的内部有数据接收缓冲器和数据发送缓冲器。数据接收缓冲器只能读出不能写入,数据发送缓冲器只能写入不能读出,这两个数据缓冲器都用符号 SBUF 来表示,地址都是99H。CPU 对特殊功能寄存器 SBUF 执行写操作,就是将数据写入发送缓冲器;对 SBUF执行读操作就是读出接收缓冲器中的内容。特殊功能寄存器 SCON 存放串行口的控制和状态信息,串行口用 T1 或 T2(52 系列)作为波特率发生器(发送接收时钟),特殊功能寄存器 PCON 的最高位 SMOD 为串行口波特率的倍率控制位。

1. 串行口数据缓冲器 SBUF

SBUF 是两个在物理上独立的接收、发送缓冲器,可同时发送、接收数据。两个缓冲器只用一个地址(99H),可通过指令对 SBUF 的读写来区别是对接收缓冲器的操作还是对发送缓冲器的操作。CPU 写 SBUF 就是修改发送缓冲器,读 SBUF 就是读接收缓冲器。串行口对外也有两条独立的收发信号线 RXD(P3.0)和 TXD(P3.1),因此可以同时发送、接收数据,实现全双工传送(图 6-14)。

2. 串行口控制寄存器

串行口控制寄存器 SCON 用于设置串行口的工作方式、监视串行口工作状态、发送与接收的状态控制等。它是一个既可字节寻址又可位寻址的特殊功能寄存器,地址为 98H。SCON 的格式如表 6-6 所列。

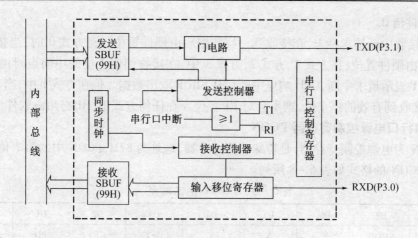

图 6 - 14 MCS - 51 串行结构框图

表 6 - 6 SCON 各位定义 字节地址 98H

位序	SCON. 7	SCON. 6	SCON. 5	SCON. 4	SCON. 3	SCON. 2	SCON. 1	SCON. 0
标识	SM0	SM1	SM2	REN	TB8	RB8	TI	RI

SM0、SM1：工作方式选择位,详见表 6 - 7。

表 6 - 7 串行口工作方式选择

SM0	SM1	方式	功 能	波 特 率
0	0	0	同步移位寄存器	$f_{osc}/12$
0	1	1	10 位异步收发	可变,由定时器控制
1	0	2	11 位异步收发	$f_{osc}/64$ 或 $f_{osc}/32$
1	1	3	11 位异步收发	可变,由定时器控制

SM2：多机通信控制位。主要用于工作方式 2 和方式 3 中。在方式 2 和方式 3 中,当 SM2 = 1 时,则接收到的第 9 位数据 RB8 为 0 时不启动接收中断标志 RI(即 RI = 0),并且将接收到的前 8 位数据丢弃;当接收到的第 9 位数据 RB8 为 1 时,才将接收到的前 8 位数据送入 SBUF,并置位 RI 产生中断请求。当 SM2 = 0 时,则不论第 9 位数据为 0 或 1,都将前 8 位数据装入 SBUF 中,并产生中断请求。在方式 1 中,如 SM2 = 1 则只有接收到有效的停止位时才会激活 RI。在方式 0 时 SM2 必须为 0。

REN：串口接收控制位,由软件置位或清 0。REN = 1 允许接收;REN = 0 禁止接收。

TB8：在方式 2 和方式 3 时,TB8 为所要发送的第 9 位数据。在多机通信中,以 TB8 位的状态表示主机发送的是地址还是数据：TB8 = 0 为数据,TB8 = 1 为地址。TB8 也可用作数据的奇偶校验位,该位由软件置位或复位。

RB8：在方式 2 和方式 3 中,接收到的第 9 位数据就存放在 RB8。它可以是约定的奇偶校验位。在单片机的多机通信中用它作为地址或数据标识位。在方式 1 中,若 SM2 = 0,则 RB8 存放已接收的停止位;在方式 0 中,该位未用。

TI：发送中断请求标志,在一帧数据发送完后被置位。在方式 0 时,发送第 8 位结束时由硬件置位;在方式 1、2、3 中,在停止位开始发送时由硬件置位。置位 TI 意味着向 CPU 提供"发送缓冲器已空"的信息,CPU 响应后发送下一帧数据。在任何方式中,TI 都必须由软件清 0。

RI：接收中断请求标志，在接收到一帧数据后由硬件置位。在方式 0 时，当接收第 8 位结束时由硬件置位；在方式 1、方式 2、方式 3 中，在接收到停止位的中间点时由硬件置位。RI = 1 表示请求中断，CPU 响应中断后从 SBUF 取出数据。但在方式 1 中，当 SM2 = 1 时，若未接收到有效的停止位，则不会对 RI 置位。在任何方式中，RI 必须由软件清 0。

3. 串行口电源控制寄存器 PCON

PCON 为电源控制寄存器，是特殊功能寄存器，地址为 87H，PCON 中的第 7 位与串行口有关，PCON 的格式如表 6 - 8 所列。

表 6 - 8　PCON 各位的定义　　　　　　　　87H

位序	D7	D6	D5	D4	D3	D2	D1	D0
标识	SMOD	X	X	X	GF1	GF0	PD	IDL

SMOD：波特率选择位。在方式 1、方式 2 和方式 3 时，串行通信波特率与 2^{SMOD} 成正比，当 SMOD = 1 时通信波特率可以提高 1 倍。

PCON 中的其余各位用于单片机的电源控制。当 PD = 1 时进入掉电方式；当 IDL = 1 时进入冻结方式；GF1、GF0 为通用标志位。

6.2.3　串行口的工作方式

MCS - 51 单片机串行口有方式 0、方式 1、方式 2 和方式 3 这 4 种工作方式。现对每种工作方式下的特点作进一步的说明。

1. 方式 0

方式 0 为同步移位寄存器 I/O 工作方式。8 位串行数据的输入或输出都是通过 RXD 端，而 TXD 端用于输出同步移位脉冲。波特率固定为单片机振荡频率（f_{osc}）的 1/12。串行传送数据 8 位为一帧（没有起始、停止、奇偶校验位），由 RXD（P3.0）端输出或输入，低位在前，高位在后；由 TXD（P3.1）端输出同步移位脉冲，作为外部扩展的移位寄存器的移位时钟。

1）方式 0 输出

串行口可以外接串行输入/并行输出的移位寄存器（如 74LS164），用以扩展并行输出口。如图 6 - 15 所示，执行 MOV SBUF, A 指令，TXD 端输出的同步移位脉冲将 RXD 端输出的数据（低位在先）逐位移入 74LS164。当 8 位数据全部移完，硬件会使 TI 置 1。如要再发送，必须用软件先将 TI 清 0。

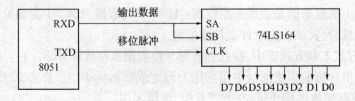

图 6 - 15　方式 0 实现串/并转换

2）方式 0 输入

串行接收时，串行口可以扩展一片（或几片）并入/串出的移位寄存器（如 74LS165），用以扩展并行输入口。如图 6 – 16 所示,执行 MOV A,SBUF 指令,TXD 端输出的同步移位脉冲将 74LS165 逐位移入 RXD 端。当 8 位数据全部移完,硬件会使 RI 置 1。如要再接收,必须用软件先将 RI 清 0。

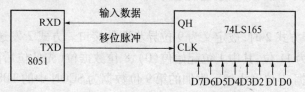

图 6 – 16　方式 0 实现并行输入扩展

2. 方式 1

在方式 1 时,串行口被设置为波特率可变的 8 位异步通信接口。串行口以方式 1 发送时,数据位由 TXD 端输出,发送一帧信息为 10 位,其中 1 位起始位、8 位数据位(先低位后高位)和一个停止位"1"。CPU 执行一条数据写入发送缓冲器 SBUF 的指令(MOV SBUF,A),就启动发送器发送。当数据发送完,由硬件置中断标志 TI 为 1。方式 1 所传送的波特率取决于定时器 T1 的溢出率和特殊功能寄存器 PCON 中 SMOD 的值,即

$$波特率 = (2^{SMOD}/32) × 定时器 T1 的溢出率$$

式中: T1 溢出率为 1s 内 T1 发生溢出的次数,它与 T1 的工作方式有关。

设定时器 T 的的初始值为 X,则 T1 的溢出率计算方法如下:

T1 方式 0: 产生一次溢出的时间为

$$t = \frac{(12^{13} - X) × 12}{f_{osc}}$$

溢出率为

$$n = \frac{1}{t} = \frac{f_{osc}}{12 × (12^{13} - X)}$$

T1 方式 1: 溢出率为

$$n = \frac{1}{t} = \frac{f_{osc}}{12 × (2^{16} - X)}$$

T1 方式 2: 溢出率为

$$n = \frac{1}{t} = \frac{f_{osc}}{12 × (2^8 - X)}$$

接收操作在 RI =0 和 REN =1 条件下进行。接收器以所选波特率的 16 倍速率采样 RXD 端电平,检测到 RXD 端输入电平发生负跳变时(起始位),内部 16 分频计数器复位,并将 1FFH 写入移位寄存器。计数器的 16 个状态把传送每一位数据的时间 16 等分,在每个时间的 7、8、9 这 3 个计数状态,位检测器采样 RXD 端电平。接收的值是 3 次采样中至少是两次相同的值,这样处理是为了防止干扰。如果在第一位时间内接收到的值不为 0,说明它不是一帧数据的起始位,该位被摒弃,则复位接收电路,重新搜索 RXD 端输入电平的负跳变;若接收到的值为 0,则说明起始位有效,将其移入输入移位寄存器,并开始接

收这一帧数据其余部分信息。当 RI = 0 且 SM2 = 0(或接收到的停止位为 1)时,将接收到的 9 位数据的前 8 位数据装入 SBUF 接收,第 9 位(停止位)装入 RB8,并置 RI = 1,向 CPU 请求中断。在方式 1 下,SM2 一般应设定为 0。

3. 方式 2

串行口工作于方式 2 时,被定义为 9 位异步通信接口。方式 2 发送数据由 TXD 端输出,发送一帧信息为 11 位,其中 1 位起始位(0)、8 位数据位(先低位后高位)、1 位可控为 1 或 0 的第 9 位数据、1 位停止位。附加的第 9 位数据为 SCON 中的 TB8,它由软件置位或清 0,可作为多机通信中地址/数据信息的标志位,也可作为数据的奇偶校验位。若附加的第 9 位数据为奇偶校验位,在接收中断服务程序中应作检验处理。

当串行口置为方式 2 且 REN = 1 时,串行口以方式 2 接收数据。方式 2 的接收与方式 1 基本相似。数据由 RXD 端输入,接收 11 位信。其中 1 位起始位(0)、8 位数据位、1 位附加的第 9 位数据、1 位停止位(1),其波特率为

$$方式 2 的波特率 = (2^{SMOD}/64) \times f_{osc}$$

4. 方式 3

方式 3 为波特率可变的 9 位异步通信方式,除了波特率有所区别之外,其余方式都与方式 2 相同,即

$$方式 3 的波特率 = (2^{SMOD}/32) \times (定时器 T1 的溢出率)$$

6.2.4 T2 作波特率发生器

增强型 52 系列单片机具有定时器 T2,复位后因 TCLK = RCLK = 0,T1 作为波特率发生器。若将 TCLK、RCLK 置为 1,则以 T2 作为串行口波特率发生器,这时 T2 的逻辑结构如图 6 - 17 所示。

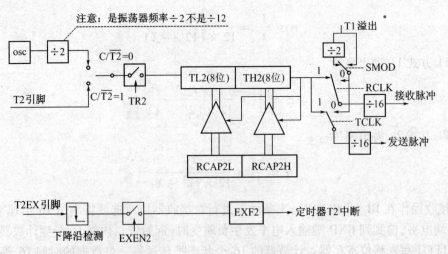

图 6 - 17 T2 波特率发生器方式结构

T2 的波特率发生器方式和常数自动重装方式相似,一般情况下 C/$\overline{T2}$ = 0,以振荡器的二分频信号作为 T2 的计数脉冲。T2 作为波特率发生器时,当 T2 溢出时,将 RCAP2H 和 RCAP2L 中的常数(由软件设置)自动装入 TH2、TL2,使 T2 从这个初值开始计数,但并

不使 TF2 置 1。RCAP2H 和 RCAP2L 中的时间常数由软件设定后,T2 的溢出率是严格不变的,因而使串口方式 1 和方式 3 的波特率非常稳定,其值为

方式 1 和方式 3 的波特率 = 振荡器频率/32[65536 - (RCAP2H)(RCAP2L)]

T2 工作于波特率发生器方式时,计数溢出时不会置位 TF2,不向 CPU 申请中断。如果 EXEN2 为 1,当 T2EX(P1.1)上输入电平发生 1 到 0 的负跳变时,也不会引起 RCAP2H 和 RCAP2L 中的常数装入 TH2、TL2,仅仅置位 EXF2,向 CPU 申请中断,因此,T2EX 可以作为一个外部中断源使用。

在 T2 计数过程中(TR2 = 1)不应该对 TH2、TL2 进行读写。如果读,则读出的结果不会精确(因为每个状态加 1);如果写,则会影响 T2 的溢出率使波特率不稳定。在 T2 的计数过程中可以对 RCAP2H 和 RCAP2L 进行读但不能写,如果写也将使波特率不稳定。因此,在初始化中,应先对 TH2、TL2、RCAP2H、RCAP2L 初始化编程以后才使 TR2 置 1,启动 T2 计数。与 T1 工作于方式 2 相比,T2 产生的波特率可选的范围大,但由于 T2 的功能强,应用中一般还是以 T1 作为波特率发生器。

6.2.5　MCS-51 多机通信原理

串行口以方式 2、方式 3 接收时,若 SM2 = 1,则仅当接收器接收到的第 9 位数据为 1 时,数据才装入接收缓冲器 SBUF 并置位 RI,同时向 CPU 发中断,如果接收到的第 9 位为 0,则置位 RI,信息将丢失。而当 SM2 = 0 时,接收一个数据字节后,不管第 9 位数据是 1 还是 0 都置位 RI,接收到的数据都装入 SBUF。应用这个特点,便可实现 MCS-51 之间的多机串行通信。设有一个多机系统如图所示,其从机地址定义为 00H,01H,02H,则多机通信(图 6-18)的过程如下:

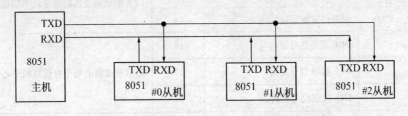

图 6-18　多机通信示意图

(1) 从机系统由从机初始化为串行口为方式 2/3 接收,且 SM2 = 1,允许串行口中断。

(2) 在主机和某一个从机通信之前,先将从机地址发送给各从机,接着才传送数据,且主机发送地址时的第 9 位为 1,发送数据时的第 9 位为 0。

(3) 当主机向从机发送地址时,由于各从机接收到的第 9 位信息为 1,且从机的 SM2 = 1,所以将置 1 RI,其地址信息将送入各从机,此时,各从机将可判断主机送来的地址是否和本系统地址相符,若为本机地址,则置 0 SM2,将准备接收主机的数据(或命令),若地址不一致,则保持 SM2 = 1 不变。

(4) 接着主机发送数据,且第 9 位为 0,此时各从机接收到的 RB8 为 0,只有前面地址相符的从机才会激活 RI 中断标志(因它的 SM2 = 0),接收主机的数据,其余从机由于 SM2 = 1,RB8 为 0 将不会激活 RI,所接收的数据将丢失。从而实现了主机和从机的一对一的通信。

6.2.6 串行通信总线标准及接口

在设计通信接口时,不仅要根据需要选择标准接口,还要考虑传送介质、电平转换等问题。常见的串行通信接口有 RS-232C、RS-422、RS-485 等。

1. RS-232C 接口标准

RS-232C 是美国电气工业协会推广使用的一种串行通信总线标准。是 DCE(数据通信设备)和 DTE(数据终端设备)间传输串行数据的总线接口。RS-232 最大传输距离为 15m,最高传输速度为 20kb/s,信号的逻辑"0"电平为 5V~15V,逻辑 1 的电平为 -15V~ -5V。

1) RS-232C 信号线和 RS-232 连接器 DB25、DB9

完整的 RS-232C 总线由 25 根信号线组成,DB-25 是 RS-232C 标准的连接器,其上有 25 根针。表 6-9 和表 6-10 列出了 RS-232C 信号线名称、符号以及对应在 DB-25 和 DB-9 上的针脚号。

表 6-9 RS-232C 信号线及其在 DB-25 上的针脚号

分类	符号	名称	脚号	说明
		机架保护地(屏地)	1	
地线 数据 信号 线	GND	信号地(公共地)	7	
	TXD	数据发送线	2	
	RXD	数据接收线	3	(1) 在无数据信息传送或收/发数据信息间 隔期 RXD/TXD 电平为 1;
	TXD	辅助信道数据发送线	14	(2) 辅助信道传输速率较主信道低,其余同
	RXD	辅助信道数据接收线	16	
定时 信号 线		DCE 发送信号定时	15	
		DCE 接收信号定时	17	指示被传输的每个位信息的中心位置
		DTE 发送信号定时	24	
控 制 线	RTS	请求发送	4	DTE 发给 DCE
	CTS	允许发送	5	DCE 发给 DTE
	DSR	DCE 装置就绪	6	
	DTR	DTE 装置就绪	20	DTE 发给 DCE
	DCD	接收信号载波检测	8	DTE 收到一个满足标准的信号时置位
	RI	振铃指示	22	DCE 收到振铃信号置位
		信号质量检测	21	DCE 检测信号是否有错而置位/复位
		数据信号速率选择	23	指定两种传输速率中的一种
	RTS	辅助信道请求发送	19	
	CTS	辅助信号允许发送	13	
	RCD	辅助信道接收检测	12	
备用	9、11、18、25			未定义,保留供 DCE 装置测试用

表 6 – 10　RS – 232C 信号线和 DB – 9 引脚关系

符　号	名　称	引　脚	符　号	名　称	引　脚
DCD	接收信号载波检测	1	DSR	DCE 装置就绪	6
RXD	数据接收线	2	RTS	请求发送	7
TXD	数据发送线	3	CTS	清除发送	8
DTR	DTE 装置数据就绪	4	RI	振铃指示	9
GND	公共地	5			

2）RS – 232C 接口间的连接

在用 RS – 232 接口总线连接系统时，根据距离的远近有两种通信方式之分，即近程通信方式和远程通信方式。传输距离小于 15m 的通信方式称为近程通信，这种方式可以直接用 RS – 232C 电缆连接。传输距离在 15m 以上的通信称为远程通信，这种情况下就需要采用调制解调器（Modem）。图 6 – 19 所示为采用调制解调器的最常用的远程通信连接。

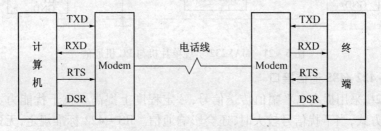

图 6 – 19　远程通信连接

当 RS – 232C 作计算机与终端之间的近程连接时，只需几根线实现交换连接。图 6 – 20 为一种计算机间近程通信连接示意图，它仅适合于只需进行简单传送数据的通信。图 6 – 20（a）是一种简单的应用接法，仅将"发送数据"与"接收数据"交叉连接，其余信号不用。图 6 – 20（b）为同一设备的"请求发送"（针脚 4）被连接到自己的"清除发送"（针脚 5），而它的"数据终端就绪"（针脚 20）连接到自己的"数据设备就绪"（针脚 6）。

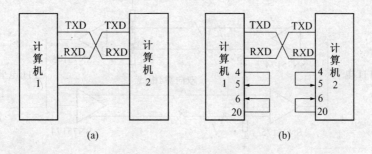

图 6 – 20　近程通信连接

（a）简单接法；（b）复杂接法。

图 6 – 20（a）所示连接方式不适合于需要检测"清除发送"、"数据设备就绪"及"数据终端就绪"等信号状态的通信程序。对于图 6 – 20（b）所示的连接方式，程序虽然可以运行下去，但并不能真正检测到对方的状态。

3) RS – 232C 电平与 TTL 电平转换

由于 RS – 232C 总线上传输的信号的逻电平辑与 TTL 逻辑电平差异较大,所以就存在这两种电平的转换问题,这里介绍一种常见的电路。

常见的 RS – 232C 电平转换芯片有 MAX232,它是由单一的 +5V 电源供电,由内部电压转换器产生 ±10V 电压。芯片内有两个发送器(TTL 电平转换为 RS – 232C 电平),两个接收器(RS – 232C 电平转换为 TTL 电平)。图 6 – 21 是由 MAX232 实现 PC 与 8051 单片机串行通信的典型接线图。图中外接电解电容 C1、C2、C3、C4 用于电源电压变换(+5V 变为 ±10V)。它们可以取相同数值电容,如 1.0μF/25V。电容 C5 用于对 +5V 电源的噪声干扰进行滤波。

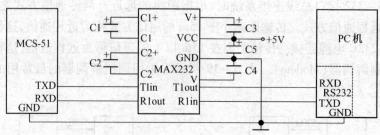

图 6 – 21　MAX232 实现单片机与 PC 机通信

2. RS – 422/485 通信接口

RS – 232C 采用提高电平幅值传送信号,一定程度上提高了抗干扰能力。但它采用非平衡传送方式,当干扰信号较大时,还会影响通信。RS – 422 标准规定,无论发送还是接收数据,均用两条线传送双端(差分)信号,该标准允许驱动器输出为 ±2V ~ ±6V,接收器可以检测到 200mV 的输入信号电平。RS – 422 的传输是全双工的,其最大传输距离为 1200m,最大传输速率为 10Mb/s。

RS – 422 接口电路由发送器、平衡连接电缆、电缆终端负载和接收器组成。其接口电路如图 6 – 22。图中 75174 用于把输入的 TTL 电平转换成 RS – 422A 电平,接收端的 75175 用于把 RS – 422A 电平转换成 TTL 电平。

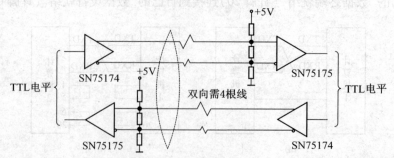

图 6 – 22　RS – 422 接口电路

RS – 485 是 RS – 422 的变型,它与 RS – 422 的差别只在于:RS – 422 是全双工的,RS – 485 是半双工的(图 6 – 23)。在单片机系统发送或者接收数据前,应先将 75174 的发送门或者接收门打开,当 P1.0 = 1 时,发送门打开,接收门关闭;当 P1.0 = 0 时,接收门打开,发送门关闭。目前,常用的 RS485 发送接收器有 75LBC176、75LBC184 等,这类芯片内部同时包含有一个发送驱动器和一个接收收器。

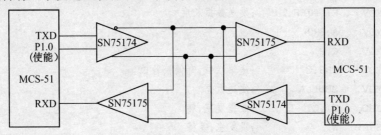

图 6 - 23　用 RS - 485 实现双机通信

6.2.7　串行通信的应用举例

【例 6.5】设在一个 MCS - 51 的应用系统中,在串行口上扩展两个移位寄存器作为 16 路状态指示灯接口(图 6 - 24)。现设计一个输出程序,其功能为将内部 20H、21H 单元 的状态缓冲器中内容输出到移位寄存器。

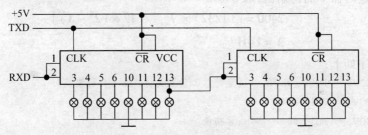

图 6 - 24　串口与移位寄存器接口

解:程序采用串行方式 0,TXD 作为发送时钟,RXD 发送数据,程序如下:

```
ST:     MOV     SCON, #00H
        MOV     R0,#20H
        CLR     TI              ;清发送标志
        MOV     A,@R0
        MOV     SBUF,A          ;发送第一个数据
ST1:    JNB     TI,ST1          ;数据没发完,等待
        CLR     TI              ;发完,清发送标志
        INC     R0              ;指针指向下一个单元
        MOV     A, @R0
        MOV     SBUF, A         ;发送下一个数据
        RET
```

【例 6.6】设串行口工作于方式 2,其 TB8 作为奇偶校验位,试编一发送程序将 50H ~ 5FH 的数据块从串行口输出。

解:采用方式 2,波特率不可变,本例设波特率为振荡频率的 1/32,程序用查询方式 实现。

```
TRT:    MOV     SCON,#80H       ;设置串行通信方式 2
        MOV     PCON,#80H       ;波特率加倍
```

```
        MOV    R0,#50H        ;指针首地址送 R0
        MOV    R7,#0FH        ;发送数据长度
LP:     MOV    A,@R0
        MOV    C,P
        MOV    TB8,C          ;送第八位,奇偶校验位
        MOV    SBUF,A         ;发送数据
WT:     JBC    TI,CT          ;数据发完,转
        SJMP   WT             ;没发完,等待
CT:     INC    R0             ;指向下一单元
        DJNZ   R7,LP          ;没完,继续
        RET
```

【例6.7】 设串行口上外接一个串行输入设备,MCS-51 和该设备之间采用 9 位异步通信方式,波特率为 2400b/s、晶振频率为 11.0592MHz,串行口选择工作方式 3,定时器 T1 选为工作方式 2,RB8 为奇偶校验位,试编写一个接收 16 个数据的程序。

(1) 求定时器 1 的初始值,取 SMOD = 0。

$$2400 = [(1/32) \times f_{osc}] / [12 \times (2^8 - X)]$$

$$X = F4H$$

(2) 程序如下:

```
RVE:    MOV    TMOD,#20H      ;定时器 1 设置为方式 2(自动重装)
        MOV    TH1,#F4H
        MOV    TL1,#F4H       ;置初值
        SETB   TR1            ;启动定时器 T1
        MOV    R0,#50H        ;发送指针送 R0
        MOV    R7,#10H        ;发送数据个数
        MOV    SCON,#D0H      ;设置串口通信方式 3
        MOV    PCON,#00H      ;SMOD = 0
WAIT:   JBC    RI,PRI         ;接收到数据吗?
        SJMP   WAIT           ;没,等待
PRI:    MOV    A,SBUF         ;接收到数据,则分析该数据
        JNB    PSW.0,PNP      ;奇偶校验为 0,转 PNP
        JNB    RB8,PER        ;奇偶校验为 1,RB8 =0;则奇偶校验错
        SJMP   RIG
PNP:    JB     RB8,PER        ;奇偶校验位为 0,RB8 =1;则奇偶校验错
RIG:    MOV    @R0,A          ;奇偶校验正确,保存并接下一个
        INC    R0
        DJNZ   R7,WAIT
        CLR    PSW.5          ;清错误标志
        RET
PER:    SETB   PSW.5          ;设置错误标志
        RET
```

【例6.8】 串行口按双工方式收发 ASCII 码字符,最高 1 位用来作奇偶校验位,采用奇校验方式,要求传送的波特率为 1200b/s。假设发送缓冲区首址为 20H,接收缓冲区首

址为 40H,时钟频率 $f_{osc} = 6\text{MHz}$,试编写有关的通信程序。

解: 7 位 ASCII 码加 1 位奇校验共 8 位数据,故可采用串行口工作方式 1。MCS - 51 单片机的奇偶校验位 P 是当累加器 A 中"1"的个数为奇数时 $P=1$;为偶数时 $P=0$。如果直接把 P 的值放入 ASCII 码的最高位(奇偶校验位),恰好成了偶校验,与要求不符。因此要把 P 值取反后再放入 ASCII 码的最高位,才是要求的奇校验。

定时器 T1 采用工作方式 2,可以避免计数溢出后用软件重装定时初值。

(1) 计算定时器 T1 的初值,取 SMOD = 0,则

$$1200 = [(1/32) \times f_{osc}]/[12 \times (2^8 - X)]$$

$$X = 0F3H$$

(2) 设置 PCON:

由于 SMOD = 0,所以 PCON = 00H(同系统复位以后的状态,可不赋值)。

(3) 设置 TMOD:

由于 T1 为定时方式 2,所以 TMOD = 00100000B = 20H。

(4) 主程序:

```
        MOV     TMOD,#20H       ;定时器 T1 设为方式 2
        MOV     TL1,#F3H        ;装入定时器初值
        MOV     TH1,#F3H        ;8 位重装值
        SETB    TR1             ;启动定时器 T1
        MOV     SCON,#50H       ;串行口设为方式 1
        MOV     R0,#20H         ;发送缓冲区首址
        MOV     R1,#40H         ;接收缓冲区首址
        SETB    EA              ;开中断
        SETB    ES              ;允许串行口中断
        LCALL   SOUT            ;先输出 1 个字符
        SJMP    $               ;等待中断
```

(5) 中断服务程序:

```
        ORG     0023H           ;串行中断入口
        LJMP    SciIsr          ;转至中断服务程序
SciIsr: JNB     RI,SEND         ;不是接收则转
        LCALL   SIN             ;是接收,则调用接收子程序
        SJMP    NEXT            ;转至统一出口
SEND:   LCALL   SOUT            ;是发送,则调用发送子程序
NEXT:   RETI                    ;中断返回
```

(6) 发送子程序:

```
SOUT:   MOV     A,@R0           ;取发送数据到 A
        MOV     C,P             ;奇偶校验位赋于 C
        CPL     C               ;奇校验
        MOV     ACC.7,C         ;送入 ASCII 码最高位中
        INC     R0              ;修改发送数据指针
        MOV     SBUF,A          ;发送数据
        CLR     TI              ;清发送中断标志
```

```
            RET
(7) 接收子程序：
SIN:    MOV     A,SUBF      ;读入接收缓冲区内容
        MOV     C,P         ;取出奇偶校验位
        CPL     C           ;奇校验
        ANL     A,#7FH      ;删去奇偶校验位
        MOV     @R1,A       ;存入接收缓冲区
        INC     R1          ;修改接收缓冲区指针
        CLR     RI          ;清接收中断标志
        RET                 ;
```

习题与思考

6.1 8051 单片机内部设有几个定时器/计数器？它们是由哪些特殊功能寄存器组成？

6.2 定时器/计数器用作定时器时,其定时时间与哪些因素有关？作计数器时,对外界计数频率有何限制？

6.3 简述定时器四种工作方式的特点,如何选择和设定？

6.4 当定时器 T0 用作模式 3 时,由于 TR1 位已被 T0 占用,如何控制定时器 T1 的开启和关闭？

6.5 使用一个定时器,如何通过软、硬件结合的方法,实现较长时间的定时？

6.6 8051 单片机定时器/计数器作定时和计数时,其计数脉冲分别由谁提供？

6.7 8051 单片机定时器的门控信号 GATE 设置为 1 时,定时器如何启动？

6.8 设 8051 单片机的 $f_{osc} = 12MHz$,要求用 T0 定时 $150\mu s$,分别计算采用定时方式 1 和方式 2 时的定时初值。

6.9 设 8051 单片机的 $f_{osc} = 6MHz$,问定时器处于不同工作方式时,最大定时范围分别是多少？

6.10 以定时器/计数器 1 进行外部事件计数。每计数 1000 个脉冲后,定时器/计数器 1 转为定时工作方式。定时 10ms 后,又转为计数方式,如此循环不止。假定单片机晶振频率为 6MHz,请使用方式 1 编程实现。

6.11 8051 单片机 P1 口上,经驱动器接有 8 个发光二极管,若 $f_{osc} = 6MHz$,试编写程序,使这 8 个发光管每隔 2s 循环发光(要求用 T1 定时)。

6.12 8051 单片机的 P1 口接 8 个发光二极管(正极通过电阻接 +5V),根据 P3.0 和 P3.1 的电平编程,且满足下列要求：

(1) 当 P3.0 为低电平时,点亮其中的一个发光二极管；

(2) 当 P3.0 为高电平、P3.1 为低电平时,点亮全部发光二极管；

(3) 当 P3.0、P3.1 都为高电平时,发光二极管按 4 个一组,每隔 50ms 轮流反复点亮(由 T0 定时, $f_{osc} = 6MHz$)。

6.13 已知 8051 单片机的 $f_{osc} = 6MHz$,请利用 T0 和 P1.0 输出矩形波。矩形波高电平宽 $50\mu s$,低电平宽度 $300\mu s$。

6.14 已知 8051 单片机的 $f_{osc} = 12MHz$,用 T1 定时。试编程由 P1.0 和 P1.1 引脚分别输出周期为 2ms 和 $500\mu s$ 的方波。

6.15 8051 单片机的定时器在何种设置下可提供 3 个 8 位定时器/计数器？这时,定时器 1 可作为串行口波特率发生器。若波特率按 9600b/s,4800b/s,2400b/s,1200b/s,600b/s,100b/s 来考虑,则此时

可选用的波特率是多少(允许存在一定误差)？设时钟频率为 12MHz。

6.16　试编制一段程序实现功能：当 P1.2 引脚的电平上跳时，对 P1.1 的输入脉冲进行计数；当 P1.2 引脚的电平下跳时，停止计数，并将计数值写入 R6 和 R7。

6.17　设 f_{osc} = 12MHz。试编写一段程序实现功能为：对定时器 T0 初始化，使之工作在方式 2，产生 200μs 定时，并用查询 T0 溢出标志的方法，控制 P1.0 输出周期为 2ms 的方波。

6.18　若 8051 单片机的 f_{osc} = 6MHz，请利用定时器 T0 定时中断的方法，使 P1.0 输出占空比为 75% 的矩形脉冲。

6.19　8051 单片机的串行口由哪些功能部件组成？各有什么作用？

6.20　若异步通信接口按方式 3 传送，已知其每分钟传送 3600 个字符，其波特率是多少？

6.21　用定时器 T1 做波特率发生器，并把它设置成工作方式 2，系统时钟频率为 12MHz，求可能产生的最高和最低波特率？

6.22　串行通信的总线标准有哪些？

6.23　请简述多机通信原理。在多机通信中 TB8/RB8、SM2 的含义是什么？各起什么作用？

6.24　设 f_{osc} = 11.0592MHz，试编写一段程序，对串行口初始化，工作于方式 1，波特率为 1200b/s；并用查询串行口状态的方法，读出接收缓冲器的数据，并回送到发送缓冲器。

6.25　以 8051 单片机串行口按工作方式 1 进行串行数据通信。假定波特率为 1200b/s，以中断方式传送数据。请编写全双工通信程序。

6.26　串行口工作在方式 1 和方式 3 时，其波特率与 f_{osc}、定时器 T1 工作方式 2 的初值及 SMOD 位的关系如何？设 f_{osc} = 6MHz，现利用定时器 T1 方式 2 产生的波特率为 110b/s。试计算定时器初值。

6.27　设计 8051 单片机的双机通信系统，并编写通信程序。将甲机片内 RAM 30H ~ 3FH 存储区的数据块通过串行口传送到乙机片内 RAM 40H ~ 4FH 存储区中去。

6.28　由 8051 单片机的串行口的方式 1 发送 1,2,…,FFH 等 255 个数据，试用中断方式编写发送程序(波特率为 2400b/s，f_{osc} = 12MHz)。

6.29　以 8051 单片机串行口按工作方式 3 进行串行数据通信。假定波特率为 1200b/s，第 9 数据位作奇偶校验位，以中断方式传送数据。请编写通信程序。

第7章 单片机系统扩展

MCS – 51 单片机具有体积小、功能强的特点,对于简单的控制,利用单片机自身的资源,无需外加其他功能性的器件就可满足要求。但实际使用中由于测控对象要求的多样性和复杂性,许多情况下 MCS – 51 自身的资源和功能还不够,需要连接外部器件进行资源和功能的扩充,才能构成符合实用要求的应用系统。

MCS – 51 架构提供了外部程序存储器空间和外部数据存储器空间的扩展能力,还可增加外围芯片来扩展它的 I/O 能力或其他功能。因此,单片机的系统扩展主要包括程序存储器的扩展、数据存储器的扩展和接口电路的扩展。系统扩展的方法有两类,一类是并行扩展,另一类是串行扩展。

对于并行扩展,由于单片机采用总线结构,因此无论是进行存储器的扩展还是 I/O 接口扩展,都可以利用数据总线、地址总线和控制总线来扩展。也就是说,数据传输由数据总线完成,外围功能单元的寻址由地址总线完成,控制总线则完成数据传输过程中的传输控制,如读/写操作等。

对于串行扩展则比较简单。市面上有多种带有 I^2C、SPI 串行总线接口的芯片,单片机若有相应的控制总线接口,则系统的软硬件设计将十分简单。即使没有相应的总线控制接口,也可以根据总线的时序要求,使用若干 I/O 口线,采用软件模拟的方法实现串行总线扩展。

7.1 单片机系统总线扩展原理

为了使单片机能方便地与各种扩展芯片连接,常将单片机的外部总线连接为一般的微型计算机三总线结构形式。对于 MCS – 51 系列单片机,三总线由下列通道口的引线组成(图 7 – 1)。

(1) 地址总线的高 8 位由 P2 口提供,低 8 位由 P0 口与地址锁存器提供;

(2) 数据总线由 P0 口提供;

(3) 扩展系统时常用的控制总线信号如下所述:

① ALE:地址锁存信号,用以实现对低 8 位地址的锁存,高电平有效。

② $\overline{PSEN}$:片外程序存储器读选通信号。

③ $\overline{RD}$:片外存储器读信号。

④ $\overline{WR}$:片外数据存储器写信号。

P0 口是一个复用口,当地址锁存信号 ALE 为高电平时,P0 口输出地址信号;当地址锁存信号 ALE 低电平时,P0 口输出数据信号。因此,为了锁存地址信息,可以用 ALE 的负跳变将地址信息存入地址锁存器。

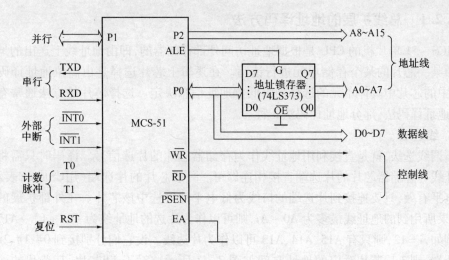

图 7 - 1 为单片机扩展成三总线结构的示意图

常见的地址锁存器有 74LS373,74LS573、INTEL8282 等,图 7 - 2 为 74LS373 内部结构图。74LS373 的 $\overline{OE}$ 为 Q0 ~ Q7 三态门允许输出控制端,$\overline{OE}$ 接地则 Q0 ~ Q7 总是允许输出。G 为锁存器的输出允许端,接 MCS - 51 单片机的 ALE,ALE 高电平时 P0.0 ~ P0.7 与 D0 ~ D7 状态相同,ALE 负跳变将 D0 ~ D7 锁存到 Q0 ~ Q7,这时 P0 口输出地址打入 Q0 ~ Q7,使 P2 口和 P0 口输出的地址信息同时到达地址总线,当 ALE 为固定的高电平或低电平时,P0 口输出信号的改变不会影响锁存器的输出信号,这样当 P0 口送完地址信号后,再送数据信号时,数据信号不会输出到 Q0 ~ Q7,从而实现了 P0 口地址信号和数据信号的分时复用。

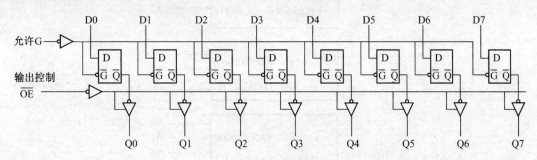

图 7 - 2 常地址锁存器 74LS373 结构图

7.2 存储器扩展技术

MCS - 51 系列单片机的数据存储器与程序存储器的地址空间是互相独立的。其片内的数据存储器空间只有 128B,片外数据存储器的空间可根据用户实际需要最大可扩展 64KB。8051、8751 型单片机含有 4KB 的片内程序存储器,而 8031 型单片机无片内程序存储器。当采用 8051、8751 型单片机的用户程序超过 4KB、或采用 8031 型单片机时,就需要进行程序存储器的扩展,其外部程序存储器空间最大也可扩展 64KB。

7.2.1 总线扩展的地址译码方法

MCS–51 单片机的 CPU 是根据地址访问外部存储器的,即由地址线上送出的地址信息选中某一芯片的某个存储单元进行读写。在逻辑上芯片选择是由高位地址译码实现的,选中的芯片中具体单元的选择则由低位地址信息决定。选择芯片的方法通常有线选法、全地址译码法、部分地址译码法 3 种。

1. 线选法

所谓线选法,就是直接利用地址线作为存储器芯片的片选信号。译码时只需将用到的地址线与存储器芯片的片选端直接相连即可。一般芯片的片选端(用$\overline{CS}$或$\overline{CE}$表示)都是低电平有效,只要连接到片选端的口线为低电平即可选中该芯片。在外部扩展的芯片中,如果所用到的地址线最多为 A0 ~ Ai,则可以作为片选的地址线为 A($i+1$) ~ A15。

例如,$i = 12$,则只有 A15、A14、A13 可以作为片选线。设它们分别接到 0#、1#、2#芯片的片选端,则 3 片芯片对应的地址空间如图 7–3 所示。对于 1#芯片,其芯片的选择由 A15(1)、A14(0)、A13(1)决定,单元地址由 A0 ~ A12 决定,因此该芯片占用的地址空间为 0A000H ~ 0BFFFH(即 1010000000000000B ~ 1011111111111111B);0#芯片的选择是由 A15(0)、A14(1)、A13(1)决定,该芯片占用的地址空间为 6000H ~ 7FFFH(即 0110000000000000B ~ 0111111111111111B),然而该芯片实际用到的单元却只有 8 个(A2 ~ A0 的 8 种组合),A3 ~ A12 的选择不影响对这 8 个单元的寻址(图中用"×"表示),因此,#0芯片可理解为该芯片有 2^{10} 个子页,每个子页有 8 个地址单元,但这些子页是重叠的。3#芯片与 0#芯片类似,在此不多赘述。

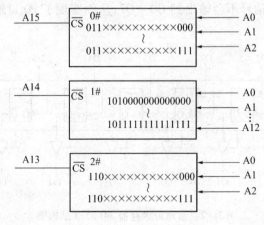

图 7–3 线选法示意图

必须注意的是,当系统中有多片需要扩展时,地址会有不连续的情况;同时任何两根线选线都不能同时为 0,否则会同时选中两片(或两片以上)芯片,出现芯片读/写错误。

2. 全地址译码法

所谓译码法就是使用地址译码器对系统的片外地址进行译码,以译码输出作为存储器芯片的片选信号。常用的译码器有 3 – 8 译码器 74LS138、2 – 4 译码器 74LS139 和 4 – 16 译码器 74LS154 等。

下面简单介绍74LS138的工作原理。图 7－4 为 74LS138 的引脚图，表 7－1 为 74LS138 的真值表。对照表和图可以看出，74LS138 共有 6 个输入端，其中 G1、$\overline{G2A}$ 和 $\overline{G2B}$ 用于选择芯片，相当于74LS138 的片选端。如果要使 74LS138 工作，G1 必须接高电平，而 $\overline{G2A}$ 和 $\overline{G2B}$ 必须接低电平。另外的 3 个输入端是编码端 A、B、C，它们的状态决定了译码器的输出端 $\overline{Y0}$ ～ $\overline{Y7}$ 的状态。与线选法不同，这里 3 个编码线可以是"0"和"1"的任意组合，而输出端 $\overline{Y0}$ ～ $\overline{Y7}$ 却在任何时刻只有 1 个为"0"，其余的全为"1"。

图 7－4　74LS138 引脚

表 7－1　74LS138 真值表

译码器输入						译码器输出							
控制端			编码输入端			$\overline{Y0}$	$\overline{Y1}$	$\overline{Y2}$	$\overline{Y3}$	$\overline{Y4}$	$\overline{Y5}$	$\overline{Y6}$	$\overline{Y7}$
G1	$\overline{G2A}$	$\overline{G2B}$	A	B	C								
1	0	0	0	0	0	0	1	1	1	1	1	1	1
			0	0	1	1	0	1	1	1	1	1	1
			0	1	0	1	1	0	1	1	1	1	1
			0	1	1	1	1	1	0	1	1	1	1
			1	0	0	1	1	1	1	0	1	1	1
			1	0	1	1	1	1	1	1	0	1	1
			1	1	0	1	1	1	1	1	1	0	1
			1	1	1	1	1	1	1	1	1	1	0
0	×	×											
×	1	×	×	×	×	$\overline{Y0}$ ～ $\overline{Y7}$ 均输出 1							
×	×	1											

全地址译码是指高位地址线都参与译码，所得到的页面地址空间是连续的。若 64KB 存储空间按每页 8KB 划分，则 8 个页面可由 A15、A14、A13 通过 74LS138 译码得到的 $\overline{Y0}$ ～ $\overline{Y7}$ 8 个独立的片选信号选中（图 7－5）。图 7－5 中 74LS138 的输入端 A、B、C 分别接到 A13、A14、A15，控制端 $\overline{1G}$、$\overline{2G}$ 分别接地，控制端 G 接高电平。则当 A13 = 0，A14 = 0，A15 = 0 时，输出信号 $\overline{Y0}$ 有效，选中第 0 页；当 A13 = 0，A14 = 0，A15 = 1 时，输出信号 $\overline{Y1}$ 有效，选中第 1 页；以此类推，当 A13 = 1，A14 = 1，A15 = 1 时，选中第 7 页。

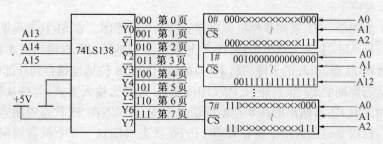

图 7－5　采用全地址译码法示意图

3. 部分地址译码法

当系统中扩展的芯片不多,不需要全地址译码,但采用线选法,片选线又不够时,可采用部分地址译码法。所谓部分地址译码即用高位地址的一部分译码产生片选信号。此时单片机的高位地址的一部分参与译码,其余部分是悬空的,由于悬空的片选地址线上的电平无论怎样变化,都不会影响它对存储器单元的选址,故 RAM 或 I/O 中每个单元的地址都不是唯一的,即具有重叠地址。

图 7 - 6 给出了这种方法的示意图。2 - 4 译码器 74LS139 对 A15、A14 译码产生 4 个片选信号,可接 4 个芯片,每个芯片占 16KB。

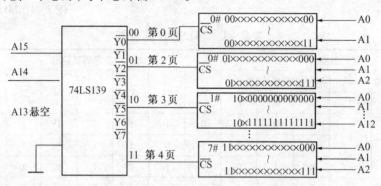

图 7 - 6 采用部分地址译码法示意图

7.2.2 程序存储器的扩展

1. 程序存储器的操作时序

1) 访问程序存储器的控制信号

MCS - 51 系列单片机访问程序存储器时所用的控制信号如下所述:

(1) ALE:用于低 8 位地址锁存控制信号。

(2) $\overline{PSEN}$:片外程序存储器选通控制信号。$\overline{PSEN}$常直接连 EPROM 的$\overline{OE}$引脚。

(3) $\overline{EA}$:片内、片外程序存储器访问的控制信号。当$\overline{EA}$为高电平时,CPU 先从内部程序存储器取指令,当指令所在的地址大于内部程序存储空间时,CPU 从外部程序存储器取指令;当$\overline{EA}=0$ 时,访问片外程序存储器。

对片外 EPROM 进行读操作时,除了 ALE 用于低 8 位地址锁存信号,$\overline{PSEN}$用于控制 EPROM 的$\overline{OE}$数据输出允许信号外,还要使 P0 口分时用作低 8 位地址总线和数据总线,P2 口用作高 8 位地址总线。

2) 操作时序

图 7 - 7 为 MCS - 51 系列单片机程序存储器操作时序图。在 S1 状态周期的 P1 状态开始,控制信号 ALE 上升为高电平后,P0 口输出低 8 位地址,P2 口输出高 8 位地址。在 S2 状态周期 P1 状态,ALE 的下降沿将 P0 口的输出的低 8 位地址锁存到外部地址锁存器中。在 S2 状态周期的 P2 状态开始,P0 口由输出方式变为输入方式,等待从程序存储器读出指令,而此时 P2 口输出的高 8 位地址信息不变。$\overline{PSEN}$在 S3 状态周期到 S4P1 期间第一次有效,把指令码送入指令寄存器 IR;在 S6 状态周期到下一个机器周期的 S1P1 期间第二次有效,把锁存器输出的地址对应单元指令字节传送到 P0 口上供 CPU 读取。从

图 7-7 中还可以看出,CPU 在访问外部程序存储器的一个机器周期内,ALE 信号出现两个正脉冲,$\overline{PSEN}$信号出现两个负脉冲,说明在一个机器周期内 CPU 两次访问外部程序存储器。

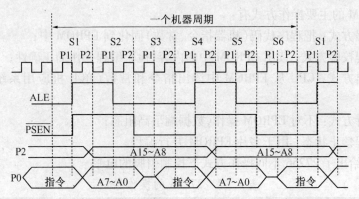

图 7-7　MCS-51 访问外部程序存储器时序

2. 几种常用的 EPROM 程序存储器

可擦除只读存储器 EPROM 可作为 MCS-51 系列单片机的外部扩展程序存储器。其典型的产品有 2764(8KB×8)、27256(32KB×8)、27512(64KB×8)等。这些芯片的玻璃窗口在紫外线光下照射 20min 左右,存储器各位信息全变为 1。当需要编程时,则通过相应的编程器将用户的应用程序固化到这些芯片中。图 7-8 为常用 EPROM 芯片引脚图,从图可以看出,这些芯片仅仅是地址线(容量)不同和编程引脚有些区别。

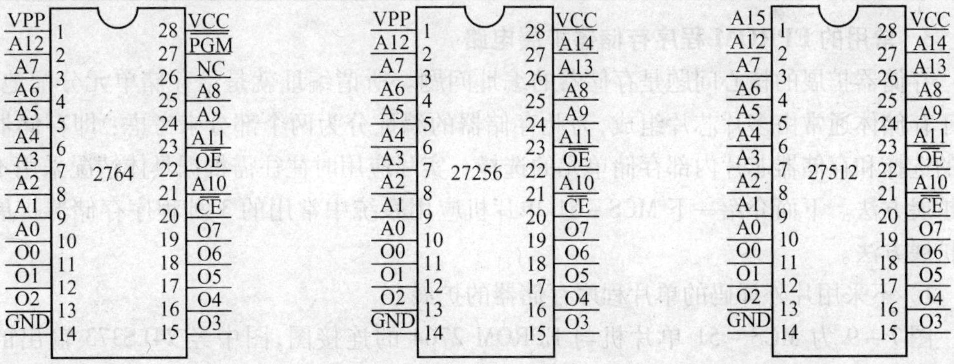

图 7-8　常用 EEPROM 引脚图

1) 引脚说明

(1) A0～Ai:地址输入线,i = 13～15;

(2) 00～07:数据线(常用 D0～D7 表示),读或编程校验时为数据输出线,编程时为数据输入线。维持或编程禁止时,00～07 呈高阻状态;

(3) $\overline{CE}$:片选信号输入线,低电平有效;

(4) PGM:编程信号输入线;

(5) $\overline{OE}$:读选通信号输入线,低电平有效;

(6) VPP:编程电源输入线,其值因芯片型号和制造厂商而异;

（7）VCC：主电源输入线，其值一般为 +5V；

（8）GND：电源地。

2）操作方式

对 EPROM 的主要操作方式有：

（1）编程方式：把程序代码（机器指令、常数）固化到 EPROM 中；

（2）编程校验方式：读出 EPROM 中的内容，检验编程操作的正确性；

（3）读出方式：CPU 从 EPROM 中读出指令和常数（单片机应用系统中的工作方式）；

（4）维持方式：不对 EPROM 操作，数据端呈高阻态；

（5）编程禁止状态：用于多片 EPROM 并行编程。

表 7-2 给出了 27256 不同操作方式下控制引脚的电平。

表 7-2 27256 的操作控制

	$\overline{CE}$(20)	$\overline{OE}$(22)	VPP(1)	VCC(28)	00~07(11~13)(15~19)
读	VIL	VIL	VCC	5V	数据输出
禁止输出	VIL	VIH	VCC	5V	高阻
维持	VIH		VCC	5V	高阻
编程	VIL	VIH	VPP	* VCC	数据输入
编程校验	VIH	VIL	VPP	* VCC	数据输出
编程禁止	VIH	VIH	VPP	* VCC	高阻

注：VPP 与型号有关，一般为 12V，* VCC 与编程方式有关（5V 或 6V）

3. 常用的 EPROM 程序存储器扩展电路

存储器扩展的核心问题是存储器的编址问题。所谓编址就是给存储单元分配地址。由于存储体通常由多片芯片组成，为此存储器的编址分为两个部分来考虑：即存储器芯片的选择和存储器芯片内部存储单元的选择。实际应用时往往需根据具体情况采用不同的扩展方法。下面介绍一下 MCS-51 单片机应用系统中常用的 3 种程序存储器扩展电路扩展方法。

1）不采用片外译码的单片程序存储器的扩展

图 7-9 为 MCS-51 单片机与 EPROM 2764 的连接图，图中经 74LS373 输出的是 EPROM 2764 所需的低 8 位地址，EPROM 2764 的高 5 位地址由单片机的 P2.0~P2.4 输出。单片机 P2.5~P2.7 的输出不影响 2764 的寻址，取 P2.5P2.6P2.7 为 000 时，则可得出 EPROM 2764 的一个地址范围为 0000H~1FFFH。这种方法常常用于系统中只有一片程序存储器扩展的情况。

2）采用线选法的多片程序存储器的扩展

图 7-10 为采用线选法程序存储器扩展电路。扩展电路中使用了 3 片 EPROM 2764 扩展 24KB 的外部程序存储器。图中采用 P2.7(A15)、P2.6(A14)、P2.5(A13)3 根地址线分别连接 3#、2#、1# EPROM 2764 芯片的片选信号 $\overline{CE}$ 端。当 P2.7(A15)、P2.6(A14)、P2.5(A13)分别为 011、101、110 时，对应选中 3#、2#、1# 芯片。该扩展电路的各存储器地址分别为 3#(6000H~7FFFH)、2#(A000H~BFFFH)和 1#(C000H~DFFFH)。

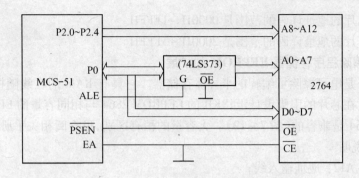

图 7-9 不采用译码方式程序存储器与单片机的连接

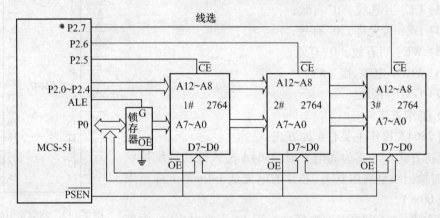

图 7-10 采用线选法程序存储器扩展

线选法常常用于系统中有多片程序存储器扩展,且要求译码电路简单或尽量不用地址译码器的情况。缺点是存储器的地址不连续,需在编程中用跳转指令实现跨区运行程序。

3) 采用地址译码器的多片程序存储器的扩展

图 7-11 所示为译码法程序存储器扩展电路。扩展电路采用 74LS138 译码器实现地址译码。根据 74LS138 译码器的工作原理可知:当 P2.7、P2.6、P2.5 为 000H、001 时,分别选中 1#和 2#芯片。因此,这个扩展电路的两片 2764 存储器的地址如下:

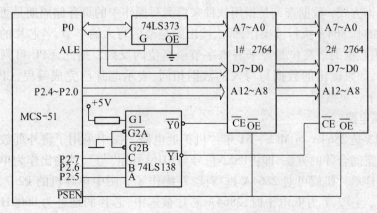

图 7-11 地址译码法程序存储器扩展

（1）1#芯片的地址译码的范围是 0000H ~ 1FFFH。

（2）2#芯片的地址译码的范围是 2000H ~ 3FFFH。

4. 电可擦除程序存储器 EEPROM 的扩展

EEPROM 是电可擦除可编程的半导体存储器。它具有 RAM 的在线随机读写性能和线擦除功能。在芯片的引脚设计上，8KB 的 EEPROM 2864 与相同容量的 EPROM 2764 和静态 RAM 6264 是兼容的（图 7 - 12）。大容量的稍有区别，可查阅相关手册。

1）引脚说明

（1）A0 ~ A12：地址输入线；

（2）IO0 ~ IO7：双向三态数据线；

（3）$\overline{CE}$：片选线，"0"有效；

（4）$\overline{OE}$：读允许，"0"有效；

（5）$\overline{WE}$：写有效，"0"有效；

（6）VCC：电源，接 +5V；

（7）GND：接地。

2）工作方式

对 2864A 操作主要有 4 种方式：

维持方式：当 $\overline{CE}$ 为高电平时，2864A 进入低功耗维持状态，此时输出线呈高阻状态，芯片的电流从 140mA 下降至维持电流 60mA。

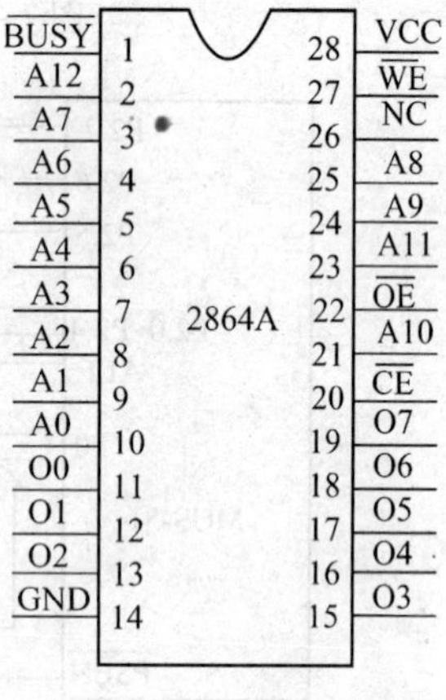

图 7 - 12　2864A 引脚图

读方式：当 $\overline{CE}$ 和 $\overline{OE}$ 均为低电平而 $\overline{WE}$ 为高电平时，内部的数据缓冲器被打开，数据送入总线并可进行读操作。

写方式：2864A 提供了页写入和字节写入两种数据写入方式。为了提高写入速度，2864A 片内设置了 16 字节的"页缓冲器"，并将整个存储器阵列划分成 512 页，每页 16 个字节。页的区分可由地址的高 9 位（A4 ~ A12）来确定，地址线的低 4 位（A0 ~ A3）用以选择页缓冲器中的 16 个地址单元之一。对 2864A 的写操作可分为两步来实现：第一步，在软件控制下把数据写入页缓冲器，这部称为页装载，这与一般的静态 RAM 写操作是一样的。第二步，在最后一个字节（即第 16 个字节）写入到页缓冲器后 20ns 自动开始把页缓冲器的内容写到 EEPROM 阵列中对应的地址单元中，这一步成为页存储。

数据查询方式：数据查询是指用软件来检测写操作中的页存储周期是否完成。在页存储期间，如对 2864A 执行读操作，那么读出的是最后写入的字节，若芯片的转储工作未完成，则读出数据的最高位是原来写入字节最高位的反码。据此，CPU 可判断芯片的编程是否结束，如果读出的数据与写入的数据相同，表示芯片已完成编程，CPU 可继续向 2864A 装载下一页数据。

3）扩展电路

图 7 - 13 是 2864A 与 MCS - 51 单片机扩展电路。图中采用了将外部数据存储器和程序存储器空间合并的方法，即将 $\overline{PSEN}$ 信号与 $\overline{RD}$ 信号相"与"，其输出作为单一的存储选通信号。这样单片机就可对 2864A 进行读/写操作了。图中单片机的 P2.7 与 2864A 的片选端相连，当 P2.7 为低电平时，2864A 芯片被选中，芯片的地址为 0000H ~ 1FFFH 或 2000H ~ 3FFFH 或 4000H ~ 5FFFH 或 6000H ~ 7FFFH。

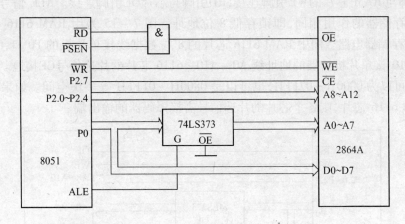

图 7 – 13　2864A 扩展 8KB 存储器的原理图

7.2.3　数据存储器的扩展

1. 常用静态数据存储器芯片

图 7 – 14 为常用数据存储器 RAM 6116(2KB)、6264(8KB)、62128(16KB)的引脚图，这些芯片的引脚符号和使用方式相似。

(1) $Ai \sim A0$：地址线，$i = 10(6116)，12(6264)，14(62256)$；

(2) 07 ~ 00：双向三态数据线，有时用 D0 ~ D7 表示；

(3) $\overline{CE}$：片选信号，低电平有效；

(4) $\overline{OE}$：数据输出允许信号，低电平有效。当$\overline{OE}$有效时输出缓冲器打开，被寻址单元的内容才能被读出；

(5) $\overline{WE}$：写信号，低电平有效。

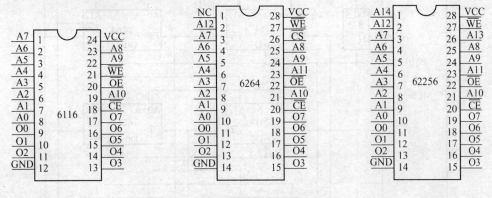

图 7 – 14　常用 RAM 芯片引脚图

图 7 – 14 中，NC 为空脚；CS 为 6264 第二片选信号脚，高电平有效，CS = 1，$\overline{CE} = 0$ 选中芯片。

2. 数据存储器一般的扩展方法

MCS – 51 系列单片机扩展的外部数据存储器读/写数据时，主要考虑如何将所用的控制信号 ALE、$\overline{WR}$、$\overline{RD}$信号及地址线与数据存储器的连接问题。在扩展片外 RAM 时，应将WR引脚与 RAM 芯片的WE引脚连接,RD引脚与芯片OE引脚连接。ALE 信号的作用与外扩程序存储器的作用相同,即锁存低 8 位地址。图 7 – 15 为用 RAM 6116 芯片扩展 2KB 数据存储器电路。图中 RAM 6116 芯片的 8 位数据线接单片机的 P0 口,6116 芯片的 A0 ~ A10 接单片机扩展的地址线 A0 ~ A10。6116 芯片的片选信号CE接地。数据存储器的地址可以为 0000H ~ 07FFH,也可以是 0800H ~ 0FFFH 等多块空间。如果系统中有多片 RAM 6116 芯片,则各个芯片的片选信号需接译码器的输出端。

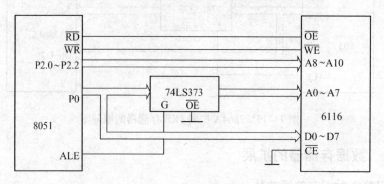

图 7 – 15　数据存储区 6116 扩展

7.2.4　存储器综合扩展技术

现以 8031 为例,说明全地址范围的存储器最大扩展系统的构成方法。如图 7 – 16 所示,8031 的片外程序存储器和数据存储器的地址各为 24KB。若采用 EPROM2764 和

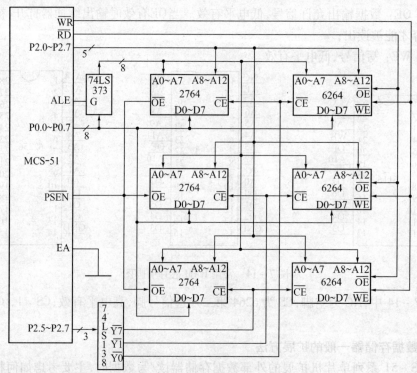

图 7 – 16　存储器综合扩展图

RAM6264 芯片,则各需 3 片才能构成全部有效地址。系统采用 3 – 8 译码器 74LS138 译码输出片选芯片。单片机的 P2.5、P2.6、P2.7 分别接至 74LS138 的 C、B、A 端,译码输出信号$\overline{Y0}$、$\overline{Y1}$、$\overline{Y7}$分别接至 3 个 2764 和 3 个 6264 的片选端。

7.3　MCS – 51 系列单片机 I/O 口扩展

MCS – 51 系列单片机的 4 个并行 I/O 口 P0 ~ P3。在扩展外部存储器或其他芯片时,P0 口和 P2 口作为数据和地址总线使用后,P3 口的一些位作为控制总线使用,此时可作为完整 8 位并行 I/O 口使用的只有 P1 口。在实际应用系统中有更多并行端口需求的情况下,需要进行 I/O 口的扩展。

MCS – 51 系列单片机将片外并行 I/O 接口地址和片外数据存储器统一编址,片外的 I/O 口被看成是片外数据存储区的存储单元。因此,片外的 I/O 口的扩展方法和片外数据存储器扩展完全相同,即两者的读/写时序一致,三总线连接方法相同。

7.3.1　并行 I/O 口的简单扩展

并行 I/O 口是在单片机与外部 IC 芯片之间并行地传送 8 位数据,实现 I/O 操作的端口。和存储单元一样,I/O 口有自己的编码地址线、读/写控制线和数据线。并行 I/O 口可细分为输入端口、输出端口和双向端口。其中输入端口由外部芯片向单片机输入数据,使用指令"MOVX　A,@Ri 或 MOVX　A,@DPTR"操作。输出端口由单片机向外部 IC 芯片输出数据,使用指令"MOVX @Ri,A 或 MOVX @DPTR,A"操作。输入时,接口电路应能三态缓冲,可采用 8 位三态缓冲器(如 74LS244)组成输入口;输出时,接口电路应具有锁存功能,可采用 8D 锁存器(如 74LS273,74LS373,74LS377)组成输出口;双向端口具有输入、输出双重功能,使用同一编码地址,可采用 8 位双向收发器(如 74LS245)组成双向端口。

1. 用三态门扩展 8 位输入并行口

图 7 – 17 是用 74LS244 通过 P0 口扩展的 8 位并行输入接口。74LS244 由两组 4 位三

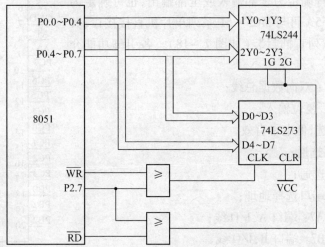

图 7 – 17　简单 I/O 口的扩展电路

态缓冲器组成,分别由选通端$\overline{1G}$、$\overline{2G}$控制。当它们为低电平时,这两组缓冲器被选通,数据从输入端 A 送到输出端 Y。图中 P2.7 和$\overline{RD}$相或后控制$\overline{1G}$、$\overline{2G}$,因此,在单片机执行读操作时,如 P2.7 = 0,则可选中 74LS244 芯片。不妨设 7FFFH 为 74LS244 对应的一个端口地址,则数据的输入可使用以下几条指令实现:

```
MOVX    DPTR,#7FFFH      ;数据指针指向 74LS244 口地址
MOVX    A,@DPTR          ;读入数据
```

2. 用锁存器扩展简单的 8 位输出口

图 7 - 17 也是通过 74LS273 扩展的 8 位并行输出接口电路。74LS273 是带三态门控的锁存器,CLR 为数据清 0 端,低电平时有效,此处应接高电平防止数据清零。CLK 为时钟输入端,控制输入数据锁存。当 P2.7 和$\overline{WR}$控制同时为低电平时,CLK 为低电平,P0 口的数据锁存到 74LS273。设 74LS273 的端口地址为 7FFFH,则数据的输出使用以下几条指令即可:

```
MOVX    DPTR,#7FFFH      ;数据指针指向 74LS273 口地址
MOVX    A,#data          ;输出数据要通过累加器传送
MOVX    @DPTR,A          ;P0 口通过 74LS273 输出数据
```

虽然上面 I/O 口都用同一个端口地址(7FFFH),但由于输入是由$\overline{RD}$信号控制,输出由$\overline{WR}$信号控制,因此,对这两个芯片的操作不会发生冲突。

当要扩展多个简单的 8 位输入口和输出口,多个 74LS244 的选通端和多个 74LS273 的锁存时钟 CLK 应采用类似前面所讲述的多片 EPROM 扩展时的片选方法。但要注意 I/O 口的驱动能力,在实际应用时,要根据负载的大小适当增设驱动电路。

7.3.2　采用可编程并行 I/O 接口芯片 8255A 扩展

1. 8255A 的引脚和内部结构

1) 8255A 概述

8255A 具有 3 个 8 位并行 I/O 口,称为 PA 口、PB 口和 PC 口,其中 PC 口又分为高 4 位和低 4 位。每个端口均可通过控制寄存器编程确定为全部输入或全部输出,也可确定为指定的功能。8255A 可与 MCS - 51 系列单片机直接接口,其管脚采用 40 腿双列直插封装(如图 7 - 18)。各引脚功能介绍如下:

(1) D0 ~ D7:双向数据总线;

(2) RESET:复位输入;

(3) $\overline{CS}$:片选,低电平有效;

(4) $\overline{WR}$:写选通;

(5) $\overline{RD}$:读选通;

(6) A0A1:端口选择地址;

(7) PA0 ~ PA7:端口 A,I/O 线;

(8) PB ~ 0PB7:端口 B,I/O 线;

(9) PC0 ~ PC7:端口 C,I/O 线。

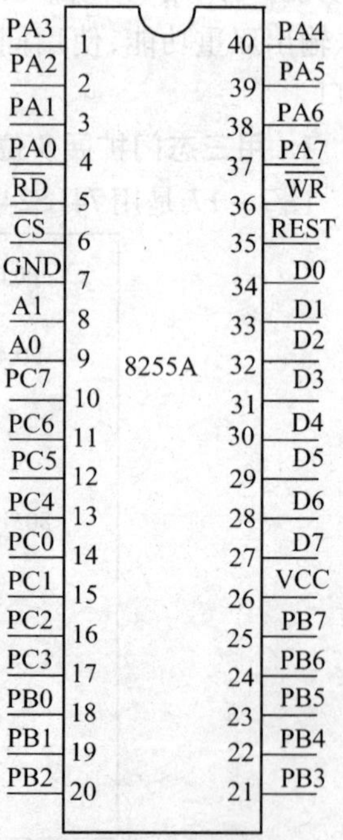

图 7 - 18　8255 引脚

2）8255A 内部结构

8255A 内部结构包括三个并行数据 I/O 口，两个工作方式控制电路，一个读/写控制电路和 8 位总线缓冲器（图 7 - 19）。

（1）端口 A、B、C。A 口、B 口、C 口都是 8 位数据输入锁存器或 8 位数据输出锁存器/缓冲器。通常 A 口、B 口作为数据 I/O 口，C 口作为控制/状态信息端口。C 口内部又分为两个 4 位端口，每个端口有一个 4 位锁存器，分别与 A 口和 B 口配合使用，作为控制信号输出或状态信息输入端口。

（2）工作方式控制。工作方式控制电路有两个，一个是 A 组控制电路，另一个是 B 组控制电路。这两组控制电路共有一个控制命令寄存器，用来接收 CPU 发来的控制字。

A 组控制电路用来控制 A 口和 C 口的上半部分（PC7 ~ PC4），B 组控制电路用来控制 B 口和 C 口的下半部分（PC3 ~ PC0）。

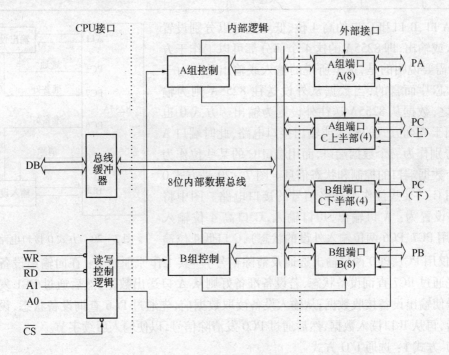

图 7 - 19　8255 内部结构

（3）总线数据缓冲器。总线数据缓冲器是一个三态双向 8 位缓冲器，作为 8255 与系统总线之间的接口，用来传送数据、指令、控制命令以及外部状态信息。

（4）读/写控制逻辑。读/写控制逻辑电路接收 CPU 发来的$\overline{RD}$、$\overline{WR}$、RESET、地址信号 A1、A0 等控制信号，然后根据控制信号的要求，将端口数据读出送往 CPU 或将 CPU 送来的数据写入端口。对 8255A 各端口的寻址如表 7 - 3 所列。

2. 8255A 的工作方式

8255 有 3 种可通过编程来选择的基本工作方式。

1）方式 0：基本 I/O 方式

方式 0 无须联络就可以直接进行 8255A 与外设之间的数据 I/O 操作。它适用于无需应答（握手）信号的简单的无条件 I/O 数据的场合，即 I/O 数据处于准备好状态。在此方

表 7-3　8255 端口寻址

端口选择				操作选择		
$\overline{CS}$	A1	A0	所选端口	$\overline{RD}$	$\overline{WR}$	CPU 操作功能
0 （选中）	0	0	A 口	0	1	读 A 口内容
	0	1	B 口	0	1	读 B 口内容
	1	0	C 口	0	1	读 C 口内容
	0	0	A 口	1	0	写 A 口
	0	1	B 口	1	0	写 B 口
	1	0	C 口	1	0	写 C 口
	1	1	控制寄存器	1	0	写控制字
1	×	×	未选中	×	×	

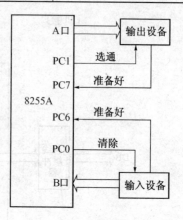

式下，A 口、B 口和 C 口的高 4 位、低 4 位可以分别设置为输入或输出，即 8255A 的这 4 个部分都可以工作于方式 0。需要说明的是，这里所说的输入或输出是相对于 8255A 芯片而言的，当数据从外设送往 8255A 则为输入，反之，数据从 8255A 送往外设则为输出。方式 0 也可以用于查询方式的输入或输出接口电路，此时端口 A 和 B 分别作为一个数据端口，而用端口 C 的某些位作为这两个数据端口的控制和状态信息。图 7-20 是方式 0 下利用 C 口某些位作为联络信号的接口电路。图中将 8255A 设置为：A 口输出，B 口输入，C 口高 4 位输入（现仅用 PC7、PC6 两位输入外设的状态），C 口低 4 位输

图 7-20　方式 0 接口电路

出（现仅用 PC1、PC0 两位输出选通及清除信号）。其工作原理如下：在向输出设备送数据前先通过 PC7 查询设备状态，若设备准备好则从 A 口送出数据，然后通过 PC1 发送选通信号使输出设备接收数据；从输入设备读取数据前，先通过 PC6 查询设备状态，设备准备好后，再从 B 口读入数据，然后通过 PC0 发清除信号，以便输入后续字节。

2）方式 1：选通 I/O 方式

与方式 0 相比，它的主要特点是当 A 口、B 口工作于方式 1 时，C 口的某些位被定义为 A 口和 B 口在方式 1 下工作时所需的联络信号线。这些线已经定义，不能由用户改变。现将方式 1 分为：A 口和 B 口均为输入、A 口和 B 口均为输出以及混合输入与输出等 3 种情况进行讨论。

（1）A 口和 B 口均为输入

A 口和 B 口均工作于方式 1 输入时，各端口线的功能如图 7-21 所示。A 口工作于方式 1 输入时，用 PC5～PC3 作联络线。B 口工作于方式 1 输入时，用 PC2～PC0。C 口剩余的两个 I/O 线 PC7 和 PC6 工作于方式 0，它们用作输入还是输出，由工作方式控制字中的 D3 位决定：D3 = 1 输入，D3 = 0，输出。

各联络信号线的功能解释如下（参考图 7-22 所示的方式 1 输入时序图来理解各信号的功能）：

STB(Strobe)：选通信号(输入)，低电平有效。当 STB 有效时，允许外设数据进入端口 A 或端口 B 的输入数据缓冲器。STBA 接 PC4，STBB 接 PC2。

IBF(Input Buffer Full)：输入缓冲器满信号(输出)，高电平有效。当 IBF 有效时，表示当前已有一个新数据进入端口 A 或端口 B 缓冲器，尚未被 CPU 取走，外设不能送新的数据。一旦 CPU 完成数据读入操作后，IBF 复位(变为低电平)。IBFA 接 PC5，IBFA 接 PC1。

INTR(Interrupt Request)：中断请求信号(输出)，高电平有效。在 INTE = 1(中断允许)且 IBF = 1 的条件下，由 STB 信号的后沿(上升沿)产生，它表明数据端口已输入一个新数据。若 CPU 响应此中断请求，则读入数据端口的数据，并由 $\overline{RD}$ 信号的下降沿使 INTR 复位(变为低电平)。INTRA 接 PC3，INTRB 接 PC0。

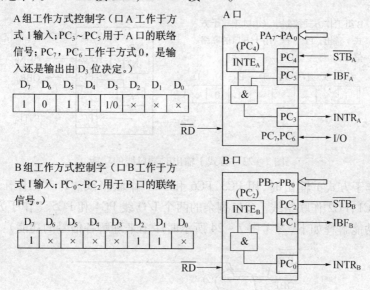

图 7-21　方式 1 输入端口线的功能

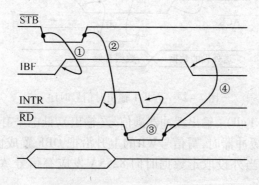

图 7-22　方式 1 输入信号时序

INTE(Interrupt Enable)：中断允许信号，高电平有效。它是 8255A 内部控制 8255A 是否发出中断请求信号(INTR)的控制信号。这是由软件通过对 C 口的置位或复位来实现对中断请求的允许或禁止的。A 口的中断请求 INTRA 可通过对 PC4 的置位或复位加以控制，PC4 置 1 允许 INTRA 工作，PC4 清 0 则屏蔽 INTRA；端口 B 的中断请求 INTRB 可通过对 PC2 的置位或复位加以控制。

（2）A 口和 B 口均为输出

A 口和 B 口均工作于方式 1 输出时，各端口线的功能如图 7-23 所示。

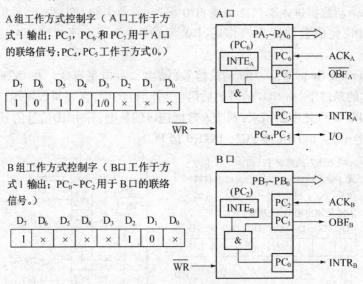

图 7-23　方式 1 输出时端口线的功能

A 口工作于方式 1 输出时，用 PC3，PC6 和 PC7 作联络线。B 口工作于方式 1 输出时，用 PC0，PC1，PC2 作联络线。C 口剩余的两个 I/O 线 PC4 和 PC5 工作于方式 0。各联络信号线的功能解释如下（参考图 7-24 所示时序图来理解各信号的功能）：

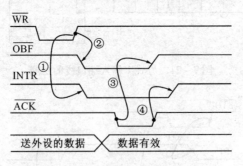

图 7-24　方式 1 输出时信号时序

OBF（Output Buffer Full）：输出缓冲器满信号（输出），低电平有效。当 CPU 把数据写入 A 口或 B 口的输出缓冲器时，写信号 $\overline{\text{WR}}$ 的上升沿把 OBF 置成低电平，通知外设到 A 口或 B 口来取走数据，当外设取走数据时向 8255A 发应答信号 ACK，ACK 的下降沿使 OBF 恢复为高电平。

ACK（Acknowledge）：外设应答信号（输入），低电平有效。当 ACK 有效时，表示 CPU 输出到 8255A 的数据已被外设取走。

INTR（Interrupt Request）：中断请求信号（输出），高电平有效。该信号由 ACK 的后沿（上升沿）在 INTE = 1 且 OBF = 1 的条件下产生，该信号使 8255A 向 CPU 发出中断请求。若 CPU 响应此中断请求，向数据口写入一新的数据，写信号 $\overline{\text{WR}}$ 上升沿（后沿）使 IN-

TR 复位,变为低电平。

INTE(Interrupt Enable):中断允许信号,与方式 1 输入类似,A 口的输出中断请求 IN-TRA 可以通过对 PC6 的置位或复位来加以允许或禁止。B 口的输出中断请求信号 IN-TRB 可以通过对 PC2 的置位或复位来加以允许或禁止。

（3）混合输入与输出

在实际应用中,8255A A 口和 B 口也可能出现一个端口工作于方式 1 输入,另一个工作于方式 1 输出的情况,有以下两种情况:

A 口为输入,B 口为输出时,其控制字格式和连线图如图 7 - 25 所示。

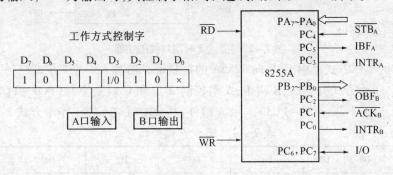

图 7 - 25　方式 1 A 口输入 B 口输出

A 口为输出,B 口为输入时,其控制字格式和连线图如图 7 - 26 所示。

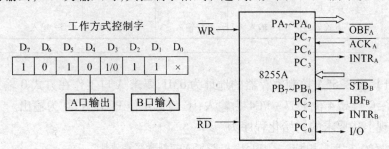

图 7 - 26　方式 1 A 口输出 B 口输入

3）方式 2:双向传送方式

选通双向输入输出方式,即同一端口的 I/O 线既可以输入也可以输出,只有 A 口可工作于方式 2。此时 C 口有 5 条线(PC7 ~ PC3)被规定为联络信号线。剩下的 3 条线(PC2 ~ PC0)可以作为 B 口工作于方式 1 时的联络线,也可以与 B 口一起工作于方式 0。8255A 工作于方式 2 时各端口线的功能如图 7 - 27 所示。

图中 INTE1 是输出的中断允许信号,由 PC6 的置位或复位控制。INTE2 是输入的中断允许信号,由 PC4 的置位或复位控制。图中其他各信号的作用及意义基本上与方式 1 相同,在此不再赘述。

3. 8255A 的控制字

8255A 有两种控制字,即工作方式控制字和 PC 口置位/复位控制字。

1）工作方式控制字

工作方式选择由"工作方式选择"决定,下面介绍该控制字的作用。

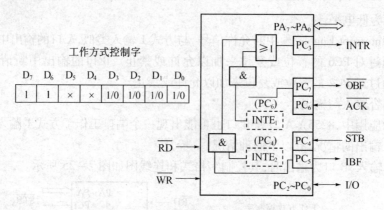

工作方式控制字

D_7	D_6	D_5	D_4	D_3	D_2	D_1	D_0
1	1	×	×	1/0	1/0	1/0	1/0

图7-27 方式2时端口线的功能

8255A 的工作方式可由 CPU 向 8255A 的控制寄存器写入一个"方式控制字"来确定（表7-4）。工作方式分为 A、B 两组，A 组控制 A 口和 C 口上半部（PC4 - PC7），B 组控制 B 口和 C 口下半部（PC0 - PC3）。除 A 口外，其余端口均不能工作于方式2。

表7-4 工作方式控制字

D7	D6	D5	D4	D3	D2	D1	D0
D7 = 1 表示控制字为方式控制	A组方式		PA	PCH	B组方式	PB	PCL
	00：方式0		0：输出	0：输出	0：方式0	0：输出	0：输出
	01：方式1						
	1×：方式2		1：输入	1：输入	1：方式1	1：输入	1：输入
	A组				B组		

【例6.1】 设 8255A 控制寄存器的地址为03H，要求 A 口工作在方式0输入，B 口为方式1输出，C 口高4位 PC7 ~ PC4 为输入，C 口低4位 PC3P ~ C0 为输出。

解：实现上述要求的初始化程序为

```
MOV   R1, #03H    ;03H 为 8255A 控制寄存器地址
MOV   A, #9CH     ;8255A 工作方式字为 10011100B = 9CH
MOVX  @R1, A      ;方式字送入 8255A 控制口
```

2）PC 口按位置/复位控制字

8255A 的 C 口输出具有位控功能。PC0 ~ PC7 中的任一位都可由 CPU 写入控制寄存器一个置/复位控制字来置位或复位（其他位的状态不变）。PC 口的置位/复位控制字的格式如表7-5所列。

表7-5 C 口的置位/复位控制字的格式

D7	D6	D5	D4	D3	D2	D1	D0
D7 = 0 表示控制字为位控设置	× × × ：未定义			决定 PC0 ~ PC7 中所选位 000：PC0　100：PC4 001：PC1　101：PC5 010：PC2　110：PC6 011：PC3　111：PC7			1：置位 0：复位

【例 6.2】设 8255A 的 A、B、C 口和控制寄存器地址依次为 00H、01H、02H 和 03H。如果用户需要将 C 口的 PC3 置 1，PC5 置 0，可编程如下：

```
MOV    R0，#03H    ；8255A 控制口地址
MOV    A，#07H     ；PC3 置 1 控制字
MOVX   @R0，A      ；写控制字
MOV    A，#0AH     ；PC5 置 0 控制字
MOVX   @R0，A      ；置 PC5 = 0
```

4. 8255A 应用举例

8255A 广泛应用于连接单片机的外设，如打印机、键盘、显示等。图 7-28 是 8031 控制的 8255A 用于微型打印机的接口电路。

【例 6.3】图 7-28 中 8255A 的片选线为 P0.7，打印机与 8031 采用查询方式交换数据。打印机的状态信号输入给 PC7，打印机忙时 BUSY=1。打印机的数据输入采用选通控制，当 $\overline{STB}$ 上出现负跳变时数据被打入，要求编写向打印机输出 80 个数据的程序。

解：图中用 74LS373 地址锁存器锁存 P0 口的低 8 位地址，A1、A0 和单片机的 P0.1、P0.0 相连，8255A 采用线选法，地址为 0×××××A1A0，设无效位为 1，则 A 口、B 口、C 口和控制寄存器的地址分别为 7CH、7DH、7EH、7FH。8255A 的 A 口连接微型打印机的数据线，PC7、PC0 与 BUSY（忙信号线，当打印机缓冲器装满或执行操作时，向 8255A 发送 BUSY 信号，通过它暂停送数）和 $\overline{STB}$ 线（数据选通输入信号线，下降沿选通，有效时，将 8 位数据送入微型打印机）相连。

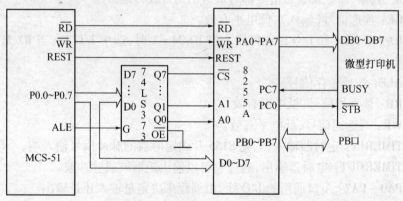

图 7-28 8255A 与打印机接口电路

8255A 的方式 1 中 $\overline{OBF}$ 为低电平有效，而打印机 $\overline{STB}$ 要求下降沿选通。所以 8255A 采用方式 0，由 PC0 模拟产生 $\overline{STB}$ 信号。因 PC7 输入，PC0 输出，则方式选择命令字为 10001110B=8EH。自内部 RAM 20H 单元开始向打印机输出 80 个数据的程序如下：

```
PNT:  MOV   R0，#7FH    ；R0 指向控制口
      MOV   A，#8EH     ；方式控制字为 8EH
      MOV   @R0，A      ；送方式控制字
      MOV   R1，#20H    ；送内部 RAM 数据块首地址至指针 R1
      MOV   R2，#50H    ；置数据块长度
LP:   MOV   R0，#7EH    ；R0 指向 C 口
```

```
LP1:    MOVX    A, @R0          ; 读 PC7 连接 BUSY 状态
        JB      ACC.7, LP1      ; 查询等待打印机
        MOV     R0, #7CH        ; 指向 A 口
        MOV     A, @R1          ; 取 RAM 数据
        MOVX    @R0, A          ; 数据输出到 8255A 的 A 口锁存
        INC     R1              ; RAM 地址加 1
        MOV     R0, #7FH        ; R0 指向控制口
        MOV     A, #00H         ; PC0 复位控制字, D7 = 0
        MOVX    @R0, A          ; PC0 = 0, 产生 STB 的下降沿
        MOV     A, #01H         ; PC0 置位控制字
        MOVX    @R0, A          ; PC0 = 1, 产生 STB 的上升沿
        DJNZ    R2, LP          ; 未完, 则反复
        RET
```

7.3.3　采用可编程并行 I/O 接口芯片 8155 扩展

1. 8155 的内部结构

8155 为 40 引脚双列直插式封装芯片, 其引脚排列如图 7 - 29 所示。现将其各引脚的功能简介如下:

(1) AD0 ~ AD7: 地址/数据复用线。它与单片机的 P0 口直接相连, 8155 和单片机之间的地址、数据、命令及状态信号都通过这组信号线传送。

(2) $\overline{CE}$: 片选信号(输入), 低电平有效。

(3) IO/$\overline{M}$: RAM 和 I/O 口选择线。当 IO/$\overline{M}$ = 1 时, 选中 I/O 口; 当 IO/$\overline{M}$ = 0 时, 选中 RAM。

(4) ALE: 地址锁存信号。

(5) $\overline{RD}$: 读选通信号, 低电平有效。

(6) $\overline{WR}$: 写选通信号, 低电平有效。

(7) TIMERIN: 定时器输入, 它是 8155 片内定时器的脉冲信号输入端。

(8) TIMEROUT: 定时器输出, 通过它可以输出矩形波或脉冲波。

(9) PA0 ~ PA7: A 口通用的 I/O 线, 由编程来决定是输入还是输出。

(10) PB0 ~ PB7: B 口通用的 I/O 线, 由编程来决定是输入还是输出。

(11) PC0 ~ PC5: C 口的 I/O 或控制线。

8155 的内部结构如图 7 - 30 所示。它含有 1 个 256B 的 RAM、1 个 14 位定时/计数器以及 3 个并行 I/O 口, 其中 A 口、B 口均为 8 位, C 口为 6 位。A 口、B 口既可作为基本 I/O 口, 也可作为选通 I/O 口; C 口除可作为基本 I/O 口外, 还可用作 A 口、B 口的应答控制联络信号线。此外, 8155 内部还有一个控制寄存器组, 用来存放控制命令字。

2. 8155 的 RAM 和 I/O 口的编址

与其他接口芯片一样, 8155 芯片中的 RAM 和 I/O 口均占用单片机系统片外 RAM 的地址, 其中高 8 位地址由 $\overline{CE}$ 和 IO/$\overline{M}$ 信号决定。当 $\overline{CE}$ = 0, 且 IO/$\overline{M}$ = 0 时, 低 8 位的 00H ~ FFH 为 RAM 的有效地址; 当 $\overline{CE}$ = 0, 且 IO/$\overline{M}$ = 1 时, 由低 8 位地址中的末 3 位(A2A1A0)来决定各个端口的地址, 如表 7 - 6 所列。

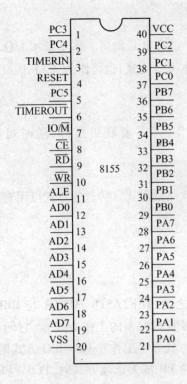

图 7-29 8155 引脚

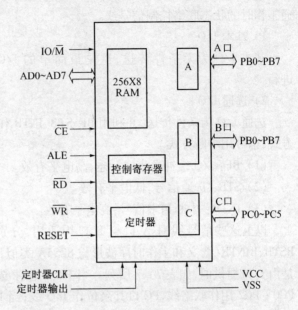

图 7-30 8155 内部机构

表 7-6 8155 寻址表

A7	A6	A5	A4	A3	A2	A1	A0	选中的口或寄存器
×	×	×	×	×	0	0	0	命令/状态寄存器
×	×	×	×	×	0	0	1	A 口(PA0 - PA7)
×	×	×	×	×	0	1	0	B 口(PB0 - PB7)
×	×	×	×	×	0	1	1	C 口(PC0 - PC5)
×	×	×	×	×	1	0	0	定时器低 8 位
×	×	×	×	×	1	0	1	定时器高 6 位和操作方式寄存器

对于多数单片机应用系统来说,由于片外 RAM 区的容量较大(最大为 64KB),因此通常采用线选法对接口芯片进行编址。对 8155 来说,常用高 8 位地址中的两位来选择 $\overline{CE}$ 和 IO/$\overline{M}$。如将 P2.7 接至 $\overline{CE}$,将 P2.0 接至 IO/$\overline{M}$,那么 8155 的 RMA 和 I/O 口的编址如下。

(1) RAM:P2.7 = 0,P2.0 = 0,设其他不用的地址线为"1",则其地址范围为

01111110 00000000B ~ 01111110 11111111B,即(7E00H ~ 7EFFH)

(2) I/O 口:P2.7 = 0,P2.0 = 1,端口地址范围为

01111111 00000000B ~ 01111111 00000101B,即 7F00H ~ 7F05H,具体分配如下:

命令口(7F00H)、A 口(7F01H)、B 口(7F02H)、C 口(7F03H)、定时器低 8 位

(7F04H)、定时器高 8 位(7F05H)。

3. 8155 I/O 口的工作方式

8155 有 A、B、C 3 个 I/O 口,其中 C 口只有 6 位。A 口和 B 口均可工作于基本 I/O 方式或选通 I/O 方式;C 口既可作为 I/O 口线,工作于基本 I/O 方式,也可作为 A 口、B 口选通工作时的状态联络控制信号线。

1) 基本 I/O

基本 I/O 为无条件传送,这是最简单的 I/O 操作,不需要联络信号,随时可以进行。

2) 选通 I/O

选通 I/O 为条件传送,并利用 BF、$\overline{STB}$、INTR 作为联络信号线。传送的方式可用查询方式,也可用中断方式。

(1) BF:I/O 缓冲器满空标志,高电平有效。

(2) $\overline{STB}$:选通信号,低电平有效。

(3) INTR:中断请求信号,高电平有效。

以上这些信号线对 A 口与 B 口均适用,分别称之为 ABF、$\overline{ASTB}$、AINTR 与 BBF、$\overline{BSTB}$、BINTR(含义和工作时序波形与 8255A 类似,请参照 8255A 的工作方式)。它们都是由 C 口提供的,如表 7-7 所列。当 PA 工作于选通方式、PB 工作于基本 I/O 方式时,PC0~PC2 用作联络线,PC 口其余位作 I/O 口线;当 PA 和 PB 都为选通方式时,PC0~PC3 用作 PA 口联络线,PC3~PC5 用作 PB 口联络线。

表 7-7 8155 PC 口作联络线的定义

	作 PA 口联络线	作 PA 和 PB 口联络线
PC0	AINTR	AINTR
PC1	ABF	ABF
PC2	$\overline{ASTB}$	$\overline{ASTB}$
PC3	输出	BINTR
PC4	输出	BBF
PC5	输出	$\overline{BSTB}$

4. 8155 的命令/状态字

8155 有一个命令/状态字寄存器,实际上这是两个不同的寄存器,分别存放命令字和状态字。由于对命令寄存器只能进行写操作,对状态寄存器只能进行读操作,因此把它们统一编址,合称命令/状态寄存器。

1) 命令字

命令字共 8 位,用于定义 I/O 口及定时器的工作方式(图 7-31)。

2) 状态字

8155 的状态寄存器与命令寄存器共用 1 个地址,当使用读操作时,读入的便是状态寄存器中的内容,其格式如表 7-8 所列。

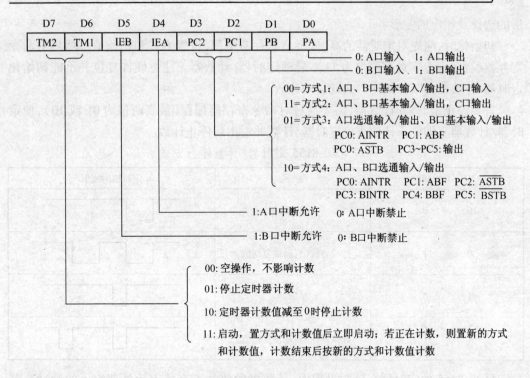

图 7 – 31　8155 命令字

表 7 – 8　8155 命令/状态寄存器格式

D7	D6	D5	D4	D3	D2	D1	D0
X	TIMER	INTEB	BBF	INTRB	INTEA	ABF	INTRA
未用	定时中断 1：计数器溢出 0：读出状态或复位	PB 口中断允许 1：允许 0：禁止	PB 口缓冲器满 1：满 0：空	PB 口中断请求 1：有 0：无	PA 口中断允许 1：允许 0：禁止	PA 口缓冲器满 1：满 0：空	PB 口中断请求 1：有 0：无

5. 8155 的定时器/计数器

8155 片内有一个 14 位的减法计数器，可对输入脉冲进行减法计数，外部有两个计数器引脚 TIMERIN 和 TIMEROUT。TIMERIN 为计数器脉冲输入端，可接系统时钟脉冲，作定时方式；也可作外部输入脉冲，作计数方式。TIMEROUT 为定时器输出各种信号脉冲波形。

定时器的 14 位计数器由 2 个寄存器组成（图 7 – 32）。图中低 14 位组成计数器，剩下的两个高位（M2M1）用于定义计数器输出的信号形式（表 7 – 9）。表中给出了 4 种波

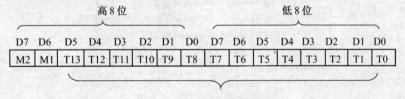

图 7 – 32　8155 计数器

形的选择及相应的波形。

初始化时,应先对定时器的高、低字节寄存器编程,设置方式和初始值。然后对命令寄存器编程(命令字最高两位为 11),启动定时器/计数器。注意硬件复位并不能初始化定时器/计数器为某种操作方式或启动计数。

若要停止定时器/计数器,需要通过对命令寄存器编程(最高两位为 01 或 10),使定时器/计数器立即停止计数或待定时器/计数器溢出后停止计数。

表 7-9　8155 定时器/计数输出方式

M1	M0	方式	定时输出波形
0	0	单方波	
0	1	连续方波(自动恢复初值)	
1	0	单脉冲	
1	1	连续脉冲(自动恢复初值)	

另外,8155 的定时器在计数过程中,计数器的值并不直接表示外部输入的脉冲。若作为外部事件计数,那么由计数器的现行计数值求输入脉冲数的方法如下:

(1) 停止计数器计数。

(2) 分别读出计数器的两个字节内容,取其低 14 位。

(3) 若这 14 位值为偶数,则当前计数值等于此偶数除 2;若为奇数,则当前计数值等于此奇数除 2 后加上计数初值的一半的整数部分,得到当前值。

(4) 初值与当前值之差即为 T1 脚输入的时钟个数。

6. 8155 的接口电路及应用

【例 6.4】图 7-33 是 MCS-51 单片机与 8255 的一种接口电路,设 A 口与 C 口为输入口,B 口为输出口,均为基本 I/O。定时器为连续方波工作方式,对输入脉冲进行 24 分频。试编写 8155 的初始化程序。

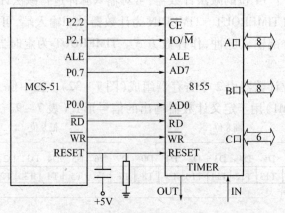

图 7-33　单片机与 8155 接口

解：命令字可选取为 PA = 0，PB = 1，PC2PC1 = 00，IEA = 0，IEB = 0，TM2TM1 = 11。
即命令字为 11000010B = C2H。

初始化程序：

```
        MOV    DPTR, #0204H      ;指向定时器的低 8 位
        MOV    A, #18H           ;设置定时器的低 8 位的值
        MOVX   @DPTR, A          ;写入定时器低 8 位
        INC    DPTR              ;指向定时器的高位
        MOV    A, #40H           ;设置定时器的高 6 位及 2 位输出方式位的值
        MOVX   @DPTR, A          ;写入位的值
        MOV    DPTR, #0200H      ;指向命令口
        MOV    A, #C2H           ;取 8155 的命令字
        MOVX   @DPTR, A          ;写入命令字
```

【例 6.5】采用图 7 - 33 所示的电路，从 8155 的 A 口输入数据，并进行判断：若不
为 0，则将该数据存入 8155 的 RAM 中（从起始单元开始，数据总数不超过 256 个），同
时从 B 口输出，并将 C 口全部置 1；若为 0，则停止输入数据，同时将 C 全部清 0，试编写
程序。

解：题中 A 口输入、B 口和 C 口输出，因此命令字为 00001110B = 0EH。程序如下：

```
        MOV    DPTR, #0200H      ;指向命令口
        MOV    A, #0EH           ;设置命令字 00001110B
        MOVX   @DPTR, A          ;写入命令字
        MOV    R0, #00H          ;指向 8155 的 RAM 区首址
        MOV    R1, #00H          ;数据总数为 256 个
LP1:    MOV    DPTR, #0201H      ;指向 A 口
        MOVX   A, @DPTR          ;从 A 口读入数据
        JZ     LP3               ;为 0 则转
        MOVX   @R0, A            ;存入 RAM 单元
        INC    R0                ;指向下一单元
        INC    DPTR              ;指向 B 口
        MOVX   @DPTR, A          ;B 口输出
        INC    DPTR              ;指向 C 口
        MOV    A, #0FFH          ;C 口全置 1
        MOVX   @DPTR, A
        DJNZ   R1, LP1           ;未完则反复
LP2:    SJMP   $                 ;暂停
LP3:    MOV    DPTR, #0203H      ;指向 C 口
        MOV    A, #00H           ;C 口全送 0
        MOVX   @DPTR, A
        SJMP   LP2
```

7.4　单片机 I/O 端口模拟时序扩展设备

单片机和扩展设备或芯片之间的接口通常分为并行方式接口和串行方式接口两种。

目前越来越多的单片机外围接口器件提供了串行方式的接口。这主要是因为串行接口具有占用 I/O 资源少、扩展方便、灵活,有利于减少器件体积等优点决定的。常用的串行接口除了异步通信接口之外,还有 I^2C 总线、1 – Wire 总线、SPI 串行总线、移位寄存器等。一般单片机出于成本的考虑,不可能将所有的串行逻辑都集中到芯片内部,因此单片机通常直接使用 I/O 端口模拟这些串行总线时序,以达到串行交换数据的目的。

7.4.1 SPI 串行接口总线技术

串行外围设备接口总线(Serial Peripheral Interface)是 Motorola 公司推出的一种同步串行总线技术。现已广泛应用于 EEPROM、A/D、D/A、显示驱动器等多种 IC 器件。在 MCS – 51 系列单片机应用系统中,典型的 SPI 总线应用是单主多从的形式,即一个主机,多个从机组成系统。

1. SPI 串行总线协议

SPI 总线系统中,IC 芯片之间的数据交换是由主机控制的,数据交换的起停、节拍和方向都是由主机发出的时序信号控制的。数据传送以字节为单位,先送高位再送低位。最高传输速度是 1.05Mb/s。

SPI 总线使用 4 根线与单片机交换信息,这 4 根线的定义如下:

(1) SCK:同步时钟信号线;

(2) MOSI:主机输出/从机输入数据线,简称 SI;

(3) MISO:主机输入/从机输出数据线,简称 SO;

(4) $\overline{SS}$:芯片片选线,用来选择和主机通信的芯片。

当 $\overline{SS}$ 接地时,SCK、SI 和 SO 3 根线也能正常工作,所以也有资料称之为三线制总线。SPI 总线数据交换的时序信号定义如图 7 – 34 所示。

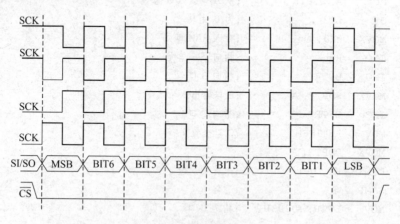

图 7 – 34　SPI 总线时序图

图 7 – 34 中,在 $\overline{CS}$ 信号有效后,SPI 芯片被选中数据传送在 SI 和 SO 总线上进行,在 SCK 的控制下,从高位至低位逐位传送。8 位送完,$\overline{SS}$ 复位,传送结束。

需要注意的是,对应不同的芯片,SCK 信号的触发方式不同,图 7 – 34 中列出了 4 种形式,选用时需要查阅具体 SPI 芯片的使用说明。另外,若使用的 SPI 芯片只需单向的数据传送,可以省去不用的 SI 或 SO;若只有单个芯片,可将 $\overline{SS}$ 接地,此时 SPI 芯片与单片机只需 2 根连接线。

2. SPI 时序的模拟

大部分 MCS - 51 系列单片不提供 SPI 接口,当单片机中没有 SPI 接口时,可用单片机的端口模拟 SPI 总线时序。设单片机与 SPI 接口芯片连线如图 7 - 35 所示,下面程序是采用模拟的方法实现 SPI 总线协议(设 SCK 采用方式 3 触发)。

```
SPI_SCK    BIT    P1.0
SPI_SI     BIT    P1.1
SPI_SO     BIT    P1.2
```

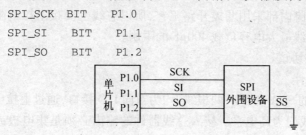

图 7 - 35　单片机与 SPI 器件接口

(1)单片机向 SPI 设备写字节。设要写入的字节存放在 A 中,则相应的程序如下:

```
WrByteSpi:
        CLR    SPI_SCK      ;触发方式 3,SCK 先为低电平
        MOV    R7,#08H      ;一个字节 8 位
WP:     RLC    A
        MOV    SPI_SI,C     ;从高位开始发送
        SETB   SPI_SCK
        NOP
        CLR    SPI_SCK
        DJNZ   R7,WP        ;8 位没发完继续
        RET
```

(2)单片机从外围设备读数。设读出的数据存放在 A 中,则相应程序如下:

```
RdByteSpi:
        CLR    SPI_SCK      ;触发方式 3,SCK 先为低电平
        MOV    R7,#08H
RP:     SETB   SPI_SCK
        MOV    C,SPI_SO     ;数据从 SO 中读出
        RLC    A            ;数据位保存
        CLR    SCK
        DJNZ   R7,RP        ;8 位没发完继续
        RET
```

7.4.2　I^2C 串行接口总线技术

I^2C(Inter - Integrated Circuit) 是 Philips 公司推出的串行总线技术,它是在器件之间实现同步串行数据传输的技术,是一种采用两线制(数据线和时钟线)通信的标准总线。I^2C 总线主要有以下几个特征:

(1)数据传输只需要两根通信线,即数据线 SDA 和时钟线 SCL。

(2)总线模式包括主发送模式、主接收模式、从发送模式、从接收模式。

（3）每一个连接到 I²C 总线的器件都必须有唯一的器件地址，通过这个地址，主器件可以对从器件寻址。

（4）具有冲突检测和仲裁机制，以保证数据传送的可靠性和完整性。

（5）传送速度高，标准模式下数据传输速率可达 100kb/s，快速模式下可达 400kb/s，高速模式下可达 3.4Mb/s。

（6）由于总线接口引脚内部采用漏极开路工艺，所以总线上要接上拉电阻。连接到总线上器件数量只受到总线最大电容负载 400pF 的限制。

1. I²C 串行总线通信协议

1）I²C 传输接口的特性

I²C 接口的信息传输的 SDA 和 SCL 两根线，均为双向 I/O 接口，通过上拉电阻接正电源。当总线空闲时，两根线均为高电平。接入总线器件的输出必须是集电极或漏极开路方式的，即具有"线与"功能。

I²C 总线是一个半双工，多主器件的总线，即总线上可以连接多个控制总线的器件。总线上发送数据的发送器（主器件）与接收数据的接收器（从器件）的角色不是一成不变的，而是取决于当时数据传送的方向。当一个器件开始一个总线周期，寻址其他器件并发送数据时，它就是发送器，其他被寻址的器件均作为接收器存在。

I²C 总线进行数据发送时，每一位数据都与时钟脉冲相对应，在时钟信号高电平期间，数据线上必须保持稳定的电平。只有在时钟线为低电平时，才允许数据线上的电平发生变化。

2）I²C 总线的时序

一次完整的 I²C 总线时序过程由起始信号，地址信号，应答信号，字节数据信号和停止信号等几部分组成。

（1）起始和停止信号。在一次通信过程中，应该有一个起始信号和停止信号。在 I²C 总线协议中，起始信号（START）和停止信号（STOP）都是由主器件产生的。起始信号表明一次 I²C 总线传输的开始，停止信号表明 I²C 通信的结束。当 SCL 线为高电平时，SDA 线由高电平到低电平的负跳变被定义为起始信号，而 SDA 由低电平到高电平的正跳变被定义为停止信号。I²C 总线的起始信号和停止信号的时序如图 7-36 所示。

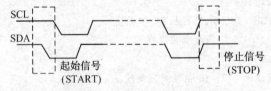

图 7-36 I²C 总线的起停时序

（2）器件地址。I²C 总线上每一个器件都有唯一的地址，每次发送器发送起始信号后，必须接着发出 1 个字节的地址信息，以选取连接在总线上的某个从器件。从器件地址占用 1 个字节，其中地址占用 D7 ~ D1 共 7 位，D0 位是数据传送方向（又称读/写（R/$\overline{\text{W}}$）选择位）。当 D0 = 1 时，表示主器件向从器件读数据，D0 = 0 表示主器件向从器件写数据。

从器件地址由固定部分和可变的可编程部分两部分组成，固定部分为器件的标识，表明器件的类型,在出厂时设定。可编程部分为器件的地址,用以区分连接在统一 I^{2}C 总线上的同类器件。器件的地址由硬件连线而定,只有主器件送来的地址信息中可编程部分和从器件的引脚状态一致,该器件才会响应总线的操作。例如 EEPROM 器件 24C16 的地址格式如下:

D7	D6	D5	D4	D3	D2	D1	D0
1	0	1	0	A2	A1	A0	R/$\overline{\text{W}}$

其中高 4 位 1010 为 EEPROM 器件的标识名称,A2 ~ A0 为引脚地址,对应芯片引脚 A2 ~ A0 的接线,最低位为读写选择位。当 A2 ~ A0 引脚均接高电平时,该器件的地址为 0FEH 或 0FFH,主器件向该器件写数据时地址为 0FEH,读数据时地址为 0FFH。

(3) 应答信号。I^{2}C 总线上的发送器发送完地址字节和一个数据后,接收的从器件必须产生一个应答信号,应答的器件在第 9 个时钟周期将 SDA 拉低,表示已收到一个 8 位数据。与应答信号相对应的第 9 个时钟周期由发送器产生,发送器必须在输出该时钟时释放数据线 SDA,使其处于高阻状态,以便使接收器在 SDA 线上输出应答的低电平信号,以表示继续接收。若从器件输出高电平则为非应答信号(NACK),表示接收结束。

如果主器件在接收数据,例如当从器件为存储器,主器件读从器件数据时,它收到最后一个数据字节后,必须向从器件发送一个非应答信号,使从器件释放 SDA 总线,以便主器件产生终止信号,停止数据的发送。I^{2}C 总线数据应答时序如图 7 - 37 所示。

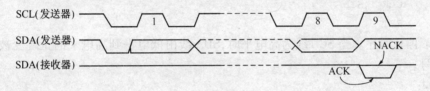

图 7 - 37　I^{2}C 总线的应答时序

(4) 数据字节信号。利用 I^{2}C 总线进行数据传送时,传送的字节数是没有限制的,但是每一个字节必须保证是 8 位的长度,并且首先发送数据的高位,每传送一个字节数据后都必须跟随一位应答脉冲,即接收器发回的应答信号。然后,由发送器继续发送数据字节或发出停止信号后结束数据的传送。如果接收器不能接收下一个字节,可以把 SCL 拉成低电平,迫使发送器处于等待状态。当从机准备好接收下一个字节时再释放 SCL 线,使数据传输继续进行。连续发送多个字节数据格式如图 7 - 38 所示。

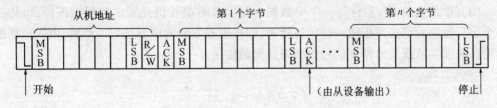

图 7 - 38　I^{2}C 总线的读写字节时序

2. I^{2}C 时序的模拟

当单片机中没有 I^{2}C 接口时,可用单片机的端口模拟 I^{2}C 总线时序,设单片机与 I^{2}C 接口芯片连线如图 7 - 39 所示,下面程序是采用模拟的方法实现起始、停止、写字节和读字节时序。

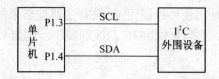

图 7 – 39　单片机与 I²C 器件接口

```
SDA    BIT    P1.6
SCL    BIT    P1.7
```

（1）起始时序。当 SCL 线为高电平时，SDA 线由高电平到低电平的负跳变被定义为起始信号。

```
START:
       SETB   SCL     ;SCL 为高
       SETB   SDA
       NOP
       NOP            ;适当的延时
       CLR    SDA     ;SDA 从高到低跳变,定义为起始信号
       NOP
       NOP
       CLR    SCL
       RET
```

（2）停止时序。当 SCL 线为高电平时，SDA 线由低电平到高电平的正跳变被定义为起始信号。

```
STOP:
       CLR    SDA
       NOP
       NOP            ;适当延时
       SETB   SCL     ;SCL 为高
       NOP
       NOP            ;适当延时
       SETB   SDA     ;SDA 由低到高跳变定义为停止
       RET
```

（3）单片机向 I²C 器件写一字节数据。写字节时单片机先发送数据的高位，每传送一个字节数据后都必须跟随一位应答脉冲，即接收器发回的应答信号。然后，由发送器继续发送数据字节或发出停止信号后结束数据的传送。

```
WrByteI2C:
       MOV    R7,#08H  ;1 字节占 8 位
TP:    RLC    A
       MOV    SDA,C    ;在 SCL 低时先准备好数据
       NOP
       SETB   SCL      ;SCL 为高是数据必须稳定
       NOP
```

```
        NOP
        CLR     SCL
        DJNZ    R7,TP          ;没发完继续
        SETB    SDA            ;SDA置1,准备接收应答
        SETB    SCL
        NOP
        NOP
        MOV     C,SDA          ;C=1表示没收到应答(出错),C=0表示应答正确
        CLR     SCL
        RET
```

（4）从 I^{2}C 器件接收一个字节。从高位开始接收,接收数据存 A,收到 8 位数据后应答。

```
RdByteI2C:
        MOV     R7,#08H
        SETB    SDA            ;SDA为输入方式,准备接收数据。
RP:     SETB    SCL
        NOP
        NOP                    ;适当延时
        MOV     C,SDA          ;数据保存
        RLC     A              ;移入A
        NOP
        CLR     SCL
        NOP
        DJNZ    R7,RP
        CLR     SDA            ;发应答位,SDA=0
        NOP
        SETB    SCL
        NOP
        NOP
        CLR     SCL
        SETB    SDA            ;拉高,释放总线
        RET
```

7.4.3 串行单总线技术

单总线技术是 Dallas 公司设计的串行总线技术,与 SPI 和 I^{2}C 等总线不同,它采用一条总线进行双向数据通信,该线既传输控制信号,又传输数据信号。因此,更能节省单片机的 I/O 接口资源和减少印制电路板面积。

单总线系统适合于单主机系统。单片机作为系统中的主机,其他具有单总线接口的芯片作为单总线系统的从机。当只有一个从机芯片连接在总线时,该系统叫单节点系统;当多个从机芯片连接在总线上时,该系统叫多节点系统。

1. 单总线的工作原理

具有单总线通信功能的集成电路叫单总线芯片。单总线芯片通过漏极开路引脚并联

在单总线上,总线通过一个约 5kΩ 的上拉电阻接电源。单片机可通过 I/O 口和单总线连接。总线的空闲状态为高电平,当连接在总线上的某芯片不使用总线时,它输出高电平以释放总线。

总线中数据交换是在主机的控制下进行的。单片机和其他单总线芯片交换数据过程一般分为 3 个步骤:一是主机对总线的初始化,包括呼叫从机芯片和从机的应答;二是单片机发出芯片寻址指令,通过和每个芯片固有的 64 位 ROM 地址代码相比较,使指定的芯片成为数据交换的对象,而其余的芯片则处于等待状态;三是单片机发出具体的操作指令进行读写操作。在只有一个从机芯片的情况下,步骤二可以省略其中的寻址过程,仅执行一条"跳跃"命令,然后进入第三步。

单总线硬件连接简单,而相应的软件控制过程则比较复杂。除从机芯片的寻址过程复杂外,单片机对系统的操作必须符合单总线通信协议的时序要求。这些时序的规定介绍如下。

1)初始化时序

该时序由主机发出,对单总线系统进行复位,并由从机芯片发出应答信号。单总线的所有通信过程都是从初始化开始,初始化时序包括主机发出的复位脉冲和从机的应答脉冲,该过程至少需要 960μs。如图 7 – 40 所示,主机在总线上输出低电平并保持至少 480μs 作为复位脉冲,表示主机对系统复位并呼叫从机,然后主机释放总线,总线在上拉电阻的作用下变为高电平,至此复位脉冲完成;从机在接到主机的复位脉冲后,先对自己内部复位,然后对总线输出低电平,并保持 60μs ~ 240μs 作为对主机呼叫信号的应答,主机检测到该信号,即可确认总线上有从机存在。

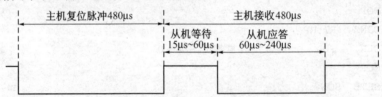

图 7 – 40 单总线初始化时序

2)写时序

如图 7 – 41 所示,在写时序中,主机对从机写 1 位数据。一个写时序至少 60μs,在两个写时序之间要有 1μs 的恢复时间。

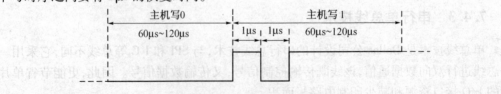

图 7 – 41 单总线写时序

(1)写"0"。主机向总线输出"0",并保持 60μs 后释放总线。从机在写时序开始后 15μs 后开始对总线采样,读入总线数据。

(2)写"1"。主机向总线输出"0",1μs 后输出"1"并保持 60μs。从机在写时序开始后 15μs 后开始对总线采样,读入总线数据。

3）读时序

如图 7 - 42 所示,单总线器件仅在主机发出读时序时,才向主机送出数据,所以在主机发出读命令后,必须立即产生读时序,以便从机开始传送数据。每个读时序至少需要 60 μs 时间。且两个读时序的间隔也至少为 1 μs。读时序由主机发起,拉低总线至少 15 μs,然后从机接管总线,开始发送“0”或“1”数据,主机在 1 μs 后采样总线接收数据。

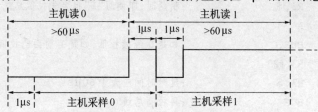

图 7 - 42　单总线写时序

2.　单总线时序的模拟

单总线硬件连接简单,而相应的软件控制过程则比较复杂。编程时要根据具体芯片的时序要求,控制好时间。下面是单片机模拟实现初始化时序、写实现和读时序的程序。程序设计时假设单片机晶振频率为 12 MHz,用 P1.6 连接总线。

(1) 初始化时序。初始化时序包括主机发出的复位脉冲和从机的应答脉冲,该过程至少需要 960 μs。先由主机拉低总线告知从机复位,然后采样从机应答,当检测到从机应答或延时一段时间还没收到从机应答则释放总线。

```
        BUS     BIT     P1.7
        FLAG    BIT     20H         ;有无从机应答标志
INIT:
        SETB    BUS                 ;先使总线变高
        NOP
        CLR     BUS                 ;拉低总线,通知从机复位
        LCALL   DELAY               ;调延时,延时时间至少 480 μs
        SETB    BUS                 ;主机释放总线控制,准备采样是否有从机应答
        MOV     R7,#25H
LP:     JNB     BUS,RECACK          ;从机有应答转 RECACK
        DJNZ    R7,LP               ;等待延时没到,继续采样
        SJMP    NOACK               ;时间到,还没检测低电平,可能没有从机应答
RECACK:SETB    FLAG                 ;置 1 表示有从机
        SJMP    WT
NOACK:  CLR     FLAG                ;置 0 表示没从机
        SJMP    FIN
WT:     MOV     R7,#117             ;主机检测到应答,延时让从机继续控制总线
        DJNZ    R7,WT
FIN:    SETB    BUS                 ;释放总线
        RET
```

(2) 主机向从机写 1 个字节数据(数据在 A 中)。写总线包括写“0”和写“1”两种,写“0”时至少等待 60 μs;写“1”时,拉低总线 1 μs 左右,然后拉高总线至少 60 μs。

```
WrBusByte:
        MOV     R7,#08H
        CLR     C
WP:     CLR     BUS                 ;先拉低总线
        MOV     R3,#07
        DJNZ    R3,$                ;稍延时,即使写"1"也要先拉低总线
        RRC     A
        MOV     BUS,C               ;如是 0 继续拉低,如是 1 前面已拉低总线,现在拉高它
        MOV     R3,#23
        DJNZ    R3,$                ;延时时间应大于 60μs
        SETB    BUS                 ;再拉高总线
        NOP                         ;两个写时序之间至少要有 1μs 的恢复时间
        DJNZ    R7,WP
        SETB    BUS                 ;释放总线
        RET
```

（3）主机读取一字节数据（数据保存在 A）。每个读时序至少需要 60μs 时间，且两个读时序的间隔也至少为 1μs。读时序由主机发起，拉低总线至少 15μs，然后从机接管总线，开始发送"0"或"1"数据，主机在 1μs 后采样总线接收数据。

```
RdBusByte:
        MOV     R7,#08H
RD1:    CLR     C
        SETB    BUS                 ;释放总线
        NOP
        NOP
        CLR     BUS                 ;拉低总线,启动读操作
        MOV     R3,#09H
        DJNZ    R3,$                ;延时
        SETB    BUS                 ;释放总线,由从机接管总线
        NOP
        NOP
        MOV     C,BUS               ;采样总线并读取数据
        MOV     R3,#23
        DJNZ    R3,$                ;延时,读时序至少需要 60μs
        RRC     A                   ;数据保存
        DJNZ    R7,RD1
        RET
```

习题与思考

7.1　在 8031 的扩展存储系统中，为什么 P0 口要接一个 8 位锁存器，P2 口却不接？

7.2　11 根地址线可选多少个存储单元，16KB 存储单元需要多少根地址线？

7.3　8031 扩展系统中,外部程序存储器和数据存储器共用 16 位地址线和 8 位数据线,为什么两个存储空间不会发生冲突?

7.4　8031 单片机需要外接程序存储器,实际上它还有多少条 I/O 线可以用? 当使用外部数据存储器时,还剩下多少条 I/O 线可用?

7.5　8051 的并行接口扩展有多种方式,在什么情况下采用 8255 扩展比较合适? 在什么情况下采用 8155 扩展比较合适?

7.6　使用两片 2764 芯片扩展 8031 的程序存储器,画出扩展电路,并指出程序存储器的地址范围。

7.7　试用 2732 芯片作为 ROM,6264 作为 RAM,在 8031 外部扩展一个具有 8KROM 和 16KB RAM 的存储系统,画出扩展电路图,并为它们分配地址空间。

7.8　试将 8031 单片机外接一片 27128 和一片 8155 组成一个应用系统:

(1) 画出扩展系统的电路连接图,并指出程序存储器、扩展数据存储器和 I/O 端口的范围。

(2) 编写程序,将 8031 以 DATA1 开始的数据区中共 16 个数据与外部 RAM 以 DATA2 开始的数据区中的 16 个数据进行交换。

7.9　现有 8031 单片机、74LS373、一片 2764 和两片 6116,请使用它们组成一个单片机系统,要求:

(1) 画出硬件电路连线图,并标注主要引脚。

(2) 指出该应用系统程序存储空间和数据存储空间各自的地址范围。

7.10　利用 74LS138 设计一个译码电路,分别选中 8 片 6116,且列出各芯片所占的地址空间范围。

7.11　试利用 8031 的串行口设计一个接口电路和相应的软件,用于读取 8 位开关信号,并用 8 个 LED 显示对应开关的状态。

第8章 单片机应用接口技术

8.1 显示器接口

在 MCS-51 系列单片机应用系统中,显示器是人机对话的主要输出器件,它显示系统运行中用户关心的实时数据。常见的显示器件有 LED(发光二极管显示器)器件和 LCD(液晶显示器)器件两大类。点阵显示屏通过编程能够显示各种图形、汉字,目前也被广泛应用于各种单片机应用系统中。

8.1.1 LED 显示器接口

1. LED 数码显示器的结构

LED 数码显示器是一种由 LED 发光二极管组合显示字符的显示器件。它使用了 8 个 LED 发光二极管,其中 7 个用于显示字符,1 个用于显示小数点,故通常称之为 8 段发光二极管数码显示器,其内部结构如图 8-1 所示。

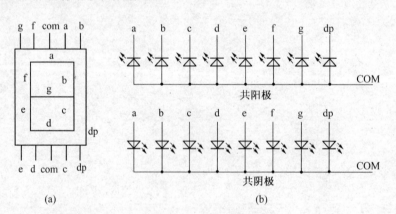

图 8-1 LED 显示器结构

(a)示意图;(b)原理图。

LED 数码显示器有两种连接方法:

(1)共阴极接法。把发光二极管的阴极连在一起构成公共阴极,使用时公共阴极接地,每个发光二极管的阳极通过电阻与输入端相连。

(2)共阳极接法。把发光二极管的阳极连在一起构成公共阳极,使用时公共阳极接 +5V,每个发光二极管的阴极通过电阻与输入端相连。

为了显示字符,要为 LED 显示器提供显示段码(或称字形代码),组成一个"8"字形字符的 7 段,再加上 1 个小数点位,共计 8 段,因此提供给 LED 显示器的显示段码为 1 个字节。各段码位的对应关系如表 8-1 所列。

表 8-1 段码位的对应关系

字段码	D7	D6	D5	D4	D3	D2	D1	D0
位段码	dp	g	f	e	d	c	b	a

由上述对应关系组成的 7 段 LED 显示器字形码的码表如表 8-2 所列。

表 8-2 7 段 LED 显示器字形码

字 形	共阳极段码	共阴极段码	字 形	共阳极段码	共阴极段码
0	C0H	3FH	9	90H	6FH
1	F9H	06H	A	88H	77H
2	A4H	5BH	B	83H	7CH
3	B0H	4FH	C	C6H	39H
4	99H	66H	D	A1H	5EH
5	92H	6DH	E	86H	79H
6	82H	7DH	F	8EH	71H
7	F8H	07H	空白	FFH	00H
8	80H	7FH	P	8CH	73H

2. LED 显示接口

在单片机系统中,LED 显示一般采用静态显示和动态扫描两种驱动方式。静态驱动方式的工作原理是每一个 LED 显示器用一个 I/O 端口驱动、亮度大、耗电也大、占用的 I/O 端口多,但显示位多时一般很少采用。

动态扫描方式的工作原理是将多个显示器的段码同名端连在一起,位码分别控制,利用视角暂留效应,分别进行显示。只要保证显示的频率,看起来的效果和一直显示是一样的。电路上一般用一个 I/O 口驱动段码,用另一个 I/O 口实现位控。因此动态显示占用的 I/O 口少,耗电也少。

1) 静态显示接口

目前静态显示接口一般采用如下 3 种方式:

(1) 采用并行输出接口的静态显示接口。采用的并行输出接口可以是 TTL 的锁存器(如 74LS273、74LS373),也可采用大规模集成并行输出接口(如 8155、8255A 等)。图 8-2 中 8255A 的 PA、PB、PC 口各驱动 1 个 8 段数码管,实现静态接口。

(2) 采用硬件译码器件构成静态显示接口。在 CMOS 和 TTL 器件里,都有专门用于驱动显示的器件。CMOS 类型的器件有 CD4511、CD14547、CD14495、CM14513 等。TTL 类型器件有 74LS47、74LS247、74LS48 等,其中 74LS47 和 74LS247 可驱动共阳数码管,其余只可驱动共阴数码管。这些驱动器中大部分 CMOS 驱动器均带有锁存器,而 TTL 器件均不带锁存器,在设计时应在其前面加上锁存电路。图 8-3 是 CD4511 构成的静态显示电路。图中要显示的数据送 P1.0～P1.3,利用 74LS138 译码信号使能 CD4511,通过 CD4511 译码并锁存,从而实现静态显示的功能。

(3) 用串转并接口芯片构成静态显示接口。利用串转并接口芯片 74LS164 可以比较方便地实现多位静态显示(图 8-4)。图中 4 片 74LS164 依次级联,要显示的数据通过 TXD 端依次移入各片 74LS164 中,并锁存输出,从而实现 4 片 LED 静态显示。

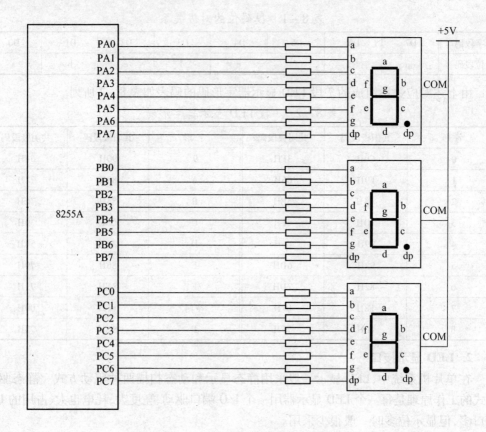

图 8－2　由 8255 构成的静态显示图

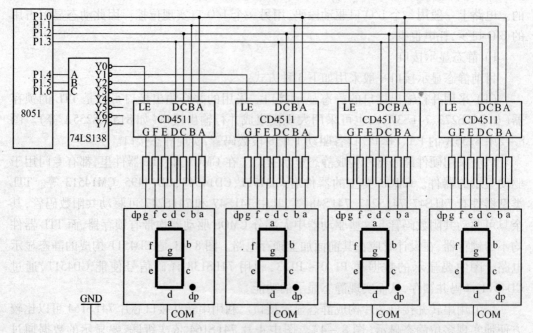

图 8－3　CD4511 构成的静态显示电路

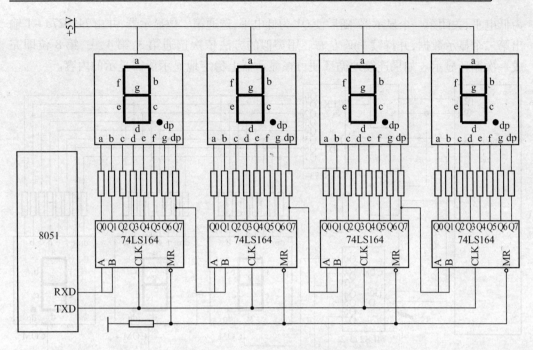

图 8 - 4　74LS164 实现 LED 静态显示

设 8031 的串行口工作于方式 0,要显示的数据存放以 7CH 为首的显示缓冲区中,则相应的显示程序如下:

```
Disp164:
        MOV   R7,#04H        ;显示位数为 4
        MOV   R0,#7FH        ;显示最低位对应的显示缓冲区地址
DL0:    MOV   A,@R0
        ADD   A,#TAB - $ - 2  ;指令占两字节
        MOVC  A,@A + PC       ;查字形表
        MOV   SBUF,A          ;送显
DL1:    JNB   T1,DL1          ;1 个字节没发完等待
        CLR   T1             ;发完清 TI 标志
        INC   R0             ;指针修改
        DJNZ  R7,DL0          ;4 个显示数据没送完继续
        RET
TAB: DB C0H,F9H,A4H,B0H,99H,92H,82H,F8H,80H
```

2) 动态显示接口

所谓动态显示是指一位一位地轮流点亮各个显示器。对于每一位显示器来说,每隔一段时间点亮一次。通常点亮时间为 1ms 左右,相隔时间为 20ms。图 8 - 5 为 8 位共阴显示器和 74LS273 构成的动态显示接口。

图 8 - 5 中,74LS273 - 1 的输出为段数据口,接显示器的各个段极,74LS273 - 2 的输出为位扫描口,接 LED 的公共极。显示时,首先使 74LS273 - 2 的 Q0 为低电平,Q1 ~ Q7 为高电平,则仅第一位显示器的公共阴极为低电平(被选通);同时 74LS273 - 1 输出第一个显示数据的段码,这时第一位显示器将显示出第一个显示数据。持续 1ms 左右后,使 Q0

为低电平,关闭第一个显示器,随后使 Q1 为低电平,选通第二位显示器,并由 74LS273 - 1 输出第二个显示数据,并持续 1ms 左右。用类似的方法依次选通第 3,第 4,…,第 8 位即完成一次循环显示。如果连续地循环便可在显示器上稳定地显示所需显示的内容。

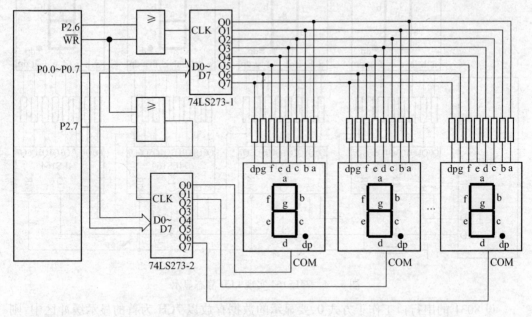

图 8 - 5   74LS273 动态显示接口

设图 8 - 5 中 74LS273 - 1 的地址为 BFFFH(P2. 6 = 0、P2. 7 = 1,它们不能同时为 0)、74LS273 - 2 的地址为 7FFFH(P2. 6 = 1、P2. 7 = 0),又设显示数据存放在 70H ~ 78H 连续 8 个单元中,则相应的显示程序如下:

```
DISP273:
        MOV     R0,#70H          ;指针指向显缓首地址
        MOV     R3,#0FEH         ;刚开始最低位显示
LP0:    MOV     DPTR,#BFFFH
        MOV     A,@R0
        ADD     A,#TAB - $ - 2    ;指令占两字节
        MOVC    A,@A + PC         ;查字形码
Dir1:   MOVX    @DPTR,A           ;通过 74LS273 - 1 送字形码
        MOV     A,R3
        MOV     DPTR,#7FFFH       ;位码地址(74LS273 - 2)
        MOVX    @DPTR,A           ;送位码
        ACALL   DL1               ;被选通的 LED 显示 1ms,延时程序省略
        MOV     A,#0FFH           ;1ms 后 LED 全关
        MOVX    @DPTR,A
        INC     RO                ;指向下一个显缓
        MOV     A,R3
        JNB     ACC.7,LP1         ;8 位全显示完了退出
        RL      A                 ;生成新的位码
```

```
        MOV     R3,A                ;位码保存
        SJMP    LP0
LP1:    RET
TAB: DB C0H,F9H,A4H,B0H,99H,92H,82H,F8H,80H ;字形表
```

3）定时扫描显示程序

上述的动态扫描子程序用延时方法控制一位的显示时间,CPU 的效率低下,并且仅当 CPU 能循环调用该程序时,显示器才能稳定地显示数据,若 CPU 忙于其他事务,显示器会抖动,甚至只显示某一位而其他位发黑。使用定时器 T0 中断,定时扫描显示器,可以解决这个问题。方法如下:

（1）用变量 DispBuf 指向显示缓冲区,其初始值为 70H;用 ScanCode 保存位扫描码,当它的某一位为 0,对应的 LED 选通。ScanCode 的初始值设为 7EH,然后每扫描一次位扫描码码左移一位以便选通下一个 LED,8 个 LED 全显示完了,又设置其值为 7EH。

（2）设置一个显示 1 位子程序,其功能是将 DispBuf 指向的单元值显示在对应位上。显示完后,把下一个显示单元的值装入 DispBuf,同时 ScanCode 装入下一个位扫面码。

（3）启动定时器,使定时器产生 1ms 定时,在定时中断中调用显示 1 位子程序。

① 显示 1 位子程序:

```
DispBit:
        MOV     R0,DispBuf          ;指针指向显缓首地址
        MOV     R3,ScanCode
LP0:    MOV     DPTR,# BFFFH
        MOV     A,@R0
        ADD     A,#TAB - $ -2       ;指令占两字节
        MOVC    A,@A + PC           ;查字形码
Dir1:   MOVX    @DPTR,A             ;通过 74LS273 -1 送字形码
        MOV     A,R3                ;
        MOV     DPTR,#7FFFH         ;位码地址(74LS273 -2)
        MOVX    @DPTR,A             ;送位码
        MOV     A,R3
        JNB     ACC.7,LP1           ;8 位全显示完了退出
        RL      A                   ;生成新的位码
        MOV     ScanCode,A          ;位码保存
        INC     DispBuf             ;指向下一个显缓
        RET
LP1:    MOV     DispBuf,#70H
        MOV     ScanCode,#0FEH
        RET
```

② 主程序:

```
Main:
        :
        MOV     DispBuf,#70H
        MOV     ScanCode,#0FEH
```

```
        MOV     TH0,#0FCH
        MOV     TL0,#18H
        MOV     TMOD,#01H
        SETB    TR0
        SETB    ET0
        SETB    EA
        ⋮
```

③ T0 中断服务程序：

```
T0Isr:
        ⋮
        MOV     TH0,#0FCH
        MOV     TL0,#18H
        LCALL   DispBit
        ⋮
        RETI
```

8.1.2 点阵式发光显示屏的接口技术

1. 点阵显示原理介绍

点阵式显示是把发光管整齐地排列在点阵式结构中，在点阵结构中，发光管不同亮灭组合就可以显示不同的图像、汉字或字符。图 8-6 是一个 16×16 点阵结构。

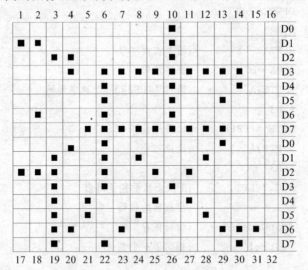

图 8-6　汉字点阵结构

设图中发光管亮用"1"表示，发光管灭用"0"表示，则第一列上半部分的亮灭可以用 1 个字节 02H 表示，第二列上半部分的亮灭可以用 1 个字节 42H 表示，…，第 16 列上半部分可以用 00H 表示；第一列下半部分可以用 04H 表示，第二列下半部分的亮灭可以用 1 个字节 04H 表示，…，第 16 列下半部分用 00H。如果由这些点阵显示汉字并按从左到右，从上到下的顺序排列就构成了汉字点阵表。图 8-6 构成的汉字"波"的点阵如下：

HAZI: DB 02H,42H,04H,0CH,80H,F8H,88H,88H,88H,0FFH,88H,88H,0A8H,18H,00H,00H,
　　　04H,04H,0FEH,41H,30H,8FH,40H,22H,14H,08H,14H,22H,41H,0C0H,40H,00H

2. 显示屏结构和接口方法

图 8 - 7 为 16 × 128 点阵式发光显示屏的一种结构,用 16 × 16 个 74LS164 直接驱动高亮度发光管(图中用"·"表示),发光管阴极接地。图 8 - 8 为显示屏的一种接口电路。74LS377 - 2 输出 8 路脉冲,每一路接两行 74LS164 的时钟端(CLKi CLKi + 1)。74LS377 - 1 和 74LS377 - 2 共同输出 16 位点阵数据。

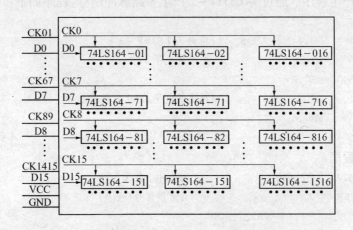

图 8 - 7　74LS164 组成的点阵屏

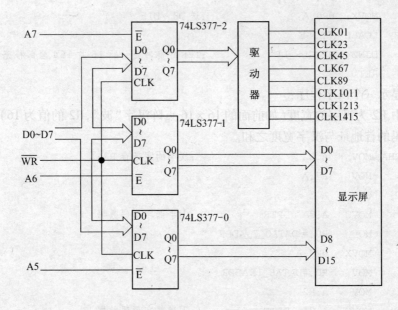

图 8 - 8　发光显示屏与单片机的接口

74LS377 是一种 8D 锁存器,$\overline{E}$ 为其使能端,当 $\overline{E}$ 为低电平,CLK 的上升沿将 D0 - D7 上的数据打入锁存器 Q0 ~ Q7。从图 8 - 8 可以很容易知道,74LS377 - 0、74LS377 - 1、74LS377 - 2 与单片机接口地址分别为 0DFH、0BFH 和 07FH。图中对 74LS377 的操作可以用下列指令实现:

```
        MOV    R0,#ADDR          ;74LS377 接口地址
        MOV    A,#DATA           ;要写的数据
        MOVX   @R0,A             ;数据输出
```

3. 点阵显示程序设计

```
        CLK_ADDR         EQU      7FH
        DATA0_7_ADDR     EQU      0BFH
        DATA8_15ADDR     EQU      0DFH
```

（1）脉冲产生程序。通过 74LS377 - 2 产生 8 路脉冲信号,程序如下：

```
PLUSE:
        MOV    R0,# CLK_ADDR     ;指向 74LS377 - 2
        MOV    A,#0FFH           ;先送高电平
        MOVX   @R0,A
        CLR    A                 ;再送低电平,产生负跳变脉冲
        MOVX   @R0,A
        RET
```

（2）清屏程序：

```
CLR_COL: MOV    R7,#80H          ;脉冲个数为 128
        CLR    A                 ;清屏信号(全 0)
        MOV    R0,# DATA0_7_ADDR
        MOVX   @R0,A             ;送 D0 ~ D7
        MOV    R0,# DATA8_15ADDR
        MOVX   @R0,A             ;送 D8 ~ D15
CLR_LP: LCALL  PLUSE
        DJNZ   R7,CLR_LP         ;128 个脉冲是一行 16 片 164 全部移完
        RET
```

（3）显示一个汉字程序：

程序中 R2 为汉字的宽度（如前面的 16×16 点阵汉字"波",R2 的值为 16），DPTR 为汉字字形码的首地址与汉字宽度之和。

```
DISP_CHA: MOV    A,R2            ;汉字的宽带存 R2
        MOV    R7,A
CHA_LP: CLR    A
        MOVC   A,@A + DPTR       ;上半部字形码数据
        MOV    R0,# DATA0_7_ADDR
        MOVX   @R0,A
        MOV    R0,#DATA8_15ADDR
        MOV    A,R2
        MOVC   A,@A + DPTR       ;下半部字形码数据
        MOVX   @R0,A
        DEC    DPTR              ;74LS164 左移 1 位后,DPTR 指向下一列
        LACLL  PLUSE             ;产生 74LS164 移位时钟
        DJNZ   R7 CHA_LP         ;一个汉字没移完,继续 74LS164 移位
        RET
```

8.1.3 LCD 显示接口

LCD 显示器是一种用液晶材料制成的显示器,它具有体积小、功耗低等优点。因此,广泛应用于各种手持仪器仪表及消费类电子产品等低功耗应用场所。

LCD 显示器通常可分为字符点阵型、图形点阵型两大类。字符点阵型 LCD 在其控制器内设有字符发生器,可以提供若干常用字符或符号的点阵,用户程序只要输入字符的 ASCII 值即可显示。图形点阵则在器控制器内设置了图形缓冲区,缓冲区内每个字节的每一位都和图形点阵 LCD 上的点相对应,通过输入“0”、“1”控制这些点的亮灭,从而形成不同的图形。

在单片机应用系统中,一般倾向于直接选用专用的 LCD 显示驱动模块。LCD 显示驱动模块是一种将液晶显示器、连接器、驱动电路、背光源等装在一起的组件,称为 LCM。单片机只要按照 LCM 外部接口时序要求,向 LCM 发送命令或数据即可实现对它的驱动。

1. 1602 字符点阵式 LCM 简介

1602 字符点阵式 LCM 内部采用 HD44780 作为显示控制器,通过 HD44100 进行显示规模的扩展(图 8 - 9)。图中 SEG1 ~ SEG40 是 HD44780 输出的段线,SEG41 ~ SEG80 是通过 HD44100 扩展的段线,这 80 列段线以 5 列为单位组成 16 个 5 ×8 点阵字符的列线。COM1 ~ COM16 以 8 行为单位分为上下两部分,上部分为 COM1 ~ COM8、下部分为 COM9 ~ COM16。这样,以 COM1 ~ COM8 为行,SEG1 ~ SEG80 为列可组成 16 个 5 ×8 点阵字符,作为显示器第一行字符;以 COM9 ~ COM16 为行,SEG1 ~ SEG80 为列又可组成 16 个 5 ×8 点阵字符,作为显示器第二行字符。因此 1602 点阵式 LCM 共有两个显示行,每行可显示 16 个字符。当然,不同行列的组合会产生不同点阵结构的汉字。

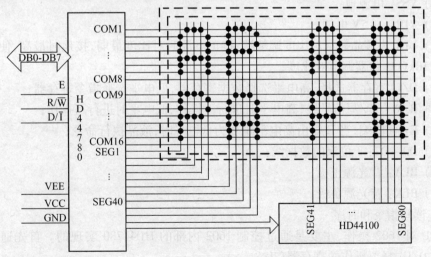

图 8 - 9 1602 内部结构示意图

HD44780 的内部主要包括指令寄存器(IR)、数据寄存器(DR)、忙状态标志(BF)、地址计数器(AC)、数据显示存储器(DDRAM)、字符点阵存储器(CGRAM)和字符产生器(CGROM)等。指令寄存器用来存储外部送来的指令代码,数据寄存器用来存储外部对控制器内 DDRAM 或 CGRAM 进行读写的数据,地址寄存器用于指定被操作的 DDRAM 或 CGRAM 的地址,忙标志由控制器输出,表明控制器正在进行内部操作而不接收外部指令。DDRAM 就是显示数据 RAM,用来寄存待显示的字符代码,共 80 个字节,其地址与显示屏对应关系如表 8 - 3 所列。

表 8 - 3　DDRAM 与显示屏对应关系

	显示位置	1	2	3	4	5	6	7	…	40
DRAM 地址	第 1 行	00H	01H	02H	03H	04H	05H	06H	…	27H
	第 2 行	40H	41H	42H	43H	44H	45H	46H	…	67H

由于 1602 显示 2 行 16 个字,相应地,其显示位置与 DDRAM 的对应关系如表 8 - 4 所列。需要注意的是第 2 行的起始地址是 40H,与第 1 行没有连续。

表 8 - 4　1602 显示屏与 DDRAM 的对应关系

	显示位置	1	2	3	4	5	6	7	…	16
DRAM 地址	第 1 行	00H	01H	02H	03H	04H	05H	06H	…	OFH
	第 2 行	40H	41H	42H	43H	44H	45H	46H	…	4FH

如果要在第 1 行第 1 列显示字符"A",只有向 DDRAM 的 00H 地址写入字符"A"的 ASCII 值就可以了。字符"A"对应的字形码由字符产生器 CGROM 产生。在 HD44780 内部,CGROM 已固化了 192 个常用字符的字形码,用户还可以在 CGRAM 中自定义 8 个字符。

2. 1602 时序与命令

1) 1602 引脚说明

1602 采用标准的 14 脚(无背光)或 16 脚(带背光)接口,各引脚说明如下:

(1) VSS:电源地;

(2) VDD:+5V 电源;

(3) VL:为液晶显示对比度调整端,接正电源时对比度最弱,接地时最高,使用时一般通过 $10k\Omega$ 电位器调节对比度;

(4) D/$\overline{\text{I}}$:寄存器选择,高电平选择数据寄存器,低电平选择指令寄存器;

(5) R/$\overline{\text{W}}$:读/写信号线,高电平时进行读操作,低电平时进行写操作;

(6) E:使能端,当 E 端由高电平跳变为低电平时,液晶执行命令;

(7) D0 ~ D7:8 位双向数据线;

(8) BLA:背光源正极;

(9) BLK:背光源负极。

2) 读写指令和时序

CPU 对 1602 操作,主要是通过控制 1602 内部的 HD44780 实现的。首先通过控制 R/$\overline{\text{W}}$ 和 D/$\overline{\text{I}}$ 选择要操作的寄存器(表 8 - 5)。

表 8 - 5　HD44780 寄存器选择

D/$\overline{\text{I}}$	R/$\overline{\text{W}}$	操 作 对 象	D/$\overline{\text{I}}$	R/$\overline{\text{W}}$	操 作 对 象
0	0	选择指令寄存器,进行读/写操作	1	0	选择数据寄存器,进行写操作
0	1	读出忙标志和地址计数器	1	1	选择数据寄存器,进行读操作

其次 CPU 通过 1602 提供的不同的指令代码(表 8 – 6),实现对 HD44780 的控制,进而实现对显示屏的控制。这些指令是通过 1602 提供的读写时序来实现的(图 8 – 10),图 8 – 10 中,E 为读/写使能信号,当 E 从高到低的负跳变是,允许读/写操作。

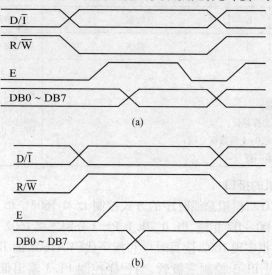

图 8 – 10　CPU 读写 1602 时序
(a) CPU 写 1602 时序;(b) CPU 读 1602 时序。

表 8 – 6　1602 指令代码表

指令说明	指 令 代 码										说明
	D/I	R/W	D7	D6	D5	D4	D3	D2	D1	D0	
清屏	L	L	0	0	0	0	0	0	0	0	清屏,地址计数器 AC 为 0
返回	L	L	0	0	0	0	0	0	0 1	X	设 DDRAM 地址为 0,显示回原位,DDRAM 内容不变
输入方式设置	L	L	0	0	0	0	0	1	D/I	S	设光标移动方向,并指定整体是否移动
显示开关控制	L	L	0	0	0	0	1	D	C	B	设置整体控制开关(D),光标开关(C)与闪烁(B)
移位	L	L	0	0	0	1	S/C	R/L	X	X	移动光标或显示区,不改变 DDRAM 内容
功能设置	L	L	0	0	1	DL	N	F	X	X	设置接口数据位数(DL),显示行(N)、字形(F)
CGRAM 地址设置	L	L	0	1	6 位 CGRAM 地址						设置 CGRAM 地址,此后对数据寄存器的读写影响 CGRAM
DDRAM 地址设置	L	L	1	6 位 DDRAM 地址							设置 CGRAM 地址,此后对数据寄存器的读写影响 DDRAM
读忙信号	L	H	BF	7 位地址寄存器值(AC)							判断忙(BF),并读出地址寄存器 AC 的值

（续）

指令说明	指令代码				说明
	D/I	R/W	D7 D6 D5 D4 D3 D2 D1 D0		
写数据	H	L	数据		向 CGRAM 或 DDRAM 写数据
读数据	H	H	数据		从 CGRAM 或 DDRAM 读数据

(1) D/I 1：增量方式,0：减量方式;	
(2) S 1：移位;	
(3) R/L 1：右移,0：左移;	F：1：5×10 点阵,
(4) S/C 1：显示移位,0：光标移位;	0：5×8 点阵
(5) D/L 1：8 位数据总线,0：4 位数据总线;	BF：1 内部操作忙
(6) N 1：第二行,0：第一行	

3. 1602 与单片机的接口

图 8 - 11 采用 I/O 口模拟总线时序的方式控制 LCM 1602。单片机的并行 I/O 端口 P0 与 1602 的数据口 D0 ~ D7 相连,P1.0、P1.1、P1.2 分别连接 1602 的 D/Ī、R/W̄ 和 E 端。单片机通过这些端模拟实现 1602 读写时序和指令代码。1602 的 BLA 和 BLK 为背光源的电源端,单片机通过 P1.3 控制三极管,当程序控制 P1.3 输出低电平时三极管导通,1602 背光点亮;当程序控制 P1.3 为高电平,三极管不通,背光熄灭。VO 为 1602 对比度

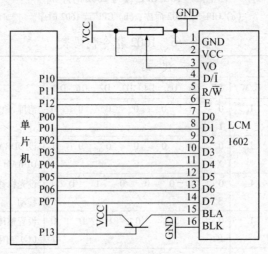

图 8 - 11 单片机与 1602 接口电路

调节端,通过调节电位器 VR1 可以改变 VO 的电压大小,进而改变对比度。单片机各位定义和部分驱动子程序如下:

```
LCM_E    BIT    P1.2
LCM_DI   BIT    P1.0
LCM_RW   BIT    P1.1
```

（1）查询 1602 的忙标志和当前 AC 地址。

```
;输入：无
;输出：ACC,ACC.7 =1 为忙状态,ACC.0 ~ ACC.6 表示当前的 AC 值
LcmRdStatus:
```

```
        MOV     P0,#0FFH            ;读端口前先写1
        CLR     LCM_E
        CLR     LCM_DI
        SETB    LCM_RW
        SETB    LCM_E
        NOP
        MOV     A,P0
        CLR     LCM_E
        RET
```

（2）向 1620 写入控制字。

```
;输入:R2,要写入的命令
;输出:无
LcmWrCmd:
        LCALL   LcmRdStatus
        JB      ACC.7,LcmWrCmd
;如果忙,等待,直到不忙。此处注意:如果1602已坏端口输出高电平,则程序会在此
;死机! 实际编程时要避免这种情况出现,可在循环体中用一个变量计数,当大于某个
;计数值时就跳出循环并报告错误
        CLR     LCM_E
        CLR     LCM_DI
        CLR     LCM_RW
        MOV     A,R2
        MOV     P0,A
        SETB    LCM_E
        NOP
        CLR     LCM_E
        RET
```

（3）向 1602 写入数据。

```
;输入:R2,要写入字符的 ASCII 值
;输出:无
LcmWrData:
        LCALL   LcmRdStatus
        JB      ACC.7,LcmWrData    ;忙时等待。和上面一样要注意死循环
        SETB    LCM_DI
        CLR     LCM_RW
        MOV     A,R2
        MOV     P0,A
        SETB    LCM_E
        NOP
        CLR     LCM_E
        RET
```

（4）初始化程序。设置点阵格式,显示行数,接口方式(8 位或 4 位)光标移动方

向等。

```
            ;输入：无
            ;输出：无
LcmInit:    MOV     R2,#38H     ;置功能：5×8 点阵、8 位总线、双行显示
            LCALL   LcmWrCmd
            LCALL   Delay       ;该延时函数不能少于 450μs,否则不能正常显示
            MOV     R2,#01H     ;清显示
            LCALL   LcmWrCmd
            LCALL   Delay
            MOV     R2,#06H     ;光标移动方向：右移
            LCALL   LcmWrCmd
            MOV     R2,#0CH     ;开显示
            LCALL   LcmWrCmd
            LCALL   Delay
            RET
```

（5）在指定位置显示一个字符。

```
;输入：R6,列位置,范围为 0～15
;      R7,行位置,范围为 0～1
;      R1,要显示字符的 ASCII 值
;输出：无
DispOneChar:
            MOV     A,R6        ;X
            ANL     A,#0FH      ;限制 X 不能大于 15
            MOV     R6,A
            MOV     A,R7        ;Y
            ANL     A,#01H      ;Y 不能大于 1
            MOV     R7,A
            JZ      Line0
            MOV     A,R6
            ORL     A,#40H      ;第 2 行 DDRAM 对应的起始地址为 40H
            MOV     R6,A
Line0:      MOV     A,R6
            ORL     A,#80H      ;写入地址命令最高位为 1
            MOV     R2,A
            LCALL   LcmWrCmd    ;写入显示地址
            MOV     A,R1
            MOV     R2,A
            LCALL   LcmWrData   ;写数据
            RET
```

8.2 键盘接口技术

键盘是一种常见的输入设备,通过它用户可以向计算机输入数据或命令。通常键

盘可分为编码键盘和非编码键盘两种。通过硬件识别的键盘称编码键盘,通过软件识别的键盘称非编码键盘。非编码键盘有独立按键接口和矩阵式按键接口两种接口方式。

8.2.1　独立式键盘接口设计

独立式键盘就是各按键相互独立,每个按键各接 1 根输入线,1 根输入线上的按键工作状态不会影响其他输入线上的工作状态。因此,通过检测输入线的电平状态可以很容易判断哪个按键被按下了。这类键盘的接口方式可分为串行和并行两类。

1. 并行方式

按键的一端接地,另一端接上拉电阻后接输入端,当按键未按下时,由于上拉电阻的作用使输入端确保为高电平;当按键按下时,输入端与地短接而为低电平(图 8 - 12)。除采用 P1 口作为输入口外,还可以用扩展 I/O 口构成并行式键盘接口电路,如用 8255 扩展 I/O 口,用 74LS244 扩展输入口等。

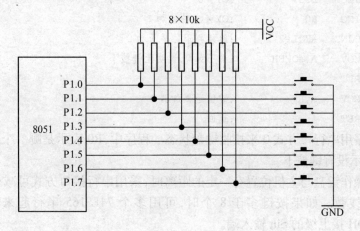

图 8 - 12　独立式键盘并行接口电路

2. 串行接口方式

串行接口方式的独立式键盘如图 8 - 13 所示,图中键盘输入信息通过 74LS165 串行输入,具体读键程序如下:

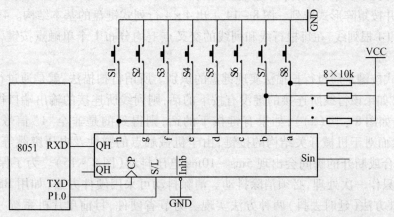

图 8 - 13　独立式键盘串行接口方式

```
KEY165: MOV    SCON,#10H     ;设串行口方式0,允许并启动接收
        MOV    A,SBUF        ;读入数据
WT:     JNB    RI,WT         ;等待接收完一帧
        CLR    RI            ;清接收完标志
        CJNE   A,#FFH,LP1    ;判有键按下否
        RET                  ;无键按下,A=FFH返回
LP1:    LCALL  DL10          ;延时10ms,延时程序略
        MOV    A,SBUF
WAIT1:  JNB    RI,WAIT1
        CLR    RI
        MOV    R0,#00H       ;设键值初值为00H
        MOV    R7,#08H       ;设循环次数为8次
LP2:    RRC    A             ;将A右移一次
        JNC    LP3           ;CY=0?
        INC    R0            ;CY≠0,键值加1
        DJNZ   R7,LP2        ;继续判下位是否为0
        MOV    A,#0FFH       ;都不为0,说明无键按下
        RET
LP3:    MOV    A,R0          ;键值送累加器A
        RET                  ;返回
```

上面程序用串行口方式 0 来接收键盘状态。程序中,R0 表示是哪一个键按下,当 R0 为 FFH 是表示没有键按下。

一般当操作键盘与主机位置有一定的距离时,采用串行接口方式可减少主机与键盘板之间的引线数。如果按键多于 8 个时,可用多个 74LS165 串行起来使用,下一级 74LS165 的 QH 接上级的 Sin 输入端。

8.2.2　矩阵式键盘接口设计

1. 矩阵式键盘原理

在单片机系统中,若所需按键数量较多,可采用矩阵式键盘。矩阵式键盘一般采用行列式结构并按矩阵形式排列。图 8 - 14 示出 4 × 4 行列式键盘的基本结构。4 × 4 表示有 4 根行线和 4 根列线,在每根行线和列线的交叉点上均分布 1 个单触点按键,共有 16 个按键。

矩阵式按键是通过行扫描法实现键盘的识别。所谓行扫描法,就是通过行线发出低电平信号,如果该行线所连接的键没有按下的话,则列线所连接的输出端口得到的是全 "1" 信号(如图 8 - 14(a));如果有键按下的话,则得到的是非全 "1" 信号(图 8 - 14 (b))。然而对于机械开关结构的按键,由于机械触点的弹性及电压突跳等原因,往往在触点闭合或断开的瞬间会出现 5ms ~ 10ms 电压抖动(图 8 - 15)。为了保证 CPU 对键的闭合只作一次处理,必须消除抖动。消除抖动可采用硬件方法(如用 RS 触发器隔离)和软件方法(延时去抖)两种方法实现。为节省硬件,目前单片机系统一般采用软件方式消除抖动。

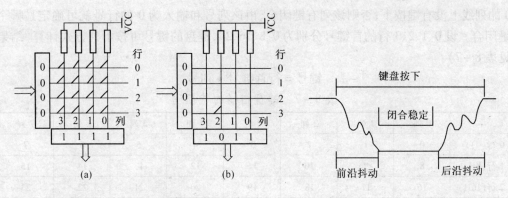

图 8 - 14　行列式键盘的基本结构　　　　　图 8 - 15　按键抖动示意图

（a）全"1"信号；（b）非全"1"信号。

2. 矩阵式键盘程序设计方法

图 8 - 16 是利用 74LS273 和 74LS244 组成的具有 4 × 8 键盘、8 位显示器的接口电路，图中的输入为键盘行扫描线，74LS273 的输出为列扫描线，键盘编程要点如下：

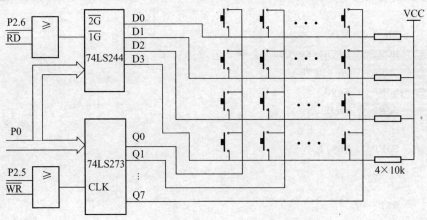

图 8 - 16　74LS273 和 74LS244 构成的键盘接口

（1）判别键盘上有无键闭合。使 74LS273 的输出全为"0"，读 74LS244 的输入 D0 ~ D3，若 D0 ~ D3 为全"1"，则无键闭合，否则为有键闭合。

（2）消除抖动。当判别有键闭合时，延时 10ms 后再判别键盘状态，若仍有键闭合，则认为键盘上有一个键处于稳定的闭合期，否则认为是键的抖动。

（3）确定闭合键的键号。方法是对键盘上的列线依次扫描，扫描的列线输出为 0，其余的列线输出为 1。这样 74LS273 的输出口分别为

Q7	Q6	Q5	Q4	Q3	Q2	Q1	Q0
1	1	1	1	1	1	1	0
1	1	1	1	1	1	0	1
				⋮			
1	0	1	1	1	1	1	1
0	1	1	1	1	1	1	1

相应地顺序读取 4 位行线（74LS24 的 D0 ~ D3）的状态，若 D0 ~ D3 全为 1，则输出为

0 的列线上没有键按下;否则该列有键闭合,由该列号和输入为 0 的行号就可确定是哪个键闭合。设 0、1、2、3 行的首键号分别为 0、8、16、24,键盘的键号可按下列方式计算(结果见表 8-7):

$$键号 = 行首键号 + 列号$$

表 8-7　键盘扫描的特征码

	0 列	1 列	2 列	3 列	4 列	5 列	6 列	7 列
0 行(0)	0	1	2	3	4	5	6	7
1 行(8H)	8	9	10	11	12	13	14	15
2 行(16H)	16	17	18	19	20	21	22	23
3 行(24H)	24	25	26	27	28	29	30	31

(4) 对键的一次闭合仅作一次处理,等待闭合键释放后再判断新的键盘输入。键处理程序主要是通过散转程序实现。设 A 为键号,则散转程序如下:

```
;输入: A,键号
;输出: 无
KeyJump:
        RL      A
        MOV     DPTR,#KeyCom
        JMP     @A + DPTR
KeyCom:SJMP     Key0
        SJMP    Key1
         ⋮
        SJMP    Key1F
Key0:
         ⋮
        RET
         ⋮
Key1F:
         ⋮
RET
```

3. 矩阵键盘程序编写

矩阵键盘程序编写主要是按上述 4 个步骤完成。

(1) 判断有无键按下。

```
;输入: 无
;输出: C = 1 有键按下,C = 0 无键按下
KeyStart:
        MOV     DPTR,#DFFFH     ;74LS273 片选地址
        MOV     A,#00H
        MOVX    @DPTR,A         ;74LS273 输出全为 0,判断有无按键
        MOV     DPTR,#BFFFH     ;74LS244 片选地址
        MOVX    A,@DPTR         ;读键
        CPL     A               ;取反,这样无键按下为 0
```

```
              ANL      A,#0FH              ;屏蔽高 4 位
              JZ       NoKey
              SETB     C
              RET
NoKey:  CLR      C
              RET
```

（2）读键号。

```
;输入:无
;输出:C=1,有键按下,键号存于 A 中
;       C=0,无键按下
RdKeyValue:
              MOV      R2,#0FEH            ;扫描码,刚开始扫描第 0 列
              MOV      R4,#00H             ;列号,初始值为第 0 列
KEY_0:   MOV      A,R2
              MOV      DPTR,#DFFFH
              MOVX     @DPTR,A             ;扫描码通过 74LS273 送出
              MOV      DPTR,#BFFFH
              MOVX     A,@DPTR             ;74LS244 行读出
              JB       ACC.0,KEY_1         ;第 0 行没按键,读第 1 行
              MOV      A,#00H              ;第 0 行有键按下,行首键号为 00H
              SJMP     KEY_END
KEY_1:   JB       ACC.1,KEY_2         ;第 1 行没按键,读第 2 行
              MOV      A,#08H              ;第 0 行有键按下,行首键号为 08H
              SJMP     KEY_END
KEY_2:   JB       ACC.2,KEY_3         ;第 2 行没按键,读第 3 行
              MOV      A,#10H              ;第 2 行有键按下,行号首键为 10H
              SJMP     KEY_END
KEY_3:   JB       ACC.3,NEXT_COL      ;第 3 行还没按键,扫描下 1 列
              MOV      A,#18H              ;第 2 行有键按下,行首键号为 18H
KEY_END: ADD      A,R4                ;有键按下时,键号 = 行首键号 + 列号
              SETB     C                  ;置有按键标志
              RET
NEXT_COL: MOV     A,R4
              XRL      A,#07H
              JZ       NOKEY              ;8 列都扫描完了还没按键,置没按键标志
              INC      R4                 ;否则扫描下一列,列号加 1
              MOV      A,R2
              RL       A                  ;形成新的扫描码
              MOV      R2,A
              SJMP     KEY_0
NOKEY:   CLR      C                  ;置没按键标志
              RET
```

（3）完整的键盘程序。程序包括键盘扫描,延时去抖动,读键号和按键处理程序,程

序中 NoRelase = 1 表示按键尚未释放。

```
KeyProcess:
          LCALL        KeyStart
          JC           GET0
FINKEY1:  CLR          NoRelase
FINKEY:   RET
GET0:     JB           NoRelase,FINKEY
          LCALL        DELAY10
          LCALL        KeyStart
          JNC          FINKEY1
          LCALL        RdKeyValue
          JNC          FINKEY1
          SETB         NoRelase
          LCALL        KeyJump
          RET
```

4. 定时扫描实现

上述的矩阵键盘程序中采用延时的方法去抖动,浪费了大量的 CPU 时间,下面介绍一种用定时扫描的方法实现键盘处理程序。

定时扫描法就是每隔固定时间间隔(用定时器产生,如 10ms)扫描一次键盘,通过前后两次读取键盘的状态来决定是抖动还是稳定的按键。例如,如果上次扫描时发现有键按下,则当前扫描还发现有键按下,则是键盘稳定闭合,否则可能是抖动或键盘释放。表 8-8 列出了前后两次扫描不同状态对应的按键结果和处理方式,表中"1"表示键盘按下,"0"表示没有键按下。

表 8-8 定时扫描按键结构判断

上次扫描	当前扫描	可 能 结 果	处 理 方 式
0	0	一直没键按下	保存当前扫描状态
0	1	是按键或抖动	保存当前扫描状态
1	0	抖动或按键释放	保存当前扫描状态
1	1	按键稳定闭合	如是上次按键没释放,保存当前扫描状 否则处理按键,并保存当前按键状态

设上次扫描结果保存在位变量 OldKey 中,则相应的定时扫描键盘程序如下:

```
          OldKey       BIT     00H
TimeKey:
          LCALL        KeyStart
          JB           OldKey,KEYS
FIN:      CLR          NoRelase
FIN1:     MOV          OldKey,C
          RET
KEYS:     JNC          FIN
          JB           NoRelase,FIN1      ;键一直按着没释放
          LCALL        RdKeyValue         ;发现稳定按键刚按下,处理该按键
```

```
        JNC         FIN
        SETB        NoRelase        ;NoRelase =1 表示按键尚未释放
        MOV         OldKey,C
        LCALL       KeyJump
        RET
```

设用定时器 T0 工作于方式 1,则 T0 产生 10ms 定时中断程序如下:

```
T0Isr:
        ⋮
        MOV         TH0,#0D8H
        MOV         TL0,#0F0H
        LCALL       TimeKey
        ⋮
        RETI
```

8.3 A/D 转换器接口

8.3.1 A/D 转换器概述

A/D 转换器是用以实现模拟量向数字量转换的器件。按转换原理的不同 A/D 器可分为计数式、双积分式、逐次逼近式及并行式 A/D 转换器 4 种。逐次逼近式和双积分式 A/D 器件目前比较常用。逐次逼近式 A/D 转换器具有速度较快、精度较高等特点。双积分式 A/D 转换器具有转换精度高、抗干扰性能好、价格便宜等优点,但它的转换速度较慢。

量化间隔和量化误差是 A/D 转换器的主要技术指标之一。量化间隔为

$$\Delta = \frac{\text{满量程输入电压}}{2^n - 1} \approx \frac{\text{满量程电压}}{2^n}$$

式中: n 为 A/D 转换器的位数。

量化误差有两种表示方法:一种是绝对量化误差,另一种是相对量化误差。相对量化误差为

$$\delta = \frac{1}{2^{n+1}}$$

绝对量化误差为

$$\varepsilon = \text{量化间隔} /2 = \Delta/2$$

除了量化误差外,A/D 器件还有非线性度、转换数度、转换精度等指标。

8.3.2 A/D 转换器芯片 ADC0809 与单片机接口

1. ADC0809 结构与原理

ADC0809 是典型的 8 位 8 通道逐次逼近式 A/D 转换器,采用 CMOS 工艺制造。由单一的 5V 电源供电,片内带有锁存功能的 8 选 1 的模拟开关,其转换时间为 100μs、转换误差为 1/2LSB。图 8 - 17 为 ADC0809 的内部结构与引脚。

1）引脚说明

（1）IN7 ~ IN0：模拟量输入通道。

（2）ADDA、ADDB、ADDC：模拟通道地址选择线、其通道选择见表 8 - 9，表中 A、B、C 分别对应 ADDA、ADDB、ADDC。

表 8 - 9　ADC0809 通道地址选择

地 址 码			对应的输入通道	地 址 码			对应的输入通道
C	B	A		C	B	A	
0	0	0	IN0	1	0	0	IN4
0	0	1	IN1	1	0	1	IN5
0	1	0	IN2	1	1	0	IN6
0	1	1	IN3	1	1	1	IN7

（3）ALE：地址锁存信号。

（4）START：转换启动信号，高电平有效。

（5）D7 ~ D0：数据输出线。

（6）OE：输出允许信号，高电平有效。

（7）CLK：时钟信号，最高时钟频率为 640kHz。

（8）EOC：转换结束状态信号。上升沿后高电平有效。

（9）VCC：+5V 电源。

（10）VREF(+ VREF 、- VREF)：参考电压。

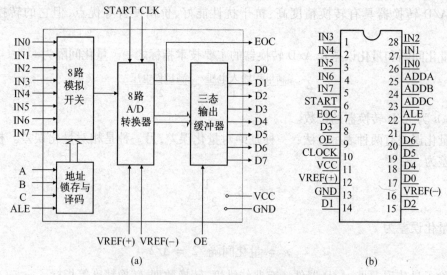

图 8 - 17　ADC0809 内部逻辑结构和引脚

(a) 内部结构；(b) 引脚。

2）工作过程

图 8 - 18 为 ADC0809 转换工作时序。其工作过程如下：

ALE 上升沿将 ADDC、ADDB、ADDA 端选择的通道地址锁存到 8 位 A/D 转换器的输入端。START 的下降沿启动 8 位 A/D 转换器进行 A/D 转换。EOC 端在 A/D 转换开始

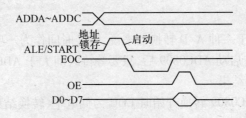

图 8 - 18   ADC0809 转换工作时序

输出为低,转换结束后输出为高,该信号通常可作为中断申请信号。OE 为读出数据允许信号,高电平有效。

2. MCS - 51 单片机与 ADC0809 的接口

ADC0809 与 MCS - 51 单片机的一种常用连接方法如图 8 - 19 所示。电路连接主要涉及两个问题,一个是 8 路模拟信号的通道选择,另一个是 A/D 转换完成后转换数据的传送。

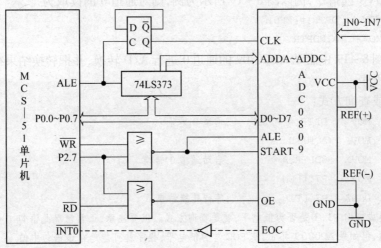

图 8 - 19   MCS - 51 与 ADC0809 接口电路

1) 8 路模拟通道选择

ADC0809 的转换时钟可用单片机提供的 ALE 信号经分频器分频后得到。设单片机时钟频率为 6MHz,则 ALE 脚的输出频率为 1MHz,再 2 分频后为 500kHz,即可满足 ADC0809 对时钟频率的要求。

图 8 - 19 中,当 P2.7 = 0 时,单片机对 ADC0809 执行一次写操作就可以启动 ADC0809。图中 P0.0 ~ P0.2 分别与 ADDA,ADDB,ADDC 相连,因此单片机对外部数据存储单元 7FF0、7FF1、…、7FF8 执行写操作,就分别启动了 ADC0809 的 8 个通道的转换。例如要启动 IN0 通道时,可采用如下两条指令:

```
MOV    DPTR,#7FF0H        ;送入 0809 的口地址
MOVX   @DPTR,A            ;启动 A/D 转换(IN0)
```

2) 转换数据的传送

A/D 转换后得到的数据为数字量,这些数据应传送给单片机进行处理。数据传送的关键问题是如何确认 A/D 转换的完成,因为只有确认数据转换完成后才能进行传送。通

常可采用下述 3 种方式：

（1）延时方式。对于一种 A/D 转换器来说，转换时间作为一项技术指标是已知的和固定的。因此，单片机在启动 ADC0809 后，只要等待时间大于 ADC0809 的转换时间就可以正确地读取 A/D 转换结果。

（2）查询方式。ADC0809 转换开始时 EOC 为低电平，转换结束后 EOC 变为高电平。因此单片机可以在启动 ADC0809 后，通过查询 EOC 的电平高低来判断是否转换结束。

（3）中断方式。如果把表示转换结束的状态信号（EOC）作为中断请求信号，那么，便可以中断方式进行数据传送。要注意的是：ADC0809 转换结束时 EOC 产生从低到高的跳变，而单片机采用外部边沿触发中断时，认为从高到低的跳变是一次中断请求；因此当采用中断方式时，一般在单片机的外部中断引脚（$\overline{INT0}$ 或 $\overline{INT1}$）与 EOC 之间接入一个非门。

不管使用上述哪种方式，只要一旦确认转换结束，便可通过指令进行数据传送。所用的指令为 MOVX 读指令，仍以图 8 – 19 所示为例，则对通道 0 的读取为

```
        MOV    DPTR,#7FF0H
        MOVX   A,@DPTR
```

下面是图 8 – 19 中启动 ADC0809 的通道 0 进行 A/D 转换，并把转换结果存放在内部 40H 单元的程序。

用延时或查询方式：

```
ST:     MOV    DPTR,#7FF0H        ;通道 0 地址
        MOV    A,#03H
        MOVX   @DPTR,A            ;启动通道 0 转换
        MOV    R7,#1EH
LP1:    DJNZ   R7,LP1             ;等待转换结束
;将上面语句换成查询 P3.3 是否为低电平,就是查询方式。但要注意,正常情况此语句
;不会出现问题,但如果 AD0809 坏了,使 EOC 总为低电平,程序就可能总在该语句中循
;环,这是不允许的。出现该情况时,要通过编程退出这种死循环。
LP1:    JB     P3.3,LP1
        MOVX   A,@DPTR            ;转换结束后把结果读出
        MOV    40H,A              ;结果存 40H
        RET
```

用中断方式：

主程序如下：

```
Main:
        SETB   IT1                ;外部中断 1,脉冲触发方式
        SETB   EX1                ;允许外部中断 1
        SETB   EA                 ;允许总中断
        MOV    DPTR,#7FF0H        ;通道 0 地址
        MOV    A,#03H
        MOVX   @DPTR,A            ;启动通道 0 转换
        :
```

外部中断 1 中断程序如下：

```
Int1Isr:
    MOV    A,@DPTR
    MOV    40H,A
    RETI
```

8.3.3 AD574 与单片机接口

在单片机应用系统中,8 位 A/D 器的转换精度常常不够,必须选择分辨率大于 8 位的芯片,如 10 位、12 位、16 位 A/D 转换器,由于 10 位、16 位接口与 12 位类似,下面仅以常用的 12 位 A/D 转换器 AD574 为例予以介绍。

1. AD754 结构与原理

1) AD574 引脚与结构

AD574 是一种快速的 12 位逐次比较式 28 脚双插直列式 A/D 转换芯片,片内由两片双极型电路组成,并设有三态数据输出锁存器,无需外接元器件就可独立完成 A/D 转换功能。AD574 一次转换时间略为 25μs,其引脚如图 8-20 所示。

引脚说明:

(1) REFOUT:内部参考电压输出(+10V);

(2) REFIN:参考电压输入;

(3) BIP:偏置电压输入;

(4) 10VIN:±5V 或 0V ~ 10V 模拟输入;

(5) 20VIN:±10V 或 0V ~20V 模拟输入;

(6) DB0 ~ DB11:数字量输出,高半字节为 DB8 ~ DB11,低字节为 DB0 ~ DB7;

(7) $\overline{CS}$:片选信号端;

(8) CE:片启动信号引脚,当 $\overline{CS}$ = 0、CE = 1 同时满足时,AD574 才能处于工作状态;

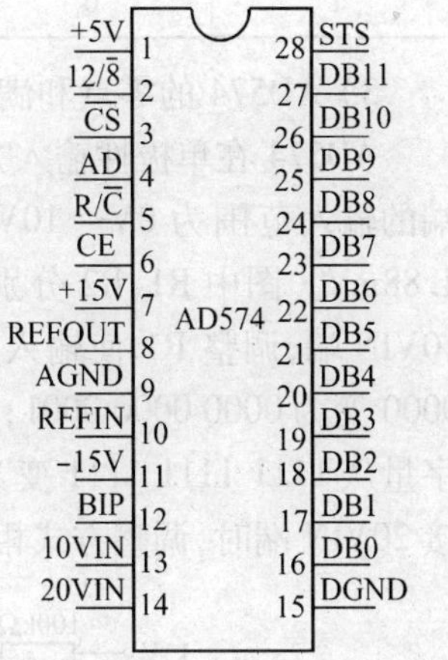

图 8-20 AD574 引脚图

(9) R/$\overline{C}$:数据读出和数据转换启动控制信号引脚;

(10) 12/$\overline{8}$:数据输出格式选择信号引脚,当 12/$\overline{8}$ = 1(+5V)时,双字节输出,即 12 条数据线同时有效输出,当 12/$\overline{8}$ =0(0V)时,为单字节输出,即只有高 8 位或低 4 位有效;

(11) A0:字节选择控制线。在转换期间,A0 = 0,AD574 进行全 12 位转换,转换时间为 25μs;当进行 8 位转换,转换时间为 16μs;在读出期间当 A0 = 0 时,高 8 位数据有效,当 A0 = 1 时低 4 位数据有效、中间 4 位为 0、高 4 位为三高阻输出。因此当采用两次读出 12 位数据时,应遵循左对齐原则;

(12) STS:输出状态信号引脚。转换开始时,STS 变为高电平,转换过程中保持高电平不变,转换完成时返回到低电平。STS 可以作为状态信息被 CPU 查询,也可以用它的下降沿向 CPU 发出中断申请,通知 CPU 读取转换结果。

2) 工作特性过程

AD574 的工作状态由 CE、$\overline{CS}$、R/$\overline{C}$、12/$\overline{8}$、A0 的 5 个控制信号决定。由表 8-10 可见,当 CE = 1,$\overline{CS}$ =0 同时满足时,AD574 才能处于工作状态,此时 R/$\overline{C}$ = 0 启动 A/D 转

换,R/$\overline{C}$ = 1 时进行数据读取。12/$\overline{8}$ 和 A0 端用来控制转换字长和数据格式,A0 = 0 时按完整 12 位 A/D 方式转换,A0 = 1 启动转换,则按 8 位方式转换。当 AD574 处于数据输出状态(R/$\overline{C}$ = 1)时,A0 和 12/$\overline{8}$ 成为数据输出格式控制端,12/$\overline{8}$ = 1 对应 12 位并行输出,12/ = 0 则对应 8 位双字节输出(A0 = 0,输出高 8 位,A0 = 1 时输出低 4 位,并以 4 个 0 补足尾随的 4 位)。

表 8 - 10　AD754 控制信号

CE	$\overline{CS}$	R/$\overline{CS}$	12/$\overline{8}$	A0	功　能
0	×	×	×	×	禁止
×	1	×	×	×	禁止
1	0	0	×	0	启动 12 位转换
1	0	0	×	1	启动 8 位转换
1	0	1	+5V	×	12 位输出
1	0	1	·地	0	高 8 位输出
1	0	1	地	1	低 4 位输出

3) AD574 的零点和满刻度调整

AD574 在单极性输入方式下的调零和调满可读的方法如图 8 - 21(a)所示。10VIN 端的输入范围为 0V ~ 10V,1LSB = 2.44mV;10VIN 端的输入范围为 0V ~ 20V,1LSB = 4.88mV。图中 R1、R2 分别用于零点和满刻度调整。调整的方法为:如果输入电压接 10VIN 端,调整 R1 使输入电压为 1.22 mV(即 1/2LSB)时,输出的数字量从 0000 0000 0000 变为 0000 0000 0001;电阻 R2 使输入电压为 9.99643V(即 10V - 1/2LSB)时,输出数字量从 1111 1111 1111 变为 1111 1111 1110,即认为零点和满刻度调好了。在输入电压接 20VIN 端时,调整方式相似,但应注意此时的 1LSB = 4.48mV。

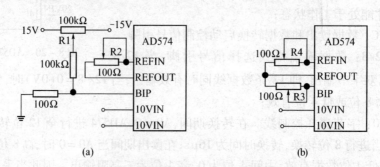

图 8 - 21　AD574 单极性和双极性接线方式
(a) 单极性输入;(b) 双极性输入。

双极性输入方式的接法如图 8 - 21(b)所示。图中 R3 和 R4 分别用于零点和满刻度调整,调整方法与单极性方法相似,但需要注意的是输入模拟量和输出数字量的对应关系。

　　10VIN 端输入时:　- 5V→0V→ + 5V　　对应　000H→800H→FFFH。

　　20VIN 端输入时:　- 10V→0V→ + 10V　对应　000H→800H→FFFH。

2. MCS - 51 单片机与 AD574 的接口

图 8 - 22 是 AD574 与 MCS - 51 单片机的接口电路。由于 AD574 的输出具有三态锁存功能,因而可该以直接与单片机数据总线相连。电路中采用 12 位左对齐的输出格式,AD574 的低 4 位 DB3 ~ DB0 接单片机的 D7 ~ D4;AD574 的高 8 位 DB11 ~ DB4 接单片机的 D7 ~ D0。数据输出时分两次读取,第一次读高 8 位,第二次读低 4 位。AD574 的控制线与 MCS - 51 引脚的对应关系如下:

(1) 12/$\overline{8}$:接地,这样输出按高低两次输出。

(2) CE:由 $\overline{WR}$ 和 $\overline{RD}$ 信号通过一个与非门控制,不论是读操作还是写操作,CE 均有效。

(3) $\overline{CS}$:由 P2.7 控制,当 P2.7 =0,片选有效。

(4) R/$\overline{C}$:由地址线 A1 控制,当 A1 =0 时,启动 A/D 转换;当 A1 =1 时,读取 A/D 转换数据。

(5) A0:由地址线 A0 控制,当 A0 =0 时读高 8 位,当 A0 =1 时读低 4 位。因此 AD574 在 12 位转换状态下的启动地址为 7FFCH,高 8 位的读取地址为 7FFEH,低 8 位的读取地址为 7FFFH。

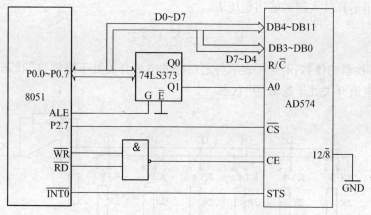

图 8 - 22 AD574 与 MCS - 51 单片机接口

对 AD574 的编程可以针对 STS 采用延时方式、查询方式、中断方式实现。下面是采用查询方式实现的程序。

```
AD574RD:
        MOV     DPTR,#7FFCH     ;(12 位)A/D 启动地址
        MOV     R1,#40H         ;转换结果存放地址
        MOVX    @DPTR,A         ;启动 AD574
        JB      P3.2,$          ;采用查询方式判断转换是否结束
                                ;实际编程时,应注意当 AD574 坏时,此处会出现死循环
        MOV     DPTR,#7FFEH
        MOVX    A,@DPTR         ;读取高 8 位
        MOV     @R1,A           ;存放
        INC     R1
        MOV     DPTR,#7FFFH
```

```
MOVX   A,@DPTR       ;读取低 4 位
ANL    A,#0F0H       ;屏蔽无关位
MOV    @R1,A         ;存放
RET
```

8.4 D/A 转换器接口

8.4.1 D/A 转换器概述

D/A 转换器是将数字量转换成模拟量的器件。在 D/A 转换器中,每一个数字量都是二进制代码按位的组合,每一位数字代码都有一定的"权",对应一定的模拟量。为了将数字量转换为模拟量,应将每一位都转换成相应的模拟量,然后求和即可得到与数字量成比例的模拟量。一般数模转换器都是按照这一原理设计的。

R – 2R 梯形网络是采用最多的 D/A 转换器,其结构如图 8 – 23 所示。该图是一个 8位并行 A/D 转换器,它由电阻网络、电子开关、基准电源(Er)和运放等部分组成。根据此图不难计算出运算放大器的输出电压 Uo。

$$U_o = -\frac{E_r}{2^n} \sum_{i=0}^{n-1} A_i \times 2^i$$

式中: n 为转换器的位数; $A_i = 1$,表示与之对应的电流开关处于逻辑"1"状态, $A_i = 0$,表示与之对应的电流开关处于逻辑"0"状态。

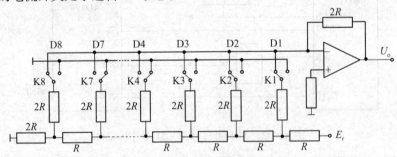

图 8 – 23 梯形电阻网络原理图

8.4.2 8 位 D/A 转换器 DAC0832 与单片机接口

1. DAC0832 结构与原理

DAC0832 是分辨率为 8 位的电流输出型 D/A 转换器,它的片内带有两个输入数据寄存器,输出电流建立稳定时间为 1μs。DAC0832 的引脚与结构框图如图 8 – 24 所示。

由图可知 DAC0832 内部由"8 位输入锁存器"、"8 位 DAC 寄存器"、"8 位 D/A 转换电路"3 部分电路组成。"8 位输入锁存器"用于存放 CPU 送来的数字量,由 $\overline{LE1}$ 加以控制。"8 位 DAC 寄存器"用于存放待转换数字量,由 $\overline{LE2}$ 控制。"8 位 D/A 转换电路"由 8位 T 形电阻网络和电子开关组成,电子开关受"8 位 DAC 寄存器"控制输出。T 形电阻网络能输出和数字量成正比的模拟电流,因此 DAC0832 通常需要外接 I/V 变化电路才能得到模拟输出电压。

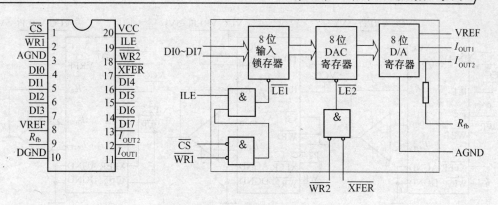

图 8 - 24   DAC0809 引脚与结构

引脚说明:

(1) D7 ~ D0:数据量输入引脚。

(2) CS:片选信号,输入,低电平有效。

(3) $\overline{WR1}$:写信号1,输入,低电平有效。

(4) $\overline{WR2}$:写信号2,输入,低电平有效。

(5) VREF:参考电压接线脚,可正可负,范围为 - 10 ~ 10V。

(6) I_{OUT1} 和 I_{OUT2}:电流输出引脚。

(7) $\overline{LE1}$ 和 $\overline{LE2}$:分别为寄存器的锁存端。

(8) ILE:数据锁存允许信号,输入,高电平有效。

(9) $\overline{XFER}$:数据传送控制信号,输入,低电平有效。

(10) R_{fb}:反馈电阻引脚,片内集成的电阻为15kΩ。

(11) AGND,DGND:模拟地和数字地引脚。

2. DAC0832 的工作方式

MCS - 51 单片机与 DAC0832 的接口有 3 种连接方式,即直通方式、单缓冲方式及双缓冲方式。直通方式不能直接与系统的数据总线相连,需另加锁存器,故较少应用。下面介绍单缓冲与双缓冲两种连接方式。

1)单缓冲方式

单缓冲方式就是使 DAC0832 的两个输入寄存器中一个处于直通方式,而另一个处于受控锁存方式,当然也可使两个寄存器同时选通及锁存(图 8 - 25)。

2)双缓冲方式

双缓冲方式,就是把 DAC0832 的两个锁存器都接成受控锁存方式。由于两个锁存器分别占据两个地址,因此在程序中需要使用两条传送指令,才能完成一个数字量的模拟转换。假设图 8 - 26 输入寄存器地址为 7FFFH,DAC 寄存器地址为 BFFFH,则完成一次 D/A 转换的程序段应为

```
MOV     A,#DATA         ;转换数据送入 A
MOV     DPTR,#7FFFH     ;指向输入寄存器
MOVX    @DPTR,A         ;转换数据送输入寄存器
MOV     DPTR,#BFFFH     ;指向 DAC 寄存器
MOVX    @DPTR,A         ;数据进入 DAC 寄存器并进行 D/A 转换
```

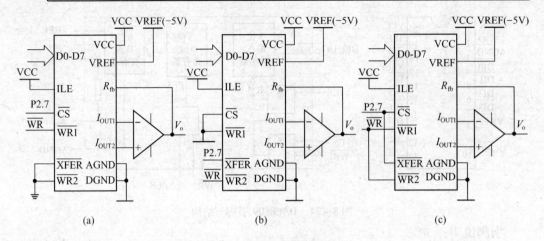

图 8 - 25　DAC0832 单缓冲接口

（a）把 DAC 寄存器接成常通状态；（b）将输入寄存器接成常通状态；（c）将两个寄存器接成同时选通和锁存。

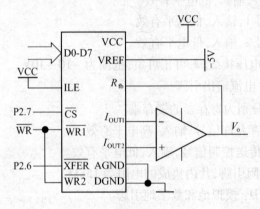

图 8 - 26　双缓冲方式接口

3. D/A 转换应用举例

D/A 转换器是计算机控制系统中常用的接口器件,它可以直接控制被控对象,例如控制伺服电动机或其他执行机构;它也可以很方便地产生各种输出波形,如矩形波、三角波、阶梯波、锯齿波、梯形波、正弦波及余弦波等。

图 8 - 27 是 D/A 输出的一种应用。图中,运算放大器 A2 的作用是把运算放大器 A1 的单极性输出变为双极性输出。

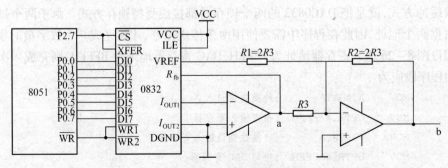

图 8 - 27　DAC0832 双极性输出接口

设 $V_{REF} = 5V$，则

$$V_b = -\left(\frac{R2}{R3}V_a + \frac{R2}{R1}V_{REF}\right) = -(2V_a + V_{REF}) = \frac{数字量}{128}V_{REF} - V_{REF}$$

当数字量 $= 0$ 时，$V_b = -5V$；

当数字量 $= 128$ 时，$V_b = 0V$；

当数字量 $= 256$ 时，$V_b = 5V$。

【例 8.1】 执行下面程序后，运放的输出端产生锯齿波，如图 8 - 28 所示。

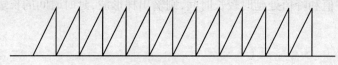

图 8 - 28　输出锯齿波

```
MAIN:   MOV    DPTR,#7FFFH
        MOV    A,#0
LP:     MOVX   @DPTR,A
        INC    A
        AJMP   LP
```

程序说明如下：

（1）程序每循环 1 次，累加器 A 加 1，可见锯齿波的上升沿是由 256 个小阶梯构成的。

（2）通过循环程序段的机器周期数，可以计算出锯齿波的周期，并可根据需要通过延时的办法来改变波形周期。

（3）通过累加器 A 加 1，可得到正向的锯齿波。如要得到负向的锯齿波，只要将累加器 A 加 1 改为减 1 指令即可实现。

（4）程序中累加器 A 的变化范围为 0～255，所得到的锯齿波为满幅度。根据应用要求控制累加器 A 中的最大数值可输出不同的幅值。

【例 8.2】 利用 DAC0832 产生三角波，如图 8 - 29 所示。

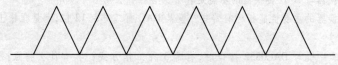

图 8 - 29　输出三角波

程序如下：

```
MAIN:   MOV  A,#00H        ;取下限值
        MOV  DPTR,#0FEFFH   ;指向 DAC0832 口地址
SS1:    MOVX @DPTR,A        ;输出
        NOP                 ;延时
SS2:    INC  A              ;转换值增量
        JNZ  SS1            ;未到峰值,则继续
SS3:    DEC  A              ;已到峰值,则取后沿
        MOVX @DPTR,A        ;输出
```

```
        NOP                    ;延时
        JNZ   SS3              ;未到谷值,则继续
        SJMP  SS2              ;已到谷值,则反复
```

程序说明如下:

(1) 本程序所产生的三角波谷值为零,峰值为 +5V(或 −5V)。若改变下限值和上限值,那么三角波的谷值和峰值也随之改变。

(2) 改变延时时间可改变三角波的斜率。

(3) 若在谷值和峰值处延时较长时间,则输出梯形波,延时时间的长短取决于梯形波上下边的宽度。

习题与思考

8.1　LED 的静态显示方式与动态显示方式有何区别? 各有什么优缺点?

8.2　试说说汉字点阵显示原理。

8.3　什么是编码键盘? 什么是非编码键盘?

8.4　试设计一个 2×2 行列式键盘电路,并编写键盘扫描程序。

8.5　判断下列说法是否正确?

(1)"转换速度"这一指标仅适于 A/D 转换器,D/A 转换其可以忽略不计转换时间。

(2) ADC0809 可以利用"转换结束"信号 EOC 向 8051 单片机发出中断请求。

(3) 输出模拟量的最小变化量称为 A/D 转换器的分辨率。

(4) 输出的数字量变化一个相邻的值所对应的输入模拟量的变化称为 D/A 转换器的分辨率。

8.6　请分析 A/D 转换器产生量化误差的原因,具有 8 位分辨率的 A/D 转换器,当输入 0V ~ 5V 电压时,其最大量化误差是多少?

8.7　在一个由 8051 单片机与一片 ADC0809 组成的数据采集系统中,ADC0809 的地址为 7FF8H ~ 7FFFH,试画出其有关逻辑框图,并编写出每隔 1 分钟轮流采集一次 8 个通道数据的程序,共采样 50 次,其采样值存入片外 RAM 3000H 开始的存储单元中。

8.8　D/A 转换器与 A/D 转换器的功能是什么? 各在什么场合下使用?

8.9　D/A 转换器的主要性能指标有哪些? 设某 DAC 有二进制 12 位,满量程输出电压为 5V,请问它的分辨率是多少?

8.10　8051 单片机与 DAC0832 接口时,有哪 3 种工作方式? 各有什么特点? 适合在什么场合使用?

第 9 章　C51 程序基础

汇编语言和 C 语言是 MCS－51 系列单片机系统开发中最常用的程序设计语言。汇编语言语句由于和 CPU 的指令直接对应,因此常被称为"低级语言"。采用汇编语言设计的程序具有结构紧凑、目标代码效率高、占用程序空间小、运行速度快和实时性强等优点,但同时也具有可移植性、可读性差,开发周期长等缺点。而 C 语言是一种面向过程的语言,它基本上摆脱了对具体 CPU 指令的依赖,侧重于如何解决问题,具有统一的语法规范,所以程序代码的可移植性、通用性好,维护和编程都比较简单。

9.1　C51 简 介

C51 语言是支持符合 ANSI 标准的 C 语言,同时针对 MCS－51 系列单片机的特点做了一些特殊的扩展,可与汇编语言混合使用。采用 C51 编译器生成的代码遵循 INTEL 目标文件格式,可以直接下载到单片机系统中运行。C51 具有如下特点:

(1) 对单片机的指令系统不要求了解,仅要求对 MCS－51 的存储结构有初步了解,就能够编程。

(2) 程序有规范的结构,易于结构化和移植,已编好的程序可以很容易地植入新程序。

(3) 寄存器的分配、存储器的寻址及数据类型,中断服务程序的现场保护和恢复,中断向量表的填写都由 C51 编译器处理。

(4) 提供丰富的库函数供用户直接调用,不同函数的数据执行覆盖,有效地利用了片上有限的 RAM 资源。

(5) C51 提供了复杂的数据类型,极大地提高了程序的处理能力和灵活性;提供了 data,bdata,idata,pdata,xdata,code 等存储类型,自动为变量分配地址空间;提供了 small,compact,large 等编译模式,以适应片上存储器的大小,同时 C51 也具有丰富的调试工具。

9.2　C51 程序结构

为便于理解 C51 程序结构,先看一个简单的 C51 程序。假设 8051 单片机的 P1.0 口通过灌流的方式连接了一个发光二极管,要使这个发光二极管按一定时间间隔闪烁,编写如下程序:

```
1   /*------------------------------------------------------------------
2   ;说明:这是一个简单二极管闪烁程序,
3   ;功能:使发光二极管间隔连续闪烁
```

```
4    ;设计者:张先庭
5    ;设计日期:2010 - 7 - 10
6    ;修改日期:2010 - 7 - 12
7    ;版本:   V1.0.0
8    ;-------------------------------------------------------------------------- * /
9    #define  LEDON    0
10   #define  LEDOFF   1
11   /* ------------------------------------------------------------------------ * /
12   #include  < reg51.h >
13   /* ---------------------------以下是全局变量定义------------------------- * /
14   sbit    bLED = P1^0;   //二极管通过灌流方式连接在 P1.0
15   int    i;        //定义一个整型全局变量
16   //-----------------------------------------------------------------------
17   void   Delay(int j)     //延时函数定义,形参为整型变量
18   { .
19     while(j---);
20   }
21   /* --------------------------------主函数开始----------------------------- * /
22   void   main(void)
23   {
24     i = 1000;
25     while(1)
26     {
27        bLED = LEDON;   //二极管亮
28        Delay(i);     //延时
29        bLED = LEDOFF;   //二极管灭
30        Delay(i);     //延时
31     }
32   }
```

这个程序可分为 4 部分:第 1~8 行为第 1 部分,第 9~13 行为第 2 部分,第 14~16 行为第 3 部分,第 17~32 行为第 4 部分。

第 1 部分是说明区,它包含了程序的说明、功能说明、设计者、设计日期、修改日期、版本号等内容。这部分不会生成任何目标代码,只是一个注释,如果把它去掉也不会影响程序的功能。如果程序比较复杂,建议加上这些内容。这样可以使程序的使用者迅速掌握该程序的功能和编程思路,也可以了解程序的版本变化,还可以帮助使用者养成良好的编程习惯。

第 2 部分是程序预处理区,程序中的#define 是宏定义,利用宏定义可以增加程序的可读性和可维护性,建议大家在编程时养成宏定义的习惯。#include 预编译命令通知编译系统在对程序进行编译时,将包含的文件读入后再一起编译。头文件 reg51.h 包含了 MCS - 51 系列单片机特殊寄存器的定义。

第 3 部分是全局变量的定义。其中第 14 行是特殊位的定义,bLED 实际上是 P1.0 端口的别名,定义该变量后,在程序中使用它能起到顾名思义的效果,提高了程序的可读性

和可维护性。当硬件电路出现小的变动后,例如发光二极管连到 P1.1 时,程序仅修改这条语句即可。第 15 行定义了一个整型全局变量,它在主程序中作为调用延时函数 Delay ()的实际参数。

　　第 4 部分是真正能生成目标代码的程序区,该区域中有一个特殊的 main( ) 函数。任何 C51 程序都必须包含 main( ) 函数,且程序从 main( ) 开始执行。main( ) 函数一般都会有一个死循环,如本例中的 while(1)。本例中 main( ) 函数完成了灯闪烁的功能。它是通过灯的亮灭之间加延时实现的。

　　C51 程序书写格式比较自由,不需要固定的格式,但实际编程时还是应遵守一定的规范,一般应按程序的功能以缩格形式编写程序。在程序适当的地方加上注释也是一个优秀程序员必须具备的编程习惯。单行注释可用标号"//"来表示注释开始,到这一行的末尾结束;对于整段的注释可用"/*"表示注释开始,"*/"表示注释结束。

9.3　C51 数据类型

　　数据类型的描叙包括数据的表现形式、数据长度、数值范围、构造特点等。C51 基本数据类型包括标准 C 语言支持的基本数据类型和 C51 扩展的数据类型两部分。其中标准 C 语言支持的数据类型有:unsigned char、char、unsigned int、int、unsigned　long、long、float 和指针类型;扩展的 C51 基本类型有 bit、sbit、sfr、sfr16。此外,C51 也支持数组、结构体、联合体、枚举等构造数据类型。表 9 - 1 是 C51 支持的基本数据类型。

表 9 - 1　C51 的数据类型

数据类型	长　度	值域范围
bit	1bit	0,1
sbit	1bit	0,1
unsigned char	1byte	0 ~ 255
char	1byte	- 128 ~ 127
sfr	1byte	0 ~ 255
unsigned int	2byte	0 ~ 65536
int	2byte	- 32768 ~ 32767
sfr16	2byte	0 ~ 65536
unsigned long	4byte	0 ~ 4294967295
long	4byte	- 2147483648 ~ 2147483647
float	4byte	$\pm 1.175494E - 38 \sim \pm 3.402823E + 38$

　　当程序中出现表达式或变量赋值运算时,若运算对象的数据类型不一致,数据类型可以自动进行转换,转换按以下优先级别自动进行:

bit →char→ int →long →float

unsigned→ signed

9.4 常量与变量

9.4.1 常量

在程序运行中其值不能改变的量称为常量。在 C51 中常量一般存储在程序存储器 ROM 中。

1. 整型常量

可以表示为十进制如 123、0、−8 等,十六进制则以 0x 开头如 0x34。长整型就在数字后面加字母 L,如 10L、0xF340L 等。

2. 浮点型常量

分为十进制和指数表示形式。十进制由数字和小数点组成,如 0.888、3345.345、0.0 等,整数或小数部分为 0 时可以省略,但必须有小数点。指数表示形式为[±]数字[. 数字]e[±]数字。[ ]中的内容为可选项,其中内容根据具体情况可有可无,但其余部分必须有,如 123e3、5e6、−1.0e−3。而 e3、5e4.0 则是非法的表示形式。

3. 字符型常量和字符串型常量

字符型常量是单引号内的字符,如'a'、'd'等。字符串型常量由双引号内的字符组成,如"hello"、"english"等。当引号内的没有字符时,为空字符串。

9.4.2 变量

在程序运行中,其值可以改变的量称为变量。MCS − 51 系列单片机有内部 RAM、SFR、外部 RAM/IO、程序存储器等存储空间。为了能访问不同存储区的变量,C51 对变量的定义增加了存储器类型说明。

1. 变量的存储类型

变量的存储器类型是指该变量在 MCS − 51 单片机系统中所使用的存储区域,并在编译时准确地定位。MCS − 51 系列单片机在物理上有 4 个存储空间:片内程序存储器空间、片外程序存储器空间、片内数据存储器空间、片外数据存储器空间。对不同的存储空间 C51 采用不同的关键字标识。表 9 − 2 为 C51 存储关键字与存储器对应关系。

表 9 − 2 　 C51 存储类型

存储器类型	对 应 区 域	说 明
data	内部 RAM(00H ~ 7FH)	直接访问内部 RAM,速度最快
bdata	内部 RAM(20H ~ 2FH)	允许位与字节混合访问
idata	内部 RAM(00H ~ FFH)	采用@ R0,@ R1 间接访问
pdata	外部 RAM 某页(256B)	用 MOVX @ Ri 指令访问
xdata	外部 RAM(0000H ~ FFFFH)	用 MOVX @ DPTR 指令访问
code	程序存储器(64KB)	用 MOVC @ A + DPTR 指令访问

注意：在 AT89C51 芯片中 RAM 只有低 128 位，位于 80H 到 FFH 的高 128 位则在 52 芯片中才有，它们和特殊寄存器地址重叠。

2. 一般变量的定义

C51 变量定义的一般格式为

[存储种类] 数据类型 [存储器类型] 变量名（或变量名列表）；

定义格式中方括号部分 [ ] 是可选项，可有可无。存储种类有：动态（auto）、外部（extern）、静态（static）和寄存器（register）。若该项缺省，则默认为 auto。

定义变量时如果省略存储器类型，系统则会按编译模式 SMALL、COMPACT 和 LARGE 所规定的默认存储器类型去指定变量的存储区域（表 9 – 3）。无论什么存储模式都可以声明变量在任何的 8051 存储区范围。然而把最常用的变量、命令放在内部数据区可以显著的提高系统性能。

例如：

```
unsigned int  data Count;//在 data 区定义一个无符号整型变量 Count
int    idata i;//在 idata 区定义一个整型变量 i
char   xdata j;//在外部 RAM 中定义一个字符型变量 j
float k;     //定义一个浮点型变量 k，该变量的存储位置由编译模式决定
```

表 9 – 3　C51 支持的编译模式

存储模式	说　明
SMALL	函数参数及局部变量放在片内 RAM（默认变量类型为 data，最大 128 字节）。另外所有对象包括栈都优先放置于片内 RAM，当片内 RAM 用满，再向片外 RAM 放置
COMPACT	参数及局部变量放在片外 RAM（默认的存储类型是 pdata，最大 256 字节）；通过 R0、R1 间接寻址，栈位于 8051 片内 RAM
LARGE	参数及局部变量直接放入片外 RAM（默认的存储类型是 xdata，最大 64KB）；使用数据指针 DPTR 间接寻址。因此访问效率较低且直接影响代码长度

3. C51 扩展数据类型对应变量定义

1）普通位变量 bit

普通位变量只能放在内部 RAM 区，一般用 bdata 指定存放在内部 RAM 的位可寻址区。定义格式为

bit [存储器类型] 变量名；

例如：

bit bdata bVoltHighFlag;//定义位变量 bVoltHighFlag 为 bdata 类型

定义位变量时应注意以下问题：

① 位变量不能定义成一个指针，如不能定义：bit * POINTER；

② 不能定义位数组，如不能定义：bit array[2]；

③ bit 不能指定位变量的绝对地址，当需要指定位变量的绝对地址时，需要使用 sbit 来定义。

2）特殊功能寄存器 sfr

MCS – 51 单片机的内部高 128 个字节为专用寄存器区，其中 51 子系列有 21 个（52 子系列有 26 个）特殊功能寄存器（SFR）。对 SFR 的操作，只能采用直接寻址方式。为了

能直接访问这些特殊功能寄存器,Keil C51 扩充了两个关键字"sfr"、"sfr16",可以直接对 51 单片机的特殊寄存器进行定义。这种定义方法与标准 C51 语言不兼容,只适用于对 8051 系列单片机 C51 编程。定义方法如下:

> sfr 特殊功能寄存器名 = 特殊功能寄存器地址常数;
>
> sfr16 特殊功能寄存器名 = 特殊功能寄存器地址常数;
>
> 例如,对于 8051 片内 P1、P2 口,定义如下:

```
sfr P1 = 0x90;   //定义 P1 口,地址 90H
sfr P2 = 0xA0;   //定义 P1 口,地址 A0H
```

对定时器 T1 的定义如下:

```
sfr16 T2 = 0XCC;  //定时器 2,地址为 T2L = CCH,T2H = CDH
```

注意:

① sfr 后面是一个要定义的名字,要符合标识符的命名规则,名字最好有一定的含义。

② 等号后面必须是常数,不允许有带运算符的表达式,而且该常数必须在特殊功能寄存器的地址范围之内(80H ~ FFH)。

③ 用 sfr16 定义 16 位特殊功能寄存器时,等号后面是它的低位地址,高位地址一定要位于物理低位地址之上。注意:sfr16 不能用于定时器 T0 和 T1 的定义。

3) 特殊位变量 sbit

能位寻址的对象位于内部 RAM 的 20 ~ 2FH 区域和 SFR 中能被 8 整除的功能寄存器中。对它们的操作可以采取字节寻址,也可以位寻址。特殊位变量的类型符为 sbit,有 3 种定义方法:

① sbit 位变量名 = 位地址,例如:

```
sbit  P1_1 = Ox91;
```

② sbit   位变量名 = 变量名位置,例如:

```
sfr P3 = 0xB0;      //先定义一个特殊功能寄存器名
sbit P3_1 = P3^1;  //再指定位变量名所在的位置。
```

再如:

```
unsigned char bdata age; //在位寻址区定义 ucsigned char 类型的变量 age
sbit flag = age^7 ;//sbit 定义位变量来可寻址位对象的其中一位
```

③ sbit 位变量名 = 字节地址^ 位位置,例如:

```
sbit  P3_1 = 0xB0 ^1;
```

4. C51 绝对地变量的访问

在单片机应用系统中,片内 SFR、I/O 口以及扩展的 I/O 口都位于某个存储空间的特定地址,对这些地址的访问必须采用绝对地址访问形式。C51 对绝对地址单元的访问可以用如下 3 种方式实现。

1) 绝对宏

C51 提供的宏定义文件 absacc. h 定义绝对地址变量,定义格式如下:

```
#include <absacc.h>
#define  变量名 XBYTE[绝对地址];  //在外部存储区定义绝对地址字节变量
#define  变量名 XWORD[绝对地址];//在外部存储区定义绝对地址字变量
```

#define　变量名 CBYTE[绝对地址]；//在程序存储区定义绝对地址字节变量

#define　变量名 CWORD [绝对地址]；//在程序存储区定义绝对地址字变量

#define　变量名 PBYTE[绝对地址]；//在外部存储区某页定义绝对地址字节变量

#define　变量名 PWORD [绝对地址]；//在外部存储区某页定义绝对地址字变量

#define　变量名 DBYTE[绝对地址]；//在内部存储区定义绝对地址字节变量

#define　变量名 DWORD [绝对地址]；//在内部存储区定义绝对地址字变量

　　例如：#include ＜absacc.h＞

　　　　　unsigned char　a;

　　　　　#define　COM8155　XBYTE[0x200];//定义8155命令口绝对地址

　　　　　#define　PA8155　　XBYTE[0x201];//定义8155A口绝对地址

　　　　　#define　PA8155　　XBYTE[0x202];//定义8155B口绝对地址

　　　　　#define　PA8155　　XBYTE[0x203];//定义8155C口绝对地址

　　　　　COM8155 = 0x06;　//命令字写8155

　　　　　a = PA8155;　　　　//A口数据读出

　　　　　PB8155 = a;　　　　//向B口写入数据

2)_at_关键字

采用_at_关键字访问绝对地址的格式如下：

　　[变量类型] [存储类型] 变量名_at_地址常数；例如：

int idata　x_at_0x40;//在内部RAM定义变量x,它的首地址是40H

　　注意：如果采用该方法定义一个外围设备变量(地址确定，但其值会随硬件或外界输入而变化)，必须使用关键字 voilate 对它说明，以避免编译器对它进行错误的优化。voilate 的意思是"易变"，也就是说，即便程序没有对该数进行操作，它的值也可能因为其他原因而改变。

　　例如，采用_at_定义8155命令口地址方式如下：

unsigned char　a;

unsigned　char xdata　COM8155_at_0x200;//定义8155命令口绝对地址

voilate unsigned char xdata PA8155_at_0x201;

COM8155 = 0x06;　//命令字写8155

a = PA8155;　　　　//A口数据读出

3) 绝对指针

C51 使用手册上称地址常量为"抽象指针"或绝对指针。采用绝对指针访问绝对地址的方法是首先定义一个指针变量，然后把绝对地址强制转换为指针。例如：

　　unsigned char xdata ＊ COM8155;//定义一个指针变量

　　COM8155 = (unsigned char xdata ＊)0x200;//COM8155指向外部RAM的200H处

　　＊ COM8155 = 0x06;//给COM8155端口赋值。

9.5　运算符与表达式

　　C51 的运算符有以下几类：算术运算符、逻辑运算符、位操作运算符、赋值运算符，条件运算符、逗号运算符等。由运算符根据 C51 规则将不同对象连接起来就构成了 C51 的表达式，在表达式后加上分号就构成了 C51 语句。

9.5.1 赋值运算

利用赋值运算符将一个变量与一个表达式连接起来的式子为赋值表达式,在表达式后面加";"便构成了赋值语句。使用"="的赋值语句格式如下:

变量 = 表达式;例如:

```
int a,b,c,d,e,f;
a = 0x10;    //将常数十六进制数 10 赋于变量 a
b = c = 2;   //同时将 2 赋值给变量 b,c
d = e;       //将变量 e 的值赋于变量 d
f = d - e;   //将变量 d - e 的值赋于变量 f
```

赋值语句的意义就是先计算出"="右边的表达式的值,然后将得到的值赋给左边的变量,而且右边的表达式也可以是一个赋值表达式。

9.5.2 算术运算

1. 算术运算符及算术表达式

C51 中的算术运算符有如下几个,其中只有取正值和取负值运算符是单目运算符,其他则都是双目运算符:

+ （加法运算符,或正值符号）

– （减法运算符,或负值符号）

* （乘法运算符）

/ （除法运算符）

% （模（求余）运算符。例如 5%3 结果是 5 除以 3 所得的余数 2）

用算术运算符和括号将运算对象连接起来的式子称为算术表达式。运算对象包括常量、变量、函数、数组、结构体等。算术表达式的形式如下:

表达式1　算术运算符　表达式2

例如:

```
a + b,(x + 4)/(y - b),y - sin(x)/2
```

2. 算术运算的优先级与结合性

算术运算符的优先级规定为先乘、除、模,后加、减,括号最优先。乘、除、模运算符的优先级相同,并高于加减运算符。括号中的内容优先级最高。

例如:

```
a + b * c;//先运算 b * c,所得的结果再与 a 相加
(a + b) * (c - d) - 6;//先运算(a + b)和(c - d),然后将二者的结果相乘,最后减 6
```

算术运算的结合性规定为自左至右方向,称为"左结合性"。即当一个运算对象两边的算术运算符优先级相同时,运算对象先与左面的运算符结合。

例如:

```
a + b - c;//b" + "、" - "运算符优先级相同,按左结合性优先执行 a + b 再减 c
```

当运算符的两侧的数据类型不同时必须通过数据类型转换将数据转换成同种类型。转换的方式有两种:自动类型转换和强制类型转换。需要使用强制类型转换运算符,其格式为:

　　　　　(类型名)(表达式);

例如:

```
(double)xx     // 将 xx 强制转换成 double 类型。
(int)(a+b)      // 将 a+b 的值强制转换成 int 类型。
```

使用强制转换类型运算符后,运算结果被强制转换成规定的类型。

9.5.3　关系运算

1. 关系运算符

比较两个量的大小关系称为关系运算符,关系运算符有如下 6 种:

<	(小于)
>	(大于)
<=	(小于或等于)
>=	(大于或等于)
==	(等于)
!=	(不等于)

关系运算符同样有着优先级别。前 4 个具有相同的优先级,后两个也具有相同的优先级,但是前 4 个的优先级要高于后两个。关系运算符都是双目运算符且都是左结合。

2. 关系表达式

关系表达式就是用关系运算符连接起来两个表达式。关系表达式通常是用来判别某个条件是否满足。要注意的是关系运算符的运算结果只有 0 和 1 两种,也就是逻辑的真与假。当指定的条件满足时结果为 1,不满足时结果为 0。关系表达式结构如下:

表达式 1　关系运算符　表达式 2

例如:

```
a>b;           //若 a 大于 b,则表达式值为 1(真)
b+c<a;         //若 a=3,b=4,c=5,则表达式值为 0(假)
(a>b)==c;      //若 a=3,b=2,c=1,则表达式值为 1(真)
c==5>a>b;      //若 a=3,b=2,c=1,则表达式值为 0(假)
```

9.5.4　逻辑运算

C51 提供 3 种逻辑运算:

　　　逻辑与　　&&

　　　逻辑或　　‖

　　　逻辑非　　!

逻辑表达式:用逻辑运算符将关系表达式或逻辑量连接起来的式子称为逻辑表达式。逻辑表达式的一般形式为

逻辑与:条件式 1&& 条件式 2

逻辑或:条件式 1‖条件式 2

逻辑非:! 条件式

逻辑表达式的结合性为自左向右。逻辑表达式的值应该是一个逻辑值"真"或"假",

以 0 代表假,以 1 代表真。逻辑表达式的运算结果不是 0 就是 1,不可能是其他值。

C51 逻辑运算符与算术运算符、关系运算符、赋值运算符之间优先级从高到低次序如下:!(非)— > 算术运算— > 关系运算— > && 和 ‖ — > 赋值运算。

9.5.5 位运算

C51 中共有 6 种位运算符:

&	按位与
∣	按位或
^	按位异或
~	按位取反
<<	位左移
>>	位右移

位运算符的作用是按位对变量进行运算,但是并不改变参与运算的变量的值。如果要求按位改变变量的值,则要利用相应的赋值运算。应当注意的是位运算符不能对浮点型数据进行操作。位运算一般的表达形式如下:

变量 1　位运算符　变量 2

位运算符也有优先级。从高到低依次是:"∣"(按位或)→"^"(按位异或)→"&"(按位与)→"≫"(右移)→"≪"(左移)→"~"(按位取反)。

位左移运算符"≪"和位右移运算符"≫"用来将一个数的各二进制位全部左移或右移若干位,移位后空白位补 0,而溢出的位舍弃。移位运算并不能改变原变量本身。

9.5.6 自增减运算及复合运算

1. 自增减运算

C51 提供自增运算"++"和自减运算"--",使变量值自动加 1 或减 1。自增运算和自减运算只能用于变量而不能用于常量表达式。应当注意的是:"++"和"--"的结合方向是"自右向左"。

例如:

```
++i;    //在使用 i 之前,先使 i 值加 1
--i;    //在使用 i 之前,先使 i 值减 1
i++;    //在使用 i 之后,再使 i 值加 1
i--;    //在使用 i 之后,再使 i 值减 1
```

2. 复合赋值运算

复合赋值运算符就是在赋值运算符"="的前面加上其他运算符。以下是 C51 语言中的复合赋值运算符:

+=	加法赋值	>>=	右移位赋值
-=	减法赋值	&=	逻辑与赋值
*=	乘法赋值	∣=	逻辑或赋值
/=	除法赋值	^=	逻辑异或赋值
%=	取模赋值	~=	逻辑非赋值

　　　　　　　<<=　　　　　　　　左移位赋值

复合运算的一般形式为

变量　复合赋值运算符　表达式

例如：

　　　a +=3 等价于 a = a +3

　　　b／= a +5 等价于 b = b／(a +5)

9.5.7　逗号表达式

可以用它将两个或多个表达式连接起来,形成逗号表达式。逗号表达式的一般形式为

　　　　表达式 1,表达式 2,表达式 3,…,表达式 n

这样用逗号运算符组成的表达式在程序运行时,是从左到右计算出各个表达式的值,而整个用逗号运算符组成的表达式的值等于最右边表达式的值,也即"表达式 n"的值。在实际的应用中,大部分情况下使用逗号表达式的目的只是为了分别得到各个表达式的值,而并不一定要得到和使用整个逗号表达式的值。

并不是在程序的任何位置出现的逗号,都可以认为是逗号运算符。如函数中的参数,参数之间的逗号只是用来间隔之用而不是逗号运算符。

9.6　C51 程序结构

C51 程序结构有顺序结构、分支结构和循环结构 3 种。顺序结构是最基本的程序结构,下面主要介绍分支结构和循环结构。

9.6.1　分支结构

1. if 语句

if 语句的 3 种形式：

(1) if(表达式)　语句　　　　　　//表达式真,则执行语句

(2) if(表达式)　语句 1　　　　　//表达式真,则执行语句 1

　　 else　语句 2　　　　　　　 //否则,执行语句 2

(3) if(表达式 1) 语句 1　　　　 //表达式 1 真,则执行语句 1

　　 else if(表达式 2)　语句 2　 //否则表达式 2 真,则执行语句 2

　　　　　　 ⋮

　　 else if(表达式 m)　语句 m　//否则表达式 m 真,则执行语句 m

　　 else　语句 n　　　　　　　 //否则执行语句 n

注意：

(1) if 语句中 if 后面都有表达式,一般为关系表达式或逻辑表达式,也可以是任意的值类型,但表达式的结果是逻辑值"真"和"假"。

(2) if、else 后的语句要以分号结束。不可将 if、else 看成两个语句,if 可单独使用,但 else 不能单独使用,只能和 if 配对使用。

(3) if、else 后可只含一个操作语句,也可含多个操作语句,但必须用"{ }"括起来。

2. 条件表达式

条件表达式的一般形式：

　　逻辑表达式? 表达式 1: 表达式 2

当逻辑表达式的值为真时(非 0 值)时,整个表达式的值为表达式 1 的值;当逻辑表达式的值为假(值为 0)时,整个表达式的值为表达式 2 的值。

例如：

```
max =(x>y)? x:y;
```

该语句相当于：

```
if(x>y)
    max=x;
else
    max=y;
```

3. switch 语句

Switch 基本格式如下：

```
switch(表达式)
{
    case  常量1: 语句序列1;
    case  常量2: 语句序列2;
     ⋮
    case  常量n: 语句序列n;
    [default: 语句序列 n +1];
}
```

其语义是：计算表达式的值。并逐个与其后的常量表达式值相比较,当表达式的值与某个常量表达式的值相等时, 即执行其后的语句,然后不再进行判断,继续执行后面所有 case 后的语句。如表达式的值与所有 case 后的常量表达式均不相同时,则执行 default 后的语句。如果要跳出某个 case 分支,则可在 case 分支语句后加上 break 语句。

9.6.2　循环结构

程序设计中,常常要求某一段程序重复执行多次,这时可采用循环结构程序。

与循环有关的语句有如下几种：

1. while(表达式) 语句

该语句含义为当表达式为真时执行语句,否则退出循环。

2. do 语句 while(表达式)

该语句含义为一直运行语句直到表达式为假。

3. for(表达式 1;表达式 2;表达式 3) 语句

表达式 1 为循环变量赋初值,表达式 2 为循环条件,表达式 3 对循环变量进行改变。当表达式 2 为真时运行语句,直到它为假才退出。

4. goto 标号名

程序无条件跳到标号指向的地方。

5. break

通常情况下,在需要从循环中跳出时,break 通常都与条件语句合用,作为循环语句的

出口,即在循环过程中,如果 if 语句的条件成立时就跳出当前循环,执行循环后面的语句。形式如下:

```
while(…)
{
    ⋮
    if (…)
        break;
    ⋮
}
```

注意:如果在嵌套的多重循环中,break 语句只能跳出其所在循环层,不能跳出外层循环。

6. continue

continue 语句用于改变一次循环的流程,作用是提前结束本次循环体的执行,从而开始下一次的循环。continue 语句在使用时与 break 语句相似,通常与 if 语句结合使用,在满足某项条件时,结束本次循环的执行,进入下一次循环。

9.7 数组、结构体、联合体

9.7.1 数组

数组是一种构造类型的数据,通常用来处理具有相同属性的一批数据。C51 除支持一维数组结构类型,也支持多维数组结构。

1. 一维数组

1)一维数组的定义

一维数组定义的基本形式如下:

数据类型 [存储器类型] 变量名[下标];

定义中方括号是可选项,没有时 C51 根据编译模式分别默认为 data 型(small 模式)、pdata 型(compact 模式)、xdata 型(large 模式);下标指定数组元素个数,不能为变量。

例如,在外部存储区定义一个数组保存 8 位 A/D 芯片采样的 16 个数据:

unsigned char xdata AdSample[16];

2)一维数组的引用

数组必须先定义,后使用。C51 语言规定只能逐个引用数组元素而不能一次引用整个数组。数组元素的表示形式为

数组名[下标];

下标可以是整型常量、变量或整型表达式。

例如:

a[0] = a[5] + a[7] - a[2 * 3];

3)一维数组的初始化

对数组元素的初始化可以用以下方法实现:

(1) 在定义数组时对数组元素赋以初值。

例如：

```
int a[10]={0,1,2,3,4,5,6,7,8,9};
```

（2）可以只给一部分元素赋值。

例如：

```
int a[10]={0,1,2,3,4};
```

定义 a 数组有 10 个元素，但花括弧内只提供 5 个初值，这表示只给前面 5 个元素赋初值，后 5 个元素值为 0。

（3）如果想使一个数组中全部元素值为 0，可以写成

```
int a[10]={0,0,0,0,0,0,0,0,0,0};
```

不能写成

```
int a[10]={0*10};
```

（4）在对全部数组元素赋初值时，可以不指定数组长度。

例如：

```
int a[5]={1,2,3,4,5};
```

可以写成

```
int a[]={1,2,3,4,5};
```

2. 二维数组

1）二维数组的定义

二维数组定义的一般形式为

```
类型说明符 [存储器类型] 数组名[常量表达式][常量表达式];
```

例如：

```
float xdata    a[3][4],b[5][10];
```

2）二维数组元素的引用

引用二维数组元素的形式为：

```
数组名[行下标表达式][列下标表达式];
```

例如：

```
a[1][2]=a[2][0];
```

注意：

（1）"行下标表达式"和"列下标表达式"，都应是整型表达式或符号常量。

（2）"行下标表达式"和"列下标表达式"的值，都应在已定义数组大小的范围内。假设有数组 x[3][4]，则可用的行下标范围为 0~2，列下标范围为 0~3。

（3）对基本数据类型的变量所能进行的操作，也都适合于相同数据类型的二维数组元素。

3）二维数组的初始化

在定义数组时可以对数组元素赋以初值，方法如下：

（1）按行赋初值，格式如下：

```
数据类型   数组名[行常量表达式][列常量表达式]=
{{第 0 行初值表},{第 1 行初值表},…,{最后 1 行初值表}};
```

赋值规则：将"第 0 行初值表"中的数据，依次赋给第 0 行中各元素；将"第 1 行初值表"中的数据，依次赋给第 1 行各元素；依此类推。

例如：

```
int a[3][4] = {{0,1,2,3},{1,2,3,4},{2,3,4,5}};
```

（2）按二维数组在内存中的排列顺序给各元素赋初值，格式如下：

　　数据类型　数组名[行常量表达式][列常量表达式] = {初值表};

赋值规则：按二维数组在内存中的排列顺序，将初值表中的数据，依次赋给各元素。如果对全部元素都赋初值，则"行数"可以省略。

例如：

```
int a[3][4] = {0,1,2,3,1,2,3,4,2,3,4,5};
```

3. 字符数组

用来存放字符量的数组称为字符数组。字符数组类型说明的形式与前面介绍的数值数组相同。

例如：

```
char c[4];
char c[5][10]; // 二维字符数组。
```

字符数组也允许在类型说明时作初始化赋值。

例如：

```
char c[] = {'M','A','T','H'}; // 对全体元素赋初值可省长度说明
```

C51 语言允许用字符串的方式对数组作初始化赋值。

例如：

```
char c[] = {'c',' ','p','r','o','g','r','a','m'};
```

也可写为：

```
char c[] = {"C program"};
```

或去掉{}写为：

```
char c[] = "C program";
```

用字符串方式赋值比用字符逐个赋值多占一个字节，用于存放字符串结束符 '\0'。

4. 多维数组

多维数组的一般说明格式是：

　　数据类型　数组名[第 n 维长度][第 $n-1$ 维长度]… [第 1 维长度];

例如：

```
char c[2][2][3];    /* 定义一个字符型的三维数组 */
```

数组 $c[2][2][3]$ 共有 $2 \times 2 \times 3 = 12$ 个元素，顺序为

```
c[0][0][0],c[0][0][1],c[0][0][2],
c[0][1][0],c[0][1][1],c[0][1][2],
c[1][0][0],c[1][0][1],c[1][0][2],
c[1][1][0],c[1][1][1],c[1][1][2]
```

数组占用的内存空间（即字节数）的计算式为

字节数 = 第 1 维长度 × 第 2 维长度 × … × 第 n 维长度 × 该数组数据类型占用的字节数

9.7.2　结构体

结构体是由基本数据类型构成的、并用一个标识符来命名的各种变量的组合。结构

体中可以使用不同的数据类型。

1. 结构体变量的定义

在 C51 中,定义一个结构体的一般形式为

```
struct  结构体名  {成员表列;};
```

成员表由若干个成员组成,每个成员都是该结构的一个组成部分。对每个成员也必须作类型说明,其形式为

```
类型说明符 成员名;
```

成员名的命名应符合标识符的书写规定。

例如:

```
struct stu{
        int num;          //整型变量;
        char name[20];  //字符数组
        float score;      //实型变量
        };                //该分号是不可少的。
```

结构体定义之后,即可进行变量定义。定义结构体变量的一般格式为

```
struct 结构体名 [存储类型] 变量名;
```

例如 :

```
struct stu  xdata student1,student2;
```

结构体定义还可以用类型定义符来定义,格式如下:

```
typedef  struct {成员表列;}结构体名;
```

这时,结构体变量的定义为

```
结构体名 变量名;
```

例如:

```
typedef  struct
{
    int num;          //整型变量;
    char name[20];    //字符数组
    float score;      //实型变量
} stu;
stu  student1;        //定义 stu 型变量 student1
```

2. 结构体变量的引用

构成结构体的每一个类型变量称为结构成员,它像数组的元素一样,但数组中元素是以下标来访问的,而结构体是按变量名字来引用成员的。其格式如下:

```
结构体变量名. 成员名
```

例如:

```
student1. score =99.5;
student1. num =10;
```

3. 结构体变量的初始化

结构体变量可以在定义的时候初始化,初始化的一般形式如下:

```
struct 结构体名  结构体变量名 ={初始化值};
```

例如:

```
struct  stu  student1 = {21,"LiMing",78.5};
```

注意：初始化变量个数与成员个数相同且类型一样；初始化数据之间用逗号隔开。

4. 结构体数组

结构体数组就是具有相同结构类型的变量集合，其定义格式如下：

```
struct 结构体名 数组名[数组长度];
```

例如：

```
struct stu Stu421[30];
```

对结构体数组的引用方式如下：

数组名[下标].成员名

例如：

```
Stu421[1].score = 99.5;
```

对数组的初始化，要求对数组元素的每一个成员都要初始化。

5. 位结构

位结构是一种特殊的结构，在需按位访问一个字节或字的多个位时，位结构比按位运算符更加方便。位结构定义的一般形式为

```
struct 位结构名
{
        数据类型 变量名:整型常数;
        数据类型 变量名:整型常数;
}位结构变量;
```

其中：数据类型必须是 int（unsigned 或 signed）或 char（unsigned 或 signed）。整型常数表示二进制位的个数，即表示有多少位。它必须是非负的整数，当数据类型为 int 型时，它的范围是 0 ~ 15，当数据类型为 char 型时，它的范围是 0 ~ 7。变量名是选择项，可以不命名，这样规定是为了排列需要。

例如，下面定义了一个位结构。

```
struct ColStru
    {
        unsigned incon:      8;   /* incon 占用低字节的 0 ~ 7 共 8 位 */
        unsigned txcolor:    4;   /* txcolor 占用高字节的 0 ~ 3 位共 4 位 */
        unsigned bgcolor:    3;   /* bgcolor 占用高字节的 4 ~ 6 位共 3 位 */
        unsigned blink:      1;   /* blink 占用高字节的第 7 位 */
    };
```

该位变量在内存的位序如下：

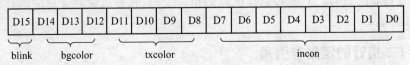

位结构成员的访问与结构成员的访问相同。例如：

```
struct ColStru  bdata ch;
ch.incon = 0x45;
ch.bgcolor = 3;
```

```
ch.txcolor = 9;
ch.blink = 1;
```

给位结构成员时赋值时,不能超过位成员的数字范围。例如:

ch.bgcolor = 20;是错误的,因为 bgcolor 占 3 位,它的数字范围在 0 ~ 7 之间。

9.7.3 联合体

联合体也是一种新的数据类型,它是一种特殊形式的变量。其定义的一般形式如下:

```
union 联合名 { 成员列表 };
```

联合表示几个变量共用一个内存位置,在不同的时间保存不同的数据类型和不同长度的变量。

例如,定义联合体

```
union a_bc
{
    int i;
    char mm;
}
```

当一个联合被说明时,编译程序自动地产生一个变量,其长度为联合中最大的变量长度。联合体变量的定义和成员访问的方法与结构相同。同样,联合变量也可以定义成数组。例如,定义联合体 a_bc 数组 xy[10]及其对数组成员的访问方法如下:

```
union  a_bc  xy[10];
xy[3].mm = 'A';
```

注意:

(1)结构和联合都是由多个不同的数据类型成员组成,但在任何同一时刻,联合体中只存放了一个被选中的成员,而结构体的所有成员都存在。

(2)对于联合体的不同成员赋值,将会对其他成员重写,原来成员的值就不存在了,而对于结构体的不同成员赋值互不影响。

9.8 指 针

在 C51 中,任何一个变量都要在存储器中占用一定的连续地址单元。设变量 a 占用的连续单元首地址为 &a(& 为 C51 的地址符),对变量 a 的访问可以通过直接访问 &a 来实现;也可以先把 &a 存放在另一变量 ip 中,然后利用 ip 找到变量 a 对应的首地址 &a,从而实现对变量 a 的访问。上述的变量 ip 就是指针变量,它存放变量 a 对应的首地址 &a,即 ip 指向变量 a。

9.8.1 指针的定义与引用

在 C51 中指针变量的一般定义为

类型标识符 [存储器类型] * 标识符;

其中标识符是指针变量的名字,标识符前加了"*"号, 表示该变量是指针变量。"类型标识符"表示该指针变量所指向的变量的类型,一个指针变量只能指向同一种类型的变量。存储器类型是可选项,它是 C51 编译器的一种扩展,如果带有此项,指针被定义为基于存储器的指针;若无此项时,被定义为一般指针。这两种指针的区别在于它们的存储字节不同。一般指针在内存中占用 3 个字节,第 1 个字节存放该指针存储器类型的编码(由编译时编译模式的默认值确定),第 2 和第 3 个字节分别存放该指针的高位和低位地址偏移量。如果指针变量被定义为基于某种存储模式的指针,则该指针称为具体指针,其长度可以是 1 个字节(存储器模式为 data、idata、pdata)或两个字节(存储模式为 code、xdata)。从节省存储空间及提高程序效率的角度考虑,应该使用具体指针。指针变量在定义中允许带初始化项。例如:

```
int data  i,x;
int data  *ip = &i;   //定义的具体指针
int * ip = &i;        //定义的一般指针
```

此时指针变量 ip 指向整型变量 i,以后便可以通过指针变量 ip 间接访问变量 i。例如:

```
x = * ip;
```

运算符 * 访问以 ip 为地址的存储区域。因此, * ip 访问的是地址为 i 所占用的存储区域,所以上面的赋值表达式等价于:

```
x = i;
```

另外,指针变量和一般变量一样,存放在它们之中的值是可以改变的,也就是说可以改变它们的指向。

例如:

```
int i,  j,  * p1,*p2;
p1 = &i;  //p1 指向 i
p2 = &j;  //p2 指向 j
p2 = p1;  //此时 P2 也指向 i
```

既然在指针变量中只能存放地址,因此,在使用中不要将一个整数赋给一指针变量。下面的赋值是不合法的:

```
int * ip;ip = 100;
```

9.8.2　指针和数组

指针和数组有着密切的关系,任何能由数组下标完成的操作也都可用指针来实现,但程序中使用指针可使代码更紧凑、更灵活。

1. 指针与一维数组

定义一个整型数组和一个指向整型的指针变量:

```
int a[10],*p;
```

和前面介绍过的方法相同,可以使整型指针 p 指向数组中任何一个元素,假定给出赋值运算:

```
p = &a[0];
```

此时,p 指向数组中的第 0 号元素,即 a[0]。指针变量 p 中存储了数组元素 a[0] 的地址,由于数组元素在内存中是连续存放的,因此就可以通过指针变量 p 及其有关运算间接访问数组中的任何一个元素。C51 中,数组名是数组的第 0 号元素的地址,因此下面两个语句是等价的:

```
p = &a[0];
p = a;
```

根据地址运算规则,a+1 为 a[1] 的地址,a+i 就为 a[i] 的地址。下面用指针给出数组元素的地址和内容的几种表示形式。

(1) p+i 和 a+i 均表示 a[i] 的地址,或者说它们均指向数组第 i 号元素,即指向 a[i]。

(2) *(p+i) 和 *(a+i) 都表示 p+i 和 a+i 所指对象的内容,即为 a[i]。

(3) 指向数组元素的指针,也可以表示成数组的形式。也就是说, 它允许指针变量带下标,如 p[i] 与 *(p+i) 等价。

2. 指针与二维数组

为了说明问题,定义以下二维数组:

```
int a[3][4] = {{0,1,2,3},{4,5,6,7},{8,9,10,11}};
```

a 为二维数组名,此数组有 3 行 4 列,共 12 个元素。但也可这样来理解,数组 a 由 3 个元素组成:a[0],a[1],a[2],每个元素又是一个一维数组,且都含有 4 个元素(相当于 4 列),例如,a[0] 所代表的一维数组所包含的 4 个元素为 a[0][0],a[0][1],a[0][2],a[0][3]。

但从二维数组的角度来看,a 代表二维数组的首地址,当然也可看成是二维数组第 0 行的首地址。a+1 就代表第 1 行的首地址,a+2 就代表第 2 行的首地址。如果此二维数组的首地址为 1000,由于第 0 行有 4 个整型元素,所以 a+1 为 1008,a+2 也就为 1016。

既然把 a[0],a[1],a[2] 看成是一维数组名,可以认为它们分别代表它们所对应的数组的首地址。a[0] 代表第 0 行中第 0 列元素的地址,即 &a[0][0]。a[1] 是第 1 行中第 0 列元素的地址,即 &a[1][0]。根据地址运算规则,a[0]+1 即代表第 0 行第 1 列元素的地址,即 &a[0][1],一般而言,a[i]+j 即代表第 i 行第 j 列元素的地址,即 &a[i][j]。

另外,在二维数组中,还可用指针的形式来表示各元素的地址。如前所述,a[0] 与 *(a+0) 等价,a[1] 与 *(a+1) 等价。因此 a[i]+j 就与 *(a+i)+j 等价,它表示数组元素 a[i][j] 的地址。

因此,二维数组元素 a[i][j] 可表示成 *(a[i]+j) 或 (*(a+i)+j),它们都与 a[i][j] 等价,或者还可写成 (*(a+i))[j]。

3. 指向一个由 n 个元素所组成的数组指针

在 C51 中,可定义如下的指针变量:

```
int (*p)[3];
```

指针 p 为指向一个由 3 个元素所组成的整型数组指针。在定义中,圆括号是不能少的,否则它是指针数组。

这种数组的指针不同于前面介绍的整型指针,当整型指针指向一个整型数组的元素时,进行指针(地址)加 1 运算,表示指向数组的下一个元素,此时地址值增加了 2,而如上所定义的指向一个由 3 个元素组成的数组指针,进行地址加 1 运算时,其地址值增加了 $2 \times 3 = 6$,这种数组指针在 C51 中用得较少,但在处理二维数组时,还是很方便的。

例如:

```
int a[3][4],( *p)[4];
p = a;
```

开始时 p 指向二维数组第 0 行,当进行 p + 1 运算时,根据地址运算规则,此时放大因子为 4 × 2 = 8,所以此时正好指向二维数组的第 1 行。和二维数组元素地址计算的规则一样, *p + 1 指向 a[0][1], *(p + i) + j 则指向数组元素 a[i][j]。

4. 指针数组

指针数组的定义格式为

　　类型标识 *数组名[整型常量表达式];

例如:

```
int *a[10];
```

指针数组和一般数组一样,允许指针数组在定义时初始化。指针数组的每个元素是指针变量,只能存放地址。所以对指向字符串的指针数组在说明赋初值时,是把存放字符串的首地址赋给指针数组的对应元素。

9.8.3　指针和结构体、联合体

当定义一个结构体或联合体变量后,可以用指针变量指向它,通过指针实现对结构体或联合体变量各成员的操作。利用指针访问成员采用操作符 ->。

例如:

```
typedef  struct
{
    int num;             //整型变量
    char name[20];       //字符数组
    float score;         //实型变量
} stu;
stu  student1;           //定义 stu 型变量 student1
stu *P;
p -> num = 20;
p -> score = 99.5;
```

习题与思考

9.1 哪些变量类型是 C51 直接支持的?

9.2 简述 C51 的数据存储类型。

9.3 简述 C51 对 51 单片机特殊功能寄存器的定义方法。

9.3 C51 的 data、bdata、idata 有什么区别?

9.4 使用宏来访问绝对地址时,一般需包含哪个库文件?

9.5 按照给定的数据类型和存储类型,写出下列变量的说明形式。

(1) 在 data 区定义字符变量 val1。

(2) 在 idata 区定义整型变量 val2。

(3) 在 xdata 区定义一个指向 char 类型的指针 px。

（4）定义可位寻址变量 flag。

（5）定义特殊功能寄存器变量 P3。

9.6　请将外部 8255A 的 PA、PB、PC、控制口分别定义为绝对地址 7FFCH、7FFDH、7FFFEH、7FFFH 的绝对地址字节变量。

9.7　设无符号字符变量 KeyBuf 为输入键号（0～9、A～F），请编写一个 C51 复合语句把它转换为 ASCII。

9.8　在定义 unsigned char a＝5,b＝4,c＝8 后，写出下列表达式的值：

（1）（a＋b＞c）&&（b＝c）。

（2）（a‖b）&&（b－4）。

（3）（a＞b）&&（c）。

9.9　请按下列要求定义数组：

（1）外部 RAM 中 255 个元素的无符号字符数组 Temp。

（2）内部 RAM 中 16 个元素的无符号数组 Buff。

（3）Temp 数组初始化为全 0,Buff 数组初始化为全 0。

（4）内部 RAM 中定义一个指针变量 Ptr,使 Ptr 指向 Temp[0]。

9.10　设有 int a[ ] ＝ {10,11,12}, *p＝&a[0];则执行完 *p++; *p+=1;后 a[0],a[1],a[2] 的值依次是多少？

9.11　若有说明 int i,j,k;则表达式 i＝10,j＝20,k＝30,k * ＝i＋j 的值是多少？

第10章 函数及 C51 程序设计

函数是构成 C51 的基本模块。在 C51 程序中,每个函数被设计用来完成某项特定的任务或功能。这种机制有力地支持了模块化和自顶向下、逐步细化的编程思想。

C51 函数可分为两类,一类是用户自定义的函数,另一类是系统提供的库函数。前者由用户根据功能需要来进行设计的;后者由编译系统提供,并以目标代码集中保存在库文件中。像标准 C 一样,所有函数在调用之前必需进行说明。由于库函数众多,所以对库函数的说明要分类进行,为此,系统提供了一批头文件(.H),当用户程序用到其中某个库函数时,应在程序首部包含相应的头文件。

C51 程序由用户设计的主函数 main( )和若干直接或间接调用的自定义函数或库函数构成。其中主函数是必需的,也是唯一的。由于单片机的应用特点,主函数一般会在必要的初始化后,进入一个无穷循环的过程。根据单片机硬件特点,C51 还提供了中断函数机制来实现相应的中断服务程序。此外,在 C51 主程序执行之前,用户还可以运行系统提供的启动文件 STARTUP. A51 以完成存储器的初始化工作。

10.1　函数的定义

C51 函数定义格式:

```
[return_type] function_name([args])[small | compact | large][reentrant] [using m]
{
    说明部分;
    语句1;
    ⋮
    语句n;
}
```

定义中,中括号内的内容是可选部分。各部分说明如下:

return_type:返回数据类型,默认情况为整型类型。如果函数没有返回值,最好设置为 void;

small | compact | large:指定该函数采用的编译模式;

reentrant:指定该函数为重入函数。当为重入函数时,该函数可被多个进程同时调用执行,并且函数自身也可以递归调用。如果缺省该说明,则函数为不可重入函数。

using m:指明该函数采用哪组工作寄存器组,m = 0 ~ 3;

args:形参列表,函数可以没有形参,可以有多个形参。当函数调用时,主调函数要把实参传递给形参。

函数体:花括号里的说明部分和语句称为函数体,函数的功能由函数体实现。有返回的函数必须有一个或多个 return 语句,但函数不能有多个出口。花括号里的说明部分和语句也可以没有,此时称为空函数。

例如:求两个整数中的大数:

```
#progrm  large
int  max(int x,int y)  small  using  1
{
    int z;
    z = x > y? x:y;
    return(z);
}
```

该函数返回整型值,默认情况下程序按 large 模式编译,而 max( )设置编译模式为 small 模式,且使用工作寄存器组 1,也即 R0~R7 使用内部 RAM 地址 08H~10H 单元。

10.2　函数的调用

函数调用的一般形式为

函数名(实参列表);

实参的个数、顺序、数据类型必须要和函数定义中的形参一一对应,参数之间用逗号隔开。若没用参数可省略,单括号不能省。函数调用有 3 种语句:

(1) 直接用函数调用语句(适用于无返回的函数)。例如:

Sys_init();

(2) 表达式形式调用。例如:

C = max(a,b) +3;

(3) 作为函数参数调用。例如:

d = max(c,max(a,b);

如果调用自定义的函数,应在主调函数的前面(如源文件开头)对被调函数作函数原型声明,否则 C51 默认函数的返回类型为整型。如果主调函数和被调函数不在同一文件中,应声明为外部引用。声明形式如下:

[extern] 类型说明 函数名(形参列表);

例如:

```
int max(int x,int y);           //在同一文件中声明
extern  int max(int x,int y);   //不在同一文件中声明为外部引用
C = max(a,b) +3;
```

10.3　变量的作用域与存储方式

1. 局部变量和全局变量

在一个函数(即使是主函数)内定义的变量在本函数内有效,在函数外无效;在复合语句内定义的变量在本复合语句内有效,在复合语句外无效。这类变量称为局部变量。

在函数外定义的变量,可为本文件中所有函数共用。它的有效范围从定义变量的位置开始到本源文件结束。这类变量称为全局变量。

2. 动态存储方式和静态存储方式

动态存储方式是指程序运行期间根据需要动态分配存储空间的方式。

函数中的局部变量在不专门声明为 static 存储类别时都是动态分配存储空间的,放在动态存储区。此类局部变量为自动变量,用关键字 auto 作存储类别声明

静态存储方式是指程序运行期间分配固定的存储空间的方式。若希望函数中的局部变量在函数调用后不消失,而保留原值,可用 static 将其指定成"静态局部变量"。

注意:

(1) 静态局部变量为静态存储类别,放在静态存储区,在程序的整个运行过程中都不释放。自动变量则属动态存储类别,放在动态存储区,函数调用后即释放。

(2) 静态局部变量在编译时,赋且只赋一次值;自动变量则在函数调用时赋初值,每调用一次赋一次值。

(3) 若不对静态局部变量赋初值,自动被赋以 0 或空字符;而动态局部变量则为不定值。

(4) 静态局部变量在函数调用后仍然存在,但是其他函数不能引用它。

3. 用 extern 声明外部变量

在多个文件的程序中声明外部变量,可以使多个文件共用一个外部变量。方法是在任意一个文件中定义此外部变量,在其他文件中用 extern 对此变量作"外部变量声明"。

10.4　中断函数

C51 中提供了一类用以处理中断的特殊函数,称为中断处理函数。它的格式如下:

```
void function_name( )[{small|compact|large}] interrupt n [using m]
```

定义中,中括号内的内容是可选部分,如不选则 C51 自动使用默认设置。

其中:

[{small | compact | large}]:编译模式,前面已介绍。

m:为使用的工作寄存器组,m = 0~3,默认情况 m = 0。

n 为中断号:当 n 为 0 时,表示外部中断 0;当 n 为 1 时,表示定时器 0 中断;当 n 为 2 时,表示外部中断 1;当 n 为 3 时,表示定时器 1 中断;当 n 为 4 时,表示串行中断。

例如下面是为 5 个中断源分别设置的空函数:

```
void Int0_Isr(void) interrupt 0     using 1
    {
        …          //外部中断 0 函数,使用第 1 组工作寄存器
    }
void Timer0_Isr(void) interrupt 1
    {
        …          //定时器 0 中断,默认使用第 0 组工作寄存器
    }
```

```
void Int1_Isr(void) interrupt 2    using 1
  {
      …            //外部中断 1 函数,使用第 1 组工作寄存器
  }
void Timer1_Isr(void) interrupt 3
  {
      …            //定时器 1 中断,默认使用第 0 组工作寄存器
  }
void SCI_Isr(void) interrupt 4   using 2
  {
      …            //串行通信中断函数,使用第 2 组工作寄存器
  }
```

10.5   C51 库函数和头文件

C51 的库函数由系统提供,并同时拥有多个版本,它们均位于 KEIL\C51\LIB 子目录下。由编译系统根据目标芯片的具体型号,所用编译模式和是否需要支持浮点运算来自动进行选择。每个库文件都包含了数量过百的库函数和宏定义,其中库函数以目标代码的形式存在并兼容于标准 C 的库函数。编译时,除比较特殊的 MCS–51 芯片需要特定的库来支持外,一般芯片将选用下列两组库文件中的一个。

(1) CX51S. LIB、CX51C. LIB、CX51L. LIB,它们分别对应程序中无浮点运算的 3 种模式(SMALL、COMPACT、LARGE)。

(2) CX51FPS. LIB、CX51FPC. LIB、CX51FPL. LIB,它们分别对应程序中浮点运算的 3 种模式(SMALL、COMPACT、LARGE)。

C51 对库函数的说明采用分类描述,即将库函数和相关的宏分成 7 类,并用 7 个头文件分类说明,下面是头文件和库函数的对应关系:

ctype. h:对字符操作进行说明。

math. h:对数学运算函数原型说明。

string. h:对字符串和内存操作函数原型说明。

stdio. h:对标准输入/输出函数进行说明并定义 EOF 常量。

stdlib. h:对动态内存分配及数字串与数值转换函数、随机函数等函数原型说明。

setjump. h:对长跳转函数原型进行说明。

intris. h:对内联函数说明。如_nop_( )、_cror_( )、_iror( )_、_iroL_( )等。

如果用户编程时使用了某个库函数,则必须用预处理命令#include 将相应的头文件包含到文件中。C51 的头文件均位于 KEIL\C51\INC 子目录下。在该目录中,除上面提到的对库函数原型说明的头文件外,还有下列几个头文件,介绍如下:

(1) reg51. h 和 reg52. h:分别对 MCS51 系列和 MCS52 系列单片机特殊功能寄存器和位地址进行定义。

(2) absacc. h:定义了一批可进行绝对地址访问的宏,如 XBYTE、DBYTE、CBYTE、PBYTE、XWORD、CWORD、PWORD、DWORD。

（3）stdarg.h：定义 va_start、va_arg、va_end3 个宏，这些宏一般用于可变长参数的函数中，如 printf( )函数该参数个数可变化。

（4）stddef.h：定义宏 offsetof，使用它可以得到 struct 类型中某个成员的偏移地址。

（5）assert.h：定义 assert 宏，允许用户在程序中设置测试条件以帮助程序测试。

10.6　C51 程序举例

【例 10.1】设有 8 盏广告灯与单片机的连线如图 10 - 1 所示,要求按顺序每隔一段时间点亮各灯,然后又按反方向依次点亮,即按 0 - 1 - 2 - 3 - 4 - 5 - 6 - 7 - 6 - 5 - 4 - 3 - 2 - 1 - 0 循环点亮各灯。

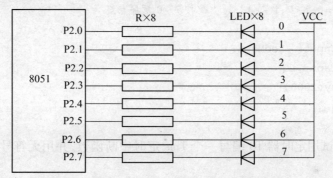

图 10 - 1　例 10.1 硬件图

解：要使一次只有一盏灯亮,只要这一盏灯对应的端口输出为 0,其余端口输出为 1 即可。设有一变量 LedMap = 1,则对该变量取反得 ~ LedMap = 0xfe。如果把该变量送到 P2 口,则第 0 盏灯亮;同理,当 LedMap = 2、4、8、…、128 时,取反后送 P2 则对应第 1、2、3、…、7 盏灯亮。反过来,当 LedMap = 128、64、32、…、1 时,取反后送 P2 则对应 7、6、5、…、0 盏灯亮。而要使 LedMap 等于上述变量,只要对它进行左移或右移即可。点亮的时间间隔可由延时函数实现。程序如下：

```
#include <reg52.h>//包含头文件
//---------------------------------------------延时函数-----------------------------------------
void   delay(int n)
{
    while(n--);
}
//-------------------------------------------------------------------------------------------
//要显示的数据送硬件 P2 口
void   LedInput(unsigned char InLed)
{
    P2 = InLed;
}
//-------------------------------------------------------------------------------------------
void  main(void)
```

```
    {
        unsigned char  i,LedMap;
        LedMap = 1;
        while(1)
        {
          for(i = 0;i < 7;i ++)        //按 0 ~ 7 顺序点灯
          {
            LedInput( ~LedMap);
            LedMap <<= 1;
            Delay(1000);
          }
          for(i = 0;i < 7;i ++)        //按 7 ~ 0 顺序点灯
          {
            LedInput( ~LedMap);
            LedMap >>= 1;
            Delay(1000);
          }
        }
    }
```

【例 10.2】试用定时器 T0 编写一个 1ms 定时中断函数,并用无符号整型变量 Ticks 记录中断次数。

解:启动 MCS – 51 的定时器包括设置工作方式,设置定时器初置,开启中断,TRx 置位等步骤。当定时器溢出并产生定时中断后,由变量 Ticks 记录时间中断次数(以后称为时间滴答),记录的最大个数为 65535 个,也即 65535ms 一个循环。

```
#include < reg52.h >                           //文件包含
#define C_SYSCLK    1200000                    //设晶振频率为12M
#define C_1MSCount   (C_SYSCLK * 1/1000)/12    //1ms 定时间隔
//-------------------------------------------------------------------------------
void IntInit()
{
    TMOD = 0X01;               //设置定时器 0 工作在模式 1
    TH0 = - C_1MSCount /256;   //设置定时器初值。/256 得高 8 位,% 256 得低 8 位
    TL0 = - C_1MSCount% 256;   //因为定时器为加一计数,当由负数加到 0 就会产生溢出
    IE = 0X82;                 //允许定时器中断和总中断
    TR0 = 1;                   //启动定时器
}
//-------------------------------------------------------------------------------
//定时器中断函数,注意中断函数的编程方法
void Timer0_ISR(void) interrupt 1 using  1      //该函数使用第一组工作寄存器
{
    TH0 = - C_1MSCount /256;
    TL0 = - C_1MSCount% 256;                    //重新给定时器赋初值
    Ticks ++;                                   //时间滴答加 1
```

```
}
//-------------------------------------------------------------------------------
void main()
{
    IntInit();
    while(1);                               // 主函数什么事情也没做
}
```

【例 10.3】 试分析下面函数的功能,设函数中使用的变量 Ticks 来源于例 10.2。

```
//-------------------------------------------------------------------------------
bit TimeOut(unsigned int *OldTicks,unsigned int TimeMs)
{
    unsigned int diff;
    diff = Ticks - *OldTicks;
    if (! TimeMs || diff >= TimeMs)
    {
        *OldTicks = Ticks;
        return 1;
    }
    return 0;
}
//-------------------------------------------------------------------------------
```

解:首先函数中时间滴答 Ticks 在中断的作用下,会不间断地向前计数。假设 X 时刻 diff≥TimeMs,此时,X 时刻的时间滴答 Ticks 送到 * OldTicks 保存(通过指针变量 * Old-Ticks 保存)。过一段时间(设 Y 时刻),再调用该函数,则函数计算 X 到 Y 时刻经历的时间(diff = Ticks - * OldTicks)。如果经历的时间 diff 大于设定时间 TimeMs,则返回 1,同时又开始新的计时,保存 Y 时刻的时间滴答(* OldTicks = Ticks)。因此,该函数完成了连续判断是否超时的功能,即从某时刻开始计时,一段时间后,如果经历的时间大于设定时间 TimeMs,则返回 1,并进入下一轮判断。如果没有超时,返回 0。

函数也提供了立即记录当前的时间滴答的功能。只要在调用该函数时,把 TimeMs 对应的实参设置为 0 即可。

【例 10.4】 利用定时中断实现例 10.1 功能,要求灯 1s 移动一次。

解:在例 10.2 中实现了定时器 T0 的定时中断功能,但主函数什么事情也没做,下面改写例 10.2 的主函数,实现例 10.1 功能。

```
    //---------------------------------------------------------------------------
void main(void)
{
    unsigned int  TicksBak;
    unsigned char  LedMap;
    IntInit();
    TimeOut(&TicksBak,0);// TicksBak 保存当前滴答,注意指针参数传递的是地址
    LedMap = 1;
```

```
while(1)
{
    if(TimeOut(&TicksBak,1000)   //1s 到了则移动灯,1000ms = 1s
    {
        LedInput( ~LedMap);          //要显示的数据送硬件接口函数
        if(Step <7)   LedMap <<=1;   //先左移,按 0 ~7 顺序显示
        else          LedMap >>=1;   //再右移,按 7 ~0 顺序显示
        Step ++;
        Step = Step% 14;             //模 14,总的移动 14 次一个循环
    }
}
```

【例 10.5】设有 8 盏广告灯与单片机的连线如图 10 - 2 所示,利用定时中断实现例 10.4 灯移动功能,要求灯 1s 移动一次。

解:这个例子与例 10.1 的要求完全一样,只是硬件结构变化了。因此程序只改变硬件接口函数即可。通过这个例子希望大家体会模块化、层次化编程的优点。利用模块化编程可极大限度利用已有程序资源,提高编程效率,方便程序调试。采用模块化编程时,各模块之间尽可能相互独立,模块函数之间通过形参传递参数,函数中尽量不用全局变量。

下面分析图 10 - 2 硬件结构。图中 74LS245 的 DIR 端为方向端、当 DIR 为高电平时数据由 A 端送到 B 端,当 DIR 为低电平时数据由 B 端送到 A 端。$\overline{E}$ 为使能端,当 $\overline{E}$ 为低电平时,使能 74LS245。图中采用并行扩展方式扩展单片机 I/O,由图可知,当(P2.7, P2.6,P2.5)为(0,1,1)时,Y3 = 0。因此 74LS245 对应的端口地址为(0X6000 ~ 0X7FFF)

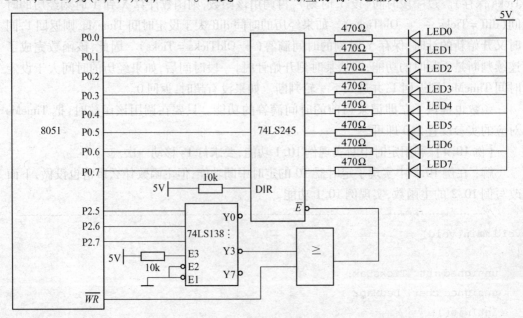

图 10 - 2   例 10.5 硬件图

中的任何一个。不妨取端口地址为 0x6000,改写的硬件接口程序如下:

```
//-------------------------------------------------------------------------------
#include <absacc.h>
#define  LS245Addr  XBYTE[0x6000];
  ⋮
void  LedInput(unsigned char InLed)
{
    LS245Addr = InLed;
}
//-------------------------------------------------------------------------------
```

【例 10.6】 设采样的 10 个整型 A/D 值由数组 Sample 存放在外部 RAM 中,现要求求出这 10 个数的最大值、最小值和去掉最大值和最小值后的平均值。

解: 前面提到,采用模块化编程时,要求尽量不使用全局变量传递参数。本例中,要求传递三个参数,而函数返回值只有一个,这时可以利用指针来传递这些返回值。对应程序如下:

```
//-------------------------------------------------------------------------------
#define    uint  unsigned int
#define    uchar unsigned char
uint       xdata   Sample[10];       //采样值
uint       MaxValue;                 //最大值
uint       MinValue;                 //最小值
void MaxMinAvg(uint xdata  *p,uint *Max,uint *Min,uint *Avg,uchar Len)
{
//函数在被调用时由 Max、Max、Avg 返回相应计算结果
    uchar  i;
    unsigned long  Sum;  //和采用 unsigned long 是为了防止计算结果溢出
    *Max = *Min = *p;
    Sum = *p;
    p ++;
    for(i = 0;i < Len -1;i ++)
    {
        Sum += *p;
        if( *Max < *p)
          *Max = *p;        //保存最大值
        if( *Min > *p)
          *Min = *p;        //保存最小值
        p ++;
    }
    Sum = Sum - *Min - *Max;
    Sum /= (Len -2);        //求平均
    *Avg = (uint)Sum;       //unsigned long 型强制转换 unsigned int 型
}
```

```
void main(void)
{
    ⋮
    MaxMinAvg(( uint xdata * )Sample,&MaxValue,&MinValue,&AvgValue,10);
    ⋮
}
```
//---

【例10.7】已知一周期方波型号与单片机的外部中断 0 引脚相连,试利用外部中断 0
和定时器 T1 测量方波周期 T,并以 $T/32$ 的时间作为定时器 T0 的定时间隔启动定时
器 T0。

解:信号周期的倒数就是它的频率,因此频率测量和周期测量实际上是一个概念。
频率测量最常见的有测周和测频两种方式。当信号周期比较大时,可以采用测周的方式,
方法是利用定时器计算一个周期的定时时间。当频率比较高时,宜采用测频方式,方法是
用定时器记录一定时间内外部脉冲个数,由此再计算单个脉冲的周期。

本例假设外部脉冲频率不高,故采用测周方式。具体过程如下:首先当 CPU 检测到
INT1引脚上出现下降沿时,执行外部中断 1 的中断服务程序。在该程序中,启动定时器
T1;当INT1再次出现下降沿并触发中断时就关闭定时器 T1。这时定时器 T1 的定时时间
即为信号周期 T。

在外部中断 1 中断服务程序中启动定时器 T1 的同时,以 T/32 的定时间隔启动 T0 中
断;在外部中断 1 关闭定时器 T1 的同时,也关闭 T0,这样在一个信号周期内,就会出现 32
次定时器 T0 中断。

//---

```
#include < reg51.h >
#defined     uint unsigned int
unsigned    int FreqValue;   //测量的放大了100倍的频率值。
void main(void)
{
    TMOD = 0x11;     //定时器 T1,T0 工作在 16 位计数模式
    TH1 = TL1 = 0;
    TH0 = TL0 = 0;
    TR1 = 0;         //关定时器 T1
    TR0 = 0;         //关定时器 T1
    IE = 0x83;       //允许外部中断和定时器 T0
    ⋮
}
void Ex0_ISR(void) interrupt 0   using 1
{
    static bit StartPluse = 0;   //静态变量,用来记录下降沿位置
    static bit IsFreqGet = 0;     //在还没测到周期时为 0 不启动 T0,否则启动 T0 中断
    if(StartPluse == 0)          //第一次,启动 T1
    {
```

```
        TR1 = 1;                        //初次出现下降沿启动定时器1,开始计时
        if(IsFreqGet == 1)              //如果前面已测到频率了,则可以启动定时器 T0 了
        TR0 = 1;
    }
    else                                //第二次关 T1
    {
        TR1 = 0;                        //第二次出现下降,一个完整的周期出现了,关定时器
        TR0 = 0;
        i = TH1 * 256 + TL1;            //计算 T1 的计数值
        j = C_SYSCLK /12;
        FreqValue = (uint)(j * 100 /i); //为减少计算精度,频率放大了 100 倍
        i /= 32;
        SampTimeH = - i /256;
        SampTimeL = - i % 256;          //计算定时器 T0 的初始值
        TH0 = SampTimeH;
        TL0 = SampTimeL;
        TH1 = TL1 = 0;
        IsFreqGet = 1;                  //已测到了周期
    }
    StartPluse = ~ StartPluse;
}
//-------------------------------------------------------------------------------------------
void Ex0_Timer0(void) interrupt 1  using
{
    TH0 = SampTimeH;                    //定时器 T0 重新赋值
    TL0 | = SampTimeL;                  //注意此处是为了动态补偿定时器的计数误差(见 6.15 节)
        ⋮
}
//-------------------------------------------------------------------------------------------
```

【例 10.8】图 10 - 3 是通过 74LS164 驱动的 LED 显示接口电路,试编写程序实现显示从 000 ~ 9999 重复显示,设显示间隔为 1s。

解:图中显示程序可由 3 部分完成。对 000 ~ 9999 的数字拆分成单个数字;对拆分的数字根据硬件电路找出对应的字形码;实现 74LS164 串转并的功能。程序如下:

(1) 数值拆分程序:

```
//-------------------------------------------------------------------------------------------
// InData 为拆分前的数值
// OutData,拆分后的数字存放位置,OutData[0]存千位,OutData[1]存百位,
// OutData[2]存十位, OutData[3]存个位,
void  DataSeparate(unsigned int InData ,unsigned char * OutData)
{
    if(InData > 9999)
        InData = 9999;                  //最大显示 4 位数
```

```
* OutData ++= InData /1000;  //千位
InData = InData% 1000;
* OutData ++= InData /100;   //百位
* InData = InData% 100;
* OutData ++= InData /10;    //十位
* OutData = InData% 10;      //个位
}
```

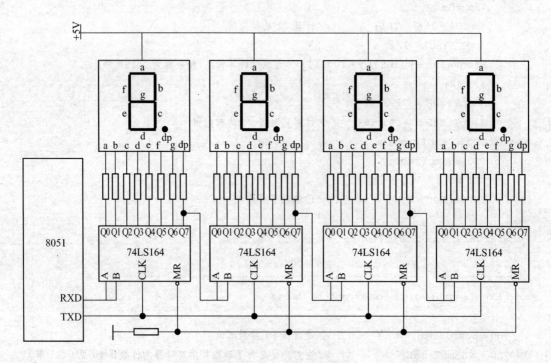

图 10 – 3 例 10.8 硬件图

（2）查找字形码找出要显示的数字对应的字形码：

```
//-------------------------------------------------------------------------------------------------
//DispBuf,要显示的 4 个数字存放位置
//ShapeBuf,对应数字字形码存放位置
//Dot,要显示小数点的位置,小数点位置从左到右依次为 0,1,2,最后一位不显示小
//数点,当 Dot 的值大于 2 时,输入小数点位置非法
void FindShape(uchar * DispBuf,uchar * ShapeBuf,uchar Dot)
{
    ShapeBuf[0] = ShapeCode[DisBuf[0]];//ShapeCode 根据硬件做出的字形码表
    ShapeBuf[1] = ShapeCode[DisBuf[1]];
    ShapeBuf[2] = ShapeCode[DisBuf[2]];
    ShapeBuf[3] = ShapeCode[DisBuf[3]];
    if(Dot <3)
        ShapeBuf[Dot]&= 0XFE;
}
```

（3）把数据通过 74LS164 送显示：

```
//-------------------------------------------------------------------------------------
void  SendDisp(unsigned char * ShapeBuf)
{
    Shift164(ShapeBuf[3]);    //送个位
    Shift164(ShapeBuf[2]);    //送十位
    Shift164(ShapeBuf[1]);    //送百位
    Shift164(ShapeBuf[0]);    //送千位
}
```

A：利用串行口方式编写 shift164（ ）函数。设已经设置好了串行工作于方式 0（SCON =0），相应程序如下：

```
void Shift164(unsigned char In)
{
    SBUF = In;
    while(TI = 0);               //没发完等待
        TI = 0;                  //发完,清发送标志
}
```

B：模拟 74LS164 时序编写 shift164（ ）函数相应的程序如下：

```
sbit Data164 = P3^0;
sbit Clk164 = P3^1;
void Shift164(unsigned char In)
{
    char    i;
    for(i = 0;i < 8;i++)          //循环移入寄存器74LS164
    {
        Clk164 = 0;
        if((In &0x01) ==0x01)    //按位与
            Data164 =1;
        else
            Data164 =0;
        Clk164 =1;               //上升沿脉冲
        In >>=1;                 //右移一位
    }
}
//-------------------------------------------------------------------------------------
```

（4）主程序如下：

```
#include <reg52.h>
//根据共阳接法得到的字形表
unsigned char code ShapeCode[10] =
        {0xf9,0xc0,0xa4,0xb0,0x99,0x92,0x82,0xf8,0x80};
void main(void)
{
```

```
unsigned int DispTime;
unsigned char DispBuf[4];
unsigned char ShapeBuf[4];
unsigned int Count = 0;
while(1)
{
    if(TimeOut(&DispTime,1000)
    {
        DataSeparate(Count,DispBuf);
        FindShape(DispBuf,ShapeBuf,-1);
        SendDisp(ShapeBuf );
        Count ++;
        Count% =9999;
    }
}
```

//---

【例10.9】 设某单片机系统硬件如图 10 - 4 所示,系统有 4 个按键和 4 个 LED 显示器,现要求按第 1 键,个位显示器按 0 ~ 9 的顺序加 1 并显示;按第 2 键,十位显示器按 0 ~ 9 的顺序加 1 并显示;按第 3 键,百位显示器按 0 ~ 9 的顺序加 1 并显示;按第 4 键,千位显示器按 0 ~ 9 的顺序加 1 并显示。

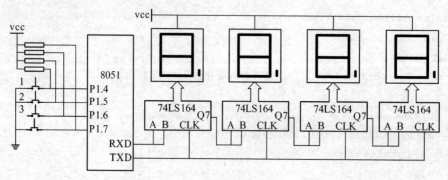

图 10 - 4 例 10.9 电路图

解:本题可由键盘扫描程序、各键功能实现程序、显示程序三部分组成。

(1) 键盘扫描程序:

键盘扫描程序可包含下列步骤:首先判断有无键按下,如果有键按下,进行去抖处理。方法是 10ms 后再读键值看是否变化,如无变化说明不是抖动。然后再分析键盘是否释放,如果释放了则进行相应的键盘处理。具体过程如图 10 - 5 所示。

该函数每隔 10ms(按键机械抖动时间大约 10ms)调用一次,当状态改变时,只改变状态值并退出函数;当状态不变自环时,不是进入死循环而是直接退出。这样大大提高了程序运行的效率。

程序首先定义一个位结构体类型 Key_GPIO,用来保存 4 个按键值。

```
typedef struct
{
```

```
    uchar   Key1:1;
    uchar   Key2:1;
    uchar   Key3:1;
    uchar   Key4:1;
    uchar   Reserve:4;
}Key_GPIO;
```

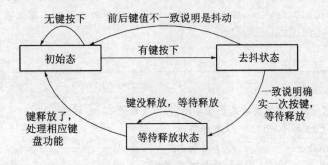

图 10 - 5　键盘扫面状态图

同时,也定义了一个联合体类型,在该类型中字符成员 InKey 和 KeyGPIO 共用一个存储单元,因此通过判断 InKey 是否为 0 就可以知道有无键按下。

```
typedef union
{
    uchar     InKey;
    Key_GPIO  KeyGPIO;
}Mix_In_Key;
```

程序中,如果某键按下但尚未处理,则键值的最高位置 1,键盘功能处理完后,其最高位清 0。因此,4 个要处理的按键对应键值如下:

```
#define    C_Key1    0x80
#define    C_Key2    0x81
#define    C_Key3    0x82
#define    C_Key4    0x83
```

程序中定义的全局变量变量如下:

```
//-----------------------------以下为键盘硬件有关的变量定义-----------------------------
    sbit    Key1    P1.4;
    sbit    Key2    P1.5;
    sbit    Key3    P1.6;
    sbit    Key4    P1.7;
    Mix_In_Key  MixInKey;   //保存按键状态
    uchar    KeyValue;      //按键键值
//-----------------------------以下是与显示有关的变量定义-----------------------------
    uchar    DataBuf[4];    //要显示数字存放位置
    uchar    DispBuf[4];    //字形码存放位置
//-----------------------------------------------------------------------------------
```

读键盘是由 GetKey( )函数实现的,键盘扫描程序由 KeyScan( )函数完成。

```
void GetKey()
//读键盘函数,它把读到的键盘对应的端口值保存在 MixInKey 变量中
void GetKey()
{
    MixInKey.KeyGPIO.Key1 = ~Key1;  //Key1 保存,注意键按下为 0,取反后变 1
    MixInKey.KeyGPIO.Key2 = ~Key2;  //Key2 保存,注意键按下为 0,取反后变 1
    MixInKey.KeyGPIO.Key3 = ~Key3;  //Key3 保存,注意键按下为 0,取反后变 1
    MixInKey.KeyGPIO.Key4 = ~Key4;  //Key3 保存,注意键按下为 0,取反后变 1
    MixInKey.KeyGPIO.Reserve = 0;
}

//-------------------------------------------------------------------------------
void KeyScan(void)
//键盘扫描程序,它是按照前述的状态图编写的,该函数每隔 10ms 调用一次
#define   C_FirstScan     0     //初始态
#define   C_KeyShake      1     //去抖状态
#define   C_WaitRelease   2     //等待释放状态
#define   C_Keys          4     //键盘个数
void KeyScan(void)
{
    static uchar state = C_FirstScan;
    static uchar OldKey;
    uchar i;
    GetKey();
    switch(state)  //初始态
    {
        case    C_FirstScan:
            if(MixInKey.InKey! = 0)   //有键按下,转 C_KeyShake 态
                state = C_KeyShake;    //否则自环
            break;
        Case   C_KeyShake:      //去抖动状态
            if(OldKey == MixInKey.InKey)//前后值相等,说明不是抖动
                state = C_WaitRelease;   //转 C_WaitRelas 态
            else
                state = C_FirstScan;     //如是抖动,转初始态
            break;
        case   C_WaitRelease:     //等待释放状态
            if(MixInKey.InKey == 0)    //如果释放了
            {
                uchar k;
                KeyValue = 0x80;     //这时,键盘尚未处理最高位置 1
                for(k = 0;k < C_Keys 3;k ++)
                {
                    if((OldKey&0x01) == 0x01)   //查找是哪个键按下
```

```
                          {
                              KeyValue += k;              //求出键值
                              break;                      //找到退出
                          }
                      else
                          OldKey >>=1;                    //否则,看是否为下一个键按
                  }
              state = C_FirstScan;
          }
      default:
          break
  }
  OldKey = MixInKey.InKey;    //记录刚读的键值
}
//-------------------------------------------------------------------------------------------
void  KeyProcess(uchar Key)
//键盘处理程序
void  KeyProcess(uchar Key)
{
  switch(Key)   //不同的键盘处理程序处理相应的按键功能
  {
      case  C_Key1:
          Key1Fun();      //Key1 键盘处理函数
          break;
      case  C_Key2:
          Key2Fun();      //Key2 键盘处理函数
          break;
      case  C_Key3:
          Key3Fun();      //Key3 键盘处理函数
          break;
      case  C_Key4:
          Key4Fun();      //Key3 键盘处理函数
      default:
          break;
  }
}
//-------------------------------------------------------------------------------------------
void Key1Fun(void)
//按键 1 处理程序:实现个位 0~9 循环加 1
void Key1Fun(void)
{
  DataBuf[0] ++;   个位加 1
  DataBuf[0] % =10; //按 0~9 顺序循环
```

```
}
//------------------------------------------------------------------------
void Key2Fun(void)
//按键 2 处理程序: 实现十位 0~9 循环加
void Key2Fun(void)
{
    DataBuf[1] ++;   十位加 1
    DataBuf[1] % =10;  //按 0~9 顺序循环
}
//------------------------------------------------------------------------
void Key3Fun(void)
//按键 3 处理程序: 实现百位 0~9 循环加
void Key3Fun(void)
{
    DataBuf[2] ++;   百位加 1
    DataBuf[2] % =10;  //按 0~9 顺序循环
}
//------------------------------------------------------------------------
void Key4Fun(void)
//按键 4 处理程序: 实现千位 0~9 循环加
void Key4Fun(void)
{
    DataBuf[3] ++;   千位加 1
    DataBuf[3] % =10;  //按 0~9 顺序循环
}
//------------------------------------------------------------------------
```

  （2）主程序：

```
void  main(void)
{
    uint  KeyTime;
    TimeOut(&KeyTime,0);
    while(1)
    {
        if(TimeOut(&KeyTime,10)   //10ms 运行一次
        {
            KeyScan();
            if(KeyValue >0x80)    //有键按下,处理键盘
            {
                KeyProcess(KeyValue);
                KeyValue&=0x7f;   //处理完后,使最高位清 0
                DispBuf[0] = DataBuf[0];
                DispBuf[1] = DataBuf[1];
                DispBuf[2] = DataBuf[2];
```

```
            DispBuf[2] = DataBuf[2];
            FindShape(DispBuf);    //数字送显示
            SendDisp(DispBuf );
        }
    }
}
}
```
// ---

【例 10.10】设有甲、乙两台单片机系统,均采用 11.0592MHz 的晶振,采用串行口进行通信,数据传输率为 9600b/s。甲机将存储于外部 RAM 起始地址为 0100H 的 8 个数据发送到乙机,乙机把收到的 8 个数据存储于一个定位于片内 RAM 的数组中,要求采用方式 3,用中断方式发送和接收数据。

解:通信双方均采用系统时钟频率为 11.0592MHz,数据传输率为 9600b/s。程序分甲、乙机两部分。对于每个单片机系统均包含通信初始化部分,初始化包括通信方式、波特率的设置和中断使能等。

甲机的串行中断服务程序是实现将外部 RAM 地址 0100H 单元起始的 8 个数据发送;乙机的串行中断服务程序主要完成数据的接收并保存内部 RAM。

// --通信模式初始化程序--

```c
void Sci_Init()
//实现通信模式、波特率的设置,开启中断
void Sci_Init(void)
{
    SCON = 0xd0;      //串口方式 3、SM2 = 0、接收允许
    TMOD = 0x20;      //定时器 T1 设为模式 2
    PCON = 0X80;      //SMOD = 1,波特率加倍
    TH1 = 0xfa;       //定时器 T1 初值
    TL1 = 0xfa;       //定时器 T1 重新装载值
    TI = 0;
    RI = 0;           //初始化时清发送、接收标志
    PS = 1;           //设置串行中断高优先极
    TR1 = 1;          //启动 T1
    ES = 1;           //允许串行中断
    EA = 1;           //开总中断
}
```

// --以下是甲机部分程序--

```c
#include    <reg52.h>
#include    <ABSACC.H>
#define     uchar   unsigned char
#define     uint    unsigned int
#define     TX_BASE 0x0100
uchar       data  Tx_Count;
void        Sci_Init(void);
```

```
//-----------------------------------甲机发送中断程序------------------------------------
void    Tx_Isr(void)
//发送中断函数,每来一次中断,发送一个数据,直到数据全部发完
void    Tx_Isr(void)    interrupt   4   using   1
{
    if(TI ==1)
    {
        TI = 0;              //清发送标志
        Tx_Count ++;
        if(tx_Count == 0x08)
            Tx_Count = 0;    //发送完则停止发送
        else
            SBUF = XBYTE[TX_BASE + Tx_Count];//发下一个数据
    }
    else
        RI = 0;
}


//-----------------------------------甲机主程序------------------------------------
void  main(void)
//初始化串口,并启动发送中断
void  main(void)
{
    uint  i;
    Sci_Init();
    for(i = 0;i < 1000;i ++);  //延时的目的是等待对方复位完成
      Tx_Count = 0;
    SBUF = XBYTE[TX_BASE + Tx_Count];//启动发送,然后由中断程序自动发完余下数据
    while(1);
}
```

程序中第一个数据送入 SBUF,数据发完后会产生串行中断。在中断服务程序中,Tx_Count 既作为发送计数变量使用,也同时作为发送缓冲区的偏移量,若数据没有发完时,则发下一个数据(XBYTE[TX_BASE + Tx_Count]);若 8 个数据已经发送完毕,由于不再有数据送入 SBUF,且 TI 已被清 0,程序不会再进入中断程序。

虽然乙机不向甲机发送数据,甲机的接收标志 RI 正常情况下为 0,但如果出现某种意外使甲机的 RI 变 1,如果不使该位清 0,会一直产生接收中断。因此在中断服务程序中增加(RI = 0)语句处理异常情况。

```
//-----------------------------------以下是乙机部分程序------------------------------------
#include     < reg52.h >
#include     < ABSACC.H >
#define    uchar  unsigned char
#define    uint  unsigned int
```

```
uchar       data  Rx_Count;
uchar       data  Rx_Buff[8];
void        Sci_Init(void);
//------------------------------------乙机中断程序-----------------------------------
void  Rx_Isr(void)
//接收中断函数,每来一次中断,接收一个数据并保存在数组 Rx_Buff[ ]中
void  Rx_Isr(void)  interrupt  4  using  1
{
    if(RI ==1)
    {
        RI = 0;                      //清接收标志
        Rx_Buff[Rx_Count ] = SBUF;   //数据保存
        Rx_Count ++;
    }
    else
        TI = 0;
}
//------------------------------------乙机主程序------------------------------------
void  main(void)
//初始化串口,允许接收中断
void  main(void)
{
    uint i;
    Sci_Init();
    Rx_Count = 0;
    while(1);
}
//-----------------------------------------------------------------------------------
```

程序中定义了一个接收计数变量 Rx_Count,它既作为接收数据计数变量使用,也作为数组 Rx_Buff[ ]的索引号使用。程序在初始化完成后就进入等待状态,当接收到数据时就会产生中断,接收数据依次存入 Rx_Buff 数组中。

10.7 C51 与汇编混合编程

尽管用 C51 编写的单片机程序有很多优势,但在某些特定的场合,例如在特定强调时序的场合或特别强调效率的场合,使用汇编语言编程就显得非常必要。这时,采用两种语言混合编程是一种比较好的选择。C51 提供了两种与汇编程序接口的方法,即模块内接口和模块间接口方法。

10.7.1 模块内接口

模块内接口是采用#pragma 语句来实现的,其具体结构如下:

```
#pragma  asm
汇编语句 1
       ⋮
汇编语句 n
       ⋮
#pragma  endasm
```

这种方法实质是通过 asm 和 endasm 告诉编译器中间行已是汇编语句,不用编译成汇编语句编译,只将这些汇编语句直接存入编译后的汇编语句。

例如:

```
#include <reg51.h>
sbit   Bled = P1.0
//---------------------------------------------------------------------------------
void  main(void)
{
    while(1)
    {
        bLED = 0;
#pragma asm
        MOV R7,#50H
DL1:MOV R6,#0FFH
        DJNZ   R6,$
        DJNZ   R7,DL1
#pragma endasm
        bLED = 1;
#pragma asm
        MOV R7,#50H
DL2:MOV R6,#0FFH
        DJNZ R6,$
        DJNZ   R7,DL2
#pragma endasm
    }
}
```

10.7.2　模块间接口

C51 模块与汇编模块的接口扩展,为实现 C51 程序模块和汇编程序模块之间的相互调用提供了一种机制。C51 程序与汇编程序的相互调用可以理解为函数调用,只不过函数采用不同语言来编写。

1. C51 函数转换为汇编后函数的命名

当 C51 模块程序编译成目标文件后,其函数名依据定义的性质不同会转换为不同的函数名。因此,在 C51 模块程序和汇编程序之间的相互调用中,要求汇编程序必须服从这种函数转换机制,否则将无法调用到所需的函数。C51 中函数转换规则如表 10 - 1 所列。

表 10 - 1　C51 中函数转换规则

C51 函数名	转换函数名	说　明
void fun(void)	FUN	无参数或参数不通过寄存器传递的函数,函数名不改变,只是变为大写
void fun(char)	_FUN	带寄存器传递参数的函数,转换后在函数名前加前缀 "_"
Void fun(void) reentant	_? FUN	可重入的函数,转换后在函数名前加前缀"? _"

2. 段命名规则

对于 C51 的编译器,源文件经翻译后生成数据目标和程序目标。它们均以"段"的形式存在,保存代码的段称为"代码段",保存数据(常量和变量)的段称为"数据段"。其中每一个函数名都以"? PR? 函数名? 模块名"的命名规则被分配到一个独立的 CODE 段。若一个函数包含有 data 和 bit 对象局部变量,根据所使用的存储器模式不同,编译器按照"? 函数名? BYTE"和"? 函数名? BIT"命名规则建立一个 data 和 bit 段,表 10 - 2 给出了各种存储模式下函数相关段的命名规则。

表 10 - 2 · 函数相关段命名规则

	段 类 型	段　名
程序代码	CODE	? PR? 函数名? 模块名(所有存储模式)
局部变量	DATA	? DT? 函数名? 模块名(SMALL 模式)
	PDATA	? PD? 函数名? 模块名(COMPACT 模式)
	XDATA	? XD? 函数名? 模块名(LARGE 模式)
局部 bit 变量	BIT	? BI? 函数名? 模块名(所有存储模式)

【例 10.11】下面是函数

```
int fun( int data a,int data b,int data c,int data d,,bit  e)
{
    if(e ==1)
        return (a +b +c +d);
    else
        return(0);
}
```

在 C51 生成的汇编代码。

```
;-------------------------------------------------------------------
NAME    TESTFUN
NAME    TESTFUN     ;TESTFUN 是文件名,fun()函数存在 testfun.c 文件
? PR? fun? TESTFUN     SEGMENT CODE ;代码段
? DT? fun? TESTFUN     SEGMENT DATA OVERLAYABLE ;DATA 段,SMALL 模式
? BI? fun? TESTFUN     SEGMENT BIT OVERLAYABLE    ;BIT 段
    PUBLIC  ? fun? BIT        ;
```

```
      PUBLIC  ? fun? BYTE
      PUBLIC  fun              ;以上表示 BIT 段,BYTE 段和函数都公用
      RSEG  ? DT? fun? TESTFU  ;以下为局部数据存放段 BYTE
      ? _fun? BYTE:            ;以下是位局部变量存放段 BIT
          a? 040:   DS  2
          b? 041:   DS  2
          c? 042:   DS  2
          d? 043:   DS  2
      RSEG  ? BI? _fun? TESTFUN
  ? _fun? BIT:
          e? 044:   DBIT  1
  ; // #pragma  NOREGPARMS
  ; int fun( int data a,int data b,int data c,int d,bit e)
      RSEG  ? PR? _fun? TESTFUN
  _fun:
      USING  0
          ; SOURCE LINE # 2
  ; ---- Variable 'a?040' assigned to Register 'R6/R7' ----;a 传递给 R6R7
  ; ---- Variable 'c?042' assigned to Register 'R2/R3'  -;c 传递给 R2R3
      ; ----Variable 'b?041' assigned to Register 'R4/R5' --;b 传递给 R4R5,-
      ; {
          ; SOURCE LINE # 3
  ;  if( e == 1)
          ; SOURCE LINE # 5
      JNB    e? 044,? C0001
  ;   return( a + b + c + d);
          ; SOURCE LINE # 6
      MOV    A,R7
      ADD    A,R5
      MOV    R7,A
      MOV    A,R6
      ADDC   A,R4
      XCH    A,R7
      ADD    A,R3
      XCH    A,R7
      ADDC   A,R2
      XCH    A,R7
      ADD    A,d?043 + 01H     ;d 通过固定位置传递
      XCH    A,R7
      ADDC   A,d?043
      MOV    R6,A
      RET
  ? C0001:
```

```
;    else
;       return(0);
                 ; SOURCE LINE # 8
     CLR     A
     MOV     R6,A                    ;通过 R6R7 返回参数
     MOV     R7,A
; }           ; SOURCE LINE # 10
? C0002:
     RET
; END OF_fun
     END
```

3. C51 函数的参数传递

C51 参数的传递途径有寄存器、固定存储区两种,其返回参数均通过寄存器传递。

1)通过寄存器传递参数

C51 最多可以利用寄存器传递 3 个参数。利用寄存器传递参数可产生与汇编语言相媲美的高效代码,表 10 - 3 是利用寄存器传递参数的规则。表 10 - 4 是利用寄存器返回的规则。

表 10 - 3　寄存器传递参数规则

参数编号	char 或 1 字节指针	int 或 2 字节指针	Long、loat	一般指针
1	R7	R6(高),R7(低)	R4(高) ~ R7(低)	R1,R2,R3
2	R5	R4(高),R5(低)	使用固定地址	R3:存储类型,R2:地址高,R1:地址低
3	R3	R2(高),R3(低)	使用固定地址	

表 10 - 4　函数返回参数传递规则

返 回 类 型	使用的寄存器	说　　明
bit	进位标志: Cy	单个位通过进位标志 Cy 返回
char,1 字节针	R7	单个字节类型通过 R7 返回
int,2 字节针	R6,R7	高字节在 R6
long	R4 ~ R7	高字节在 R4
float	R4 ~ R7	32 位 IEEE 格式
一般指针	R1 ~ R3	存储类型在 R3,地址高位在 R2,低位在 R1

请读者重新阅读例 10.11,分析参数传递方法。

2)通过固定地址传递参数

如果要传递的参数较多,使用寄存器传递参数不能满足要求时,部分参数可以在固定的存储区域内传递。这种混合方式有时会令程序员不容易弄清每个参数传递方式。这时可以让每个参数都通过固定区域传递。方法是在编译时,选择控制命令

　　#pragma NOREGPARMS

这时所有参数传递都发生在固定的存储区域,所使用的地址空间依赖于所选择的存储器模式。

【例 10.12】 下面是函数

```
#pragma NOREGPARMS   //不使用寄存器传递参数
    int fun(int data a,int data b,int data c,int data d,,bit  e)
    {
      if(e==1)
          return (a+b+c+d);
      else
          return(0);
    }
//在 C51 生成的汇编代码。
    NAME    TESTFUN
    ?PR?fun?TESTFUN        SEGMENT CODE
    ?DT?fun?TESTFUN        SEGMENT DATA OVERLAYABLE
    PUBLIC   ?fun?BYTE
    PUBLIC   fun
    RSEG   ?DT?fun?TESTFUN
?fun?BYTE:
            a?040:    DS    2
            b?041:    DS    2
            c?042:    DS    2
; #pragma  NOREGPARMS
;  int fun(int data a,int data b,int data c)
    RSEG   ?PR?fun?TESTFUN
fun:
    USING   0
            ; SOURCE LINE # 2
; {
            ; SOURCE LINE # 3
;
;      return(a+b+c);
            ; SOURCE LINE # 5
    MOV    A,a?040+01H      ;a,b,c,d 都是通过固定存储地址传递
    ADD    A,b?041+01H
    XCH    A,R7
    MOV    A,a?040
    ADDC   A,b?041
    XCH    A,R7
    ADD    A,c?042+01H
    XCH    A,R7
    ADDC   A,c?042
    MOV    R6,A      ;通过 R6R7 返回
; }      ; SOURCE LINE # 6
    ?C0001:
```

```
      RET
; END OF fun
      END
```

4. 编写模块间接口的汇编程序

在 C51 编写汇编程序可以先按下列步骤生成一个汇编框架程序,然后再修改这个框架程序即可。方法如下:

(1) 按普通 C51 程序方法,建立工程,在里面导入 main. c 文件和 testfun. c 文件。相关文件如下:

```c
//main.c 文件
#include < reg51.h >
extern int    fun(int a,int b,int c,int d,bit e);
main()
{
    int    a,b,c,d,f;
    bit    xx;
    a = 1;b = 2;c = 3;d = 4;xx = 1;
    f = fun(a,b,c,d,xx);
}
//testfun..c 文件
int fun( int data a,int data b,int data c,int d,bit e)
{
    if(e = =1)
      return (a + b + c + d);
    else
      return(0);
}
```

(2) 在 Project 窗口中包含汇编代码的 C 文件(该例为 testfun. c)上右键,选择“Options for ...”,单击右边的“Generate Assembler SRC File”和“Assemble SRC File”,使检查框由灰色变成黑色(有效)状态;

(3) build 这个工程后将会产生一个 testfun. SRC 的文件,将这个文件改名为 testfun. ASM,然后在工程里去掉 testfun. c,而将 testfun. ASM 添加到工程里。如果要修改汇编程序,可以在 testfun. ASM 修改。当然可以先定义一个哑元函数,通过上述方法生成汇编程序,在该程序中添加所需的汇编代码。

(4) 检查 main. c 的“Generate Assembler SRC File”和“Assemble SRC File”是否有效,若是有效则单击使检查框变成无效状态,再次 build 这个工程。

10.8　C51 的启动文件

启动文件 STARTUP. A51 是由系统提供的汇编程序。它在单片机复位后立即得到执行,主要完成系统初始化方面的工作。该程序执行后,系统将控制权交给 main() 函数。用户编写程序时,启动程序的目标代码已包含在库中,当然用户可以显式把 STARTUP.

A51 文件纳入自己的项目并根据需要修改后重新编译。以下是该函数的主要内容。

```
$ NOMOD51
;--------------------------------------------------------------------------------------
;以下语句决定 CPU 上电复位后需要清 0 操作的各存储器的起始地址和范围
IDATALEN        EQU     80H;需清 0 的 IDATA 长度,IDATA 起始地址恒为 0
XDATASTART      EQU     0;需清 0 的 XDATA 起始地址
XDATALEN        EQU     0;需清 0 的 XDATA 长度
PDATASTART      EQU     0H;需清 0 的 PDATA 起始地址
PDATALEN        EQU     0H ;需清 0 的 PDATA 长度
;--------------------------------------------------------------------------------------
;以下语句决定可重入函数使用哪种可重入堆栈,及堆栈范围(栈顶)
IBPSTACK        EQU     0          ;如使用 small 可重入堆栈,该位置 1
IBPSTACKTOP     EQU     0xFF +1 ;栈顶
XBPSTACK        EQU     0          ;如使用 large 可重入堆栈,该位置 1
XBPSTACKTOP     EQU     0xFFFF +1 ;large 可重入堆栈栈顶
PBPSTACK        EQU     0          ;如使用 compact 可重入堆栈,该位置 1
PBPSTACKTOP     EQU     0xFF +1; compact 可重入堆栈栈顶
;--------------------------------------------------------------------------------------
;以下语句用于在使用 compact 模式时,定义相应的页
PPAGEENABLE     EQU     0;如使用 PDATA 对象,该位置 1
PPAGE           EQU     0;定义页号,256 字节为 1 页
PPAGE_SFR       DATA    0A0H;页寄存器(P2 表示地址高 8 位,即页地址)
;--------------------------------------------------------------------------------------
;对几个特殊功能寄存器的定义
ACC     DATA    0E0H
B       DATA    0F0H
SP      DATA    81H
DPL     DATA    82H
DPH     DATA    83H
;--------------------------------------------------------------------------------------
;以下为段说明
NAME    ?C_STARTUP; 文件名
?C_C51STARTUP   SEGMENT   CODE
?STACK          SEGMENT   IDATA
                RSEG      ?STACK
                DS        1
                EXTRN CODE (?C_START)
                PUBLIC    ?C_STARTUP
                CSEG      AT      0
?C_STARTUP:     LJMP      STARTUP1
                RSEG      ?C_C51STARTUP
STARTUP1:
;--------------------------------------------------------------------------------------
```

```
;如设置了 IDATA 清 0 长度;IDATA 清 0
IF IDATALEN < > 0
                MOV     R0,#IDATALEN-1
                CLR     A
IDATALOOP:      MOV     @R0,A
                DJNZ    R0,IDATALOOP
ENDIF
;-----------------------------------------------------------------------------
;如设置了 XDATA 清 0 长度;XDATA 清 0
IF XDATALEN < > 0
                MOV     DPTR,#XDATASTART
                MOV     R7,#LOW (XDATALEN)
  IF (LOW (XDATALEN)) < > 0
                MOV     R6,#(HIGH (XDATALEN)) +1
  ELSE
                MOV     R6,#HIGH (XDATALEN)
  ENDIF
                CLR     A
XDATALOOP:      MOVX    @DPTR,A
                INC     DPTR
                DJNZ    R7,XDATALOOP
                DJNZ    R6,XDATALOOP
ENDIF
;-----------------------------------------------------------------------------
;如设置了 PDATA 清 0,PDATA 清 0
IF PPAGEENABLE < > 0
                MOV     PPAGE_SFR,#PPAGE
ENDIF
IF PDATALEN < > 0
                MOV     R0,#LOW (PDATASTART)
                MOV     R7,#LOW (PDATALEN)
                CLR     A
PDATALOOP:      MOVX    @R0,A
                INC     R0
                DJNZ    R7,PDATALOOP
ENDIF
;-----------------------------------------------------------------------------
;如果需要,设置 IDATA 可重入堆栈指针
IF IBPSTACK < > 0
EXTRN DATA (?C_IBP)
  MOV     ?C_IBP,#LOW IBPSTACKTOP
ENDIF
;如果需要,设置 XDATA 可重入堆栈指针
```

```
IF XBPSTACK < > 0
EXTRN DATA ( ?C_XBP)
                MOV     ?C_XBP,#HIGH XBPSTACKTOP
                MOV     ?C_XBP + 1,#LOW XBPSTACKTOP
ENDIF
;如果需要,设置 PDATA 可重入指针
IF PBPSTACK < > 0
EXTRN DATA ( ?C_PBP)      ;设置 PDATA 可重入指针
                MOV     ?C_PBP,#LOW PBPSTACKTOP
ENDIF           ;设置硬件堆栈
                MOV     SP,#?STACK – 1
;-------------------------------------------------------------------------------
;如果使用 L51_BANK.A51 分块模式 4,则需要这些代码
EXTRN CODE ( ?B_SWITCH0)
                CALL    ?B_SWITCH0;
                LJMP    ?C_START   ;将控制权交给 main( )
                END
```

习题与思考

10.1 C51 中的中断函数和一般的函数有什么不同?

10.2 什么是重入函数? 重入函数一般什么情况下使用,使用时有哪些需要注意的地方?

10.3 设单片机时钟频率为 **6MHz**,分析下面程序实现什么功能?

```c
#include "reg51.h"
sbit P10 = P1^0;
void main( )
{
    TMOD = 0x01;
    TH0 = (65536 –12500) /256;
    TL0 = (65536 –12500)% 256;
    ET0 =1;
    EA =1;
    TR0 =1;
    while(1);
}
void T0_srv(void) interrupt 1 using 1
{
    TH0 = (65536 –12500) /256;
    TL0 = (65536 –12500)% 256;
    P10 = !P10;
}
```

10.4　在 8051 系统中,已知振荡频率是 12MHz,用定时器/计数器 T0 实现从 P1.1 产生周期是 2s 的方波,试编程。

10.5　在 8051 系统中,已知振荡频率是 12MHz,用定时器/计数器 T1 实现从 P1.1 产生高电平宽度是 10ms,低电平宽度是 20ms 的矩形波,试编程。

10.6　外部中断 0 引脚(P3.2)接一个开关,P1.0 接一个发光二极管。开关闭合一次,发光二极管改变一次状态,试编程。

10.7　用 C51 语言和定时扫描方法实现图 8-16 键盘程序。

10.8　用 C51 语言和定时扫描方法实现图 8-6 显示程序。

10.9　用 C51 实现图 8-19 中 8 通道连续 A/D 采样程序。

第11章 单片机应用系统设计技术

单片机广泛应用于实时控制、智能仪器、仪表通信和家用电器等各个领域,它所涉及的领域非常广泛,是计算机科学、电子学,自动控制等基础知识的综合应用。由于单片机应用系统的多样性,其技术要求也各不相同,因此设计方法和开发的步骤也不完全相同。本章针对大多数应用场合,讨论单片机应用系统的研制过程。

11.1 单片机应用系统的基本结构

从系统的角度来看,单片机应用系统是由硬件系统和软件系统两部分组成的。硬件系统包括单片机及其扩展部分和各功能模块组成,如信号测量模块、人机交互模块、输出控制模块等;软件系统包括监控模块和各种应用程序。

由于单片机多用于监控领域,因而其典型的应用包括电源系统、单片机系统,基本输入/输出通道以及人机对话通道,图 11-1 是一个典型单片机应用系统的结构框图。

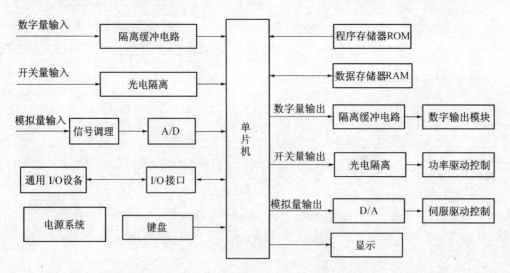

图 11-1 典型单片机应用系统结构

输入通道一般包括数字量输入、开关量输入和模拟量输入。输入通道一般和现场采集对象相连,根据现场采集对象的不同,这些输入量都是由安放在现场的传感、变换装置产生的。它是一个模拟、数字混合的电路系统,一般功耗较小,但它却是现场干扰进入的主要通道,也是整个系统抗干扰的重点。

输出通道是应用系统的伺服输出通道,多数情况下,应用系统通过输出通道驱动功率器件。根据输出控制的不同,输出通道电路多种多样,输出信号的形式有电流输出、电压输出、开关量输出等。

人机对话通道主要有键盘、显示和打印机,可以实现人工干预系统,设置和显示参数等作用。单片机人机接口可根据应用系统要求采取多种形式,如显示系统可采用 LED 显示、LCD 显示,也可利用点阵显示屏显示汉字或图形。

电源系统是单片机应用系统的重要组成部分,根据应用系统的需要,输出电源可能会有多组,如提供模拟部分的正电源(VCC)和负电源(– VCC)、提供数字部分的电源 VDD。由于开关电源具有体积小、电压适应性强等优点,因此,开关电源在单片机系统中的应用越来越广泛。

11.2　单片机应用系统的设计原则

在单片机应用系统中,由于应用的目的、使用的场合、测控对象和技术指标的不同,系统的组成、硬件结构和软件程序会有较大的差异,但系统设计的基本原则要求,设计步骤还是大致相同的,以下为系统设计的一般原则。

(1) 实现指标要求是系统设计的目的和依据。在设计单片机应用系统时,系统的技术指标是设计的依据和出发点,整个设计过程都必须围绕这个技术要求来工作。首先,要根据系统技术指标进行可行性分析,分析并了解为达到指标所需的关键技术和关键电路;在关键技术解决后,要对系统的性能、成本、可靠性、可操作性、经济效益进行综合考虑,确定一个合理的技术指标,提高所设计的应用系统的性能、经济效益和所设计的系统的竞争力。

(2) 系统设计应遵循自顶向下原则。首先应遵循自顶到下的设计原则。把复杂的问题分解成为若干个比较简单、容易处理的问题,分别单个地加以处理。在设计开始时,设计人员根据应用的功能和设计要求提出设计的总体任务,绘制硬件和软件的总框图。将总任务分解成可以独立表达的子任务,这些子任务再往下分,直到每个子任务足够简单,能够直接而容易地实现为止。这些子任务可用模块方法来实现,也可以采用一些现有的通用模块,进行单独的功能模块设计和调试,并对它们进行各种试验和改进,以一种简单的、方便的工作方式解决问题,最后将各种功能模块有机地结合起来成为一个大的复杂的模块,这样就完成了总的设计任务。

(3) 系统设计应考虑系统可靠性。单片机应用系统一般用于工业测控领域,系统一旦出现故障,很可能会造成重大的损失,因此,应用系统的可靠性至关重要。对于单片机应用系统来说,无论在原理上如何先进,功能上如何全面,精度上如何好,如果可靠性差、故障频繁、不能正常运行,就没有使用价值,更谈不上生产中的经济效益。因此,在单片机应用系统设计中,可靠性设计应贯穿于每一个环节,应采用一切措施来提高应用系统的可靠性,以保证系统能够长时间地可靠工作。对硬件而言,在满足系统指标要求的前提下,应尽可能简化电路,根据系统应用环境,选用集成度高和性能稳定的元器件,并留有一定的安全余量。对软件而言,应尽可能采用模块化设计方法,以方便于编程和调试、减少故障率和软件的可靠性。采用软件抗干扰设计,提高系统运行的可靠性。

(4) 系统设计应遵循高性价比。为了获得较高的性价比,提出的性能指标不要盲目地追求高标准。设计中,应在满足指标要求的情况下,尽量采用简单的设计方案,选用通用性好,集成度高的元器件或模块电路。因为方案简单、集成度高意味着系统使用的元器件也少,其可靠性也高,因此系统的成本也低,比较经济。

(5) 人机接口简单化,系统结构模块化。在总体设计中还应考虑操作的方便性,尽可能降低对操作人员的专业知识的要求,以便产品的推广应用。各种控制开关和按钮不能太多、太复杂,操作程序应简单明了,以利于降低操作者的劳动强度。系统还应有较好的可维护性,便于拆卸和维修,为此,系统的硬件结构要规范化,软件要模块化,在软件设计中应有故障诊断程序,一旦发生故障,能保证有效地对故障进行定位,以便进行快速维修和恢复正常运行。

11.3　单片机应用系统的设计过程

单片机应用系统的研制可分为软件设计和硬件设计两大部分。软件设计是基于硬件平台的程序设计过程。硬件设计是以芯片和元件为基础,目的是要研制一台完整的单片机测控系统。在设计的过程中,软件和硬件只有紧密配合,协调一致,才能提高系统的功能和开发效率。

单片机应用系统的研制过程包括总体设计、硬件设计与加工、软件设计、联机调试、产品定型等几个阶段,但它们不是绝对分开的,有时交叉进行。图 11 - 2 描述了这一过程。

11.3.1　总体设计

在应用系统进行总体设计时,可根据应用系统提出的各项技术性能指标,拟定出性能价格比最高的方案。首先,采用自顶向下的方法,对系统进行模块功能划分,把系统细化成不同的功能模块;然后,依据任务的繁杂程度和技术指标要求选择机型。目前,常用单片机有 MCS - 51 系列、AVR 单片机、DSP 等。选定机型后,再选择系统中要用到的其他元器件,如 A/D、D/A 转换器、I/O 口、定时/计数器、串行口等。

在总体方案设计过程中,必须对软件和硬件综合考虑。原则上,能够由软件来完成的任务,就尽可能用软件来实现,以降低硬件成本,简化硬件结构;同时,还要求大致规定各接口电路的地址、软件的结构和功能、上下位机的通信协议、程序的驻留区域及工作缓冲区等。总体设计方案一旦确定,系统的大致规模及软件的基本框架就确定了。

11.3.2　硬件设计

硬件设计是指应用系统的电路设计,包括信号处理电路、主机、控制电路、存储器、I/O 口、A/D 和 D/A 转换电路等。硬件设计时,应考虑留有充分余量,电路设计力求正确无误,因为在系统调试中不易修改硬件结构。下面介绍在设计 MCS - 51 单片机应用系统硬件电路时应注意的几个问题。

(1) 硬件设计应首先解决关键模块的设计。在单片机应用系统设计过程中,通过系统功能模块的划分后,可以知道哪些模块是系统设计的关键和难点。设计之初,可以首先通过试验验证关键电路的能否达设计指标要求,待确保关键电路能够达到指标要求时,再综合各模块完成系统总的原理图设计。例如,在高精度的检测系统设计中,可以先完成从传感器到信号放大部分电路设计与试验。待处理后的信号基本能够达

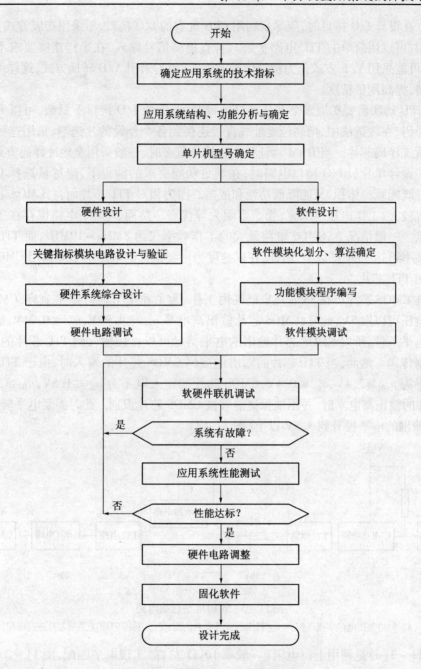

图 11 - 2　单片机应用系统设计过程

到系统指标要求后,再设计其他如键盘、显示、系统扩展等电路,这样可以提高系统设计的效率和成功率。

（2）根据系统资源要求选择合适的 CPU。目前,在单片机应用系统设计中,可供选择的 CPU 较多。在满足系统指标要求下,应尽量选择内部已扩展了程序存储器（如 FLASH）和数据存储器的单片机。这样就免除了系统存储器的扩展,并可提高系统的可靠性和性价比。如果应用系统要求有 A/D 或 D/A 转换,在满足系统指标要求的前提下,同样应选用具有这些接口功能的单片机。

（3）在设计 I/O 接口时,应尽量利用 CPU 现有的 I/O 接口,不采用扩展方式。若 I/O 口不够用,可以用简单的 TTL 电路扩展。若有检测信号输入,在采样速度要求不高的情况下,尽可能采用 V/F 方式作为检测信号的输入,而不采用 A/D 转换方式,这样可以简化输入电路,提高测量精度。

当 CPU 确实需要扩展多个 I/O 接口外设时,若系统 I/O 接口不复杂,可以采用线选法进行译码,在线选法中,把高位地址线直接连接到各个外设的片选端,采用这种方法可以节约系统译码芯片。当 RAM 地址和 I/O 接口较多时,一般采用全地址译码方式。

（4）设计单片机 I/O 接口电路时,在满足功能要求的前提下,应尽量选择 CMOS 芯片。这样既能减少体积,又能降低功耗和成本。因为相对 TTL 芯片而言,CMOS 芯片具有输入阻抗较大,工作电压范围宽、噪声容限大等优点。然而,CMOS 电路也存在工作频率低的缺点。一般情况下,CMOS 电路最大的工作频率仅为 8MHz ~ 10MHz,而 TTL 电路最大工作频率可达 35MHz 以上,因此,在以速度为主要指标的电路中不应选用 CMOS 芯片,而要选用 TTL 芯片。

标准 CMOS 芯片可在 3V ~ 15V 范围内工作,为了和 TTL 芯片电平兼容,CMOS 芯片的工作电压可以取 5V,此时,CMOS 芯片输出高电平 $u_{OH} = 4.99V$, $u_{OL} \leqslant 0.01V$,满足 TTL 的输入电平条件,所以 CMOS 芯片输出的电平信号可以直接输入到 TTL 芯片的输入端,进行数据传递。然而,当 TTL 芯片的输出连接到 CMOS 芯片的输入时,由于 TTL 芯片的输出电平为 $u_{OH} \geqslant 2.4V$, $u_{OL} \leqslant 0.4V$,CMOS 芯片的输入电平为 $u_{IL} \leqslant 1.5V$, $u_{IH} \geqslant 3.5V$,当 TTL 芯片的输出高电平时,并不能保证能够被 CMOS 芯片识别。此时需要电平转换电路,将 TTL 输出的电平提升到 3.5V 以上(图 11 – 3)。

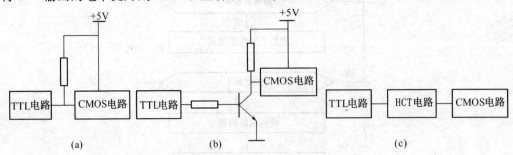

图 11 – 3　逻辑电平转换电路

（a）利用上拉电阻实现匹配;（b）利用三极管实现匹配;（c）利用 74HCT 系列芯片进行匹配。

图 11 – 3(a)是利用上拉电阻(一般取 10kΩ 左右)实现电平匹配,图 11 – 3(b)中利用三极管实现匹配,在这种方式必须注意电平的逻辑关系,图 11 – 3(c)采用 74HCT 系列芯片进行匹配,当接口较多时,宜采用这种方式。

（5）单片机 4 个 8 位并行口的负载驱动能力是有限的。在实际应用中,这些端口的负载不应超过总负载能力的 70%,以保证留有一定的余量。如果满载,会降低系统的抗干扰能力。在外接负载较多的情况下,如果负载是 MOS 芯片,因负载消耗电流很小,影响不大。如果驱动较多的 TTL 电路,则应采用总线驱动电路,以提高端口的驱动能力和系统的抗干扰能力。数据总线宜采用双向 8 路三态缓冲器 74LS245 作为总线驱动器;地址和控制总线可采用单向 8 路三态缓冲器 74LS244 作为单向总线驱动器。

11.3.3　软件设计

单片机应用系统的软件设计千差万别,不存在统一模式。开发一个软件的明智方法是尽可能采用模块化结构。根据系统软件的总体构思,按照先粗后细的办法,把整个系统软件划分成多个功能独立、大小适当的模块。划分模块时要明确规定各模块的功能,尽量使每个模块功能单一,各模块间的接口信息简单、完备,接口关系统一,尽可能使各模块之间的联系减少到最低限度。根据各模块的功能和接口关系,可以分别独立设计,某一模块的编程者可不必知道其他模块的内部结构和实现方法。在各个程序模块分别进行设计、编制和调试后,最后再将各个程序模块连接成一个完整的程序进行总调试。单片机应用系统的软件设计涉及的事项介绍如下。

1. 软件系统的定义

软件系统的定义是在系统的设计之前为了进一步的明确所有完成的功能并结合硬件的结构确定软件承担任务的细节。其软件系统的定义又分为以下 4 个方面:

(1) 定义和说明各输入/输出功能,信号类型、系统频率、接口方式和接口地址等。

(2) 在数据存储器中,合理分配变量的存储空间;考虑是否有掉电保护措施,定义数据暂存区标志单元等。

(3) 对于实时系统,测量和控制有明确的时间定义,例如,模拟信号的采样频率,何时发送数据、接收数据以及有多久的延时等。当采用异步通信传输数据时要定义和说明数据的传输速度、数据格式、检验方法以及所用的状态信号等。同时,还要充分的考虑到可能产生的错误类型以及检测的方法等。

(4) 面板按键、开关等一些控制输入量的定义与软件的编制有着密切的关系,系统运行过程的显示、运算结果的出错显示和正常显示等都由软件来完成,事先必须定义好。

2. 单片机系统软件的结构设计

一个较好的软件设计是单片机系统研制能够具有优良性能的前提和基础。对于单片机系统中软件的设计要给予足够的重视。根据问题的定义,可以将系统的整个工作分解成几个相对独立的操作,然后就可以根据这些操作的相互联系的时间关系来设计一个合理的软件结构。

1) 采用顺序程序设计方法

研制较为简单的单片机应用系统时,可以采用顺序的程序设计方法。顺序程序设计一般由一个主程序和几个中断服务程序组成。可以根据系统每个操作的性质来具体地确定哪些操作由中断服务程序来完成,并且进一步地指出每个中断的优先级。图 11-4 是主程序和中断服务程序的结构图。

主程序是一个顺序执行且无限循环的程序,它能够不停地顺序查找各种软件标志,以完成对日常事务的处理。中断服务程序应包含现场保护、中断服务、现场的恢复和中断的返回 4 部分,要求其对实时的事件请求做出必要的处理,进而能够使系统实时地并行完成各个操作。程序设计时,不应把大量的工作放到中断服务程序中去完成,应尽可能让它及早返回。为提高中断服务程序运行效率,可以通过改变工作寄存区实现工作寄存器的保护。

2) 采用实时多任务系统程序设计方法

对于复杂的实时控制系统,应采用实时多任务方法编程。这种系统往往要求对多个

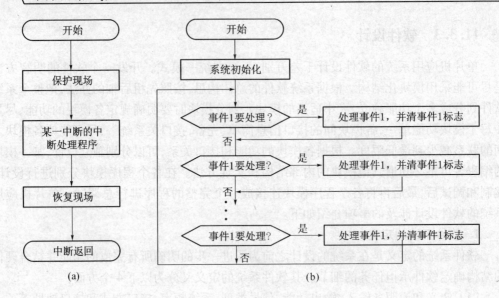

图 11 –4　主程序和中断服务程序结构
(a) 中断服务程序结构；(b) 主程序结构。

对象同时进行实时控制，要求对每个对象的实时信息以足够快的速度进行处理并作出响应。这就要求系统具有很高的实时性和并行功能。为达到此目的，实时多任务控制系统应具备任务调度、实时控制、实时时钟、中断控制、多个任务并行等功能。另外，采用实时多任务系统，尤其是采用实时操作系统进行系统编程时，会占用比较多的存储单元，这在系统设计之初必须要加以考虑。

3. 误差处理和控制算法

对单片机测控系统，往往要求对输入的数据进行插值或数字滤波，对输出数据进行非线性补偿等处理；同时，对于单片机控制系统，有时要求建立控制模型，实现控制算法。这些数字处理方法会占用大量的存储空间，耗费大量的运算时间，因此在软件实现时，甚至在单片机选型的时候就必须事先考虑。编写这部分软件要求能够很好地在软件的时间度和空间度上折中，尽量使编写的软件占用较小的空间，花费较小的时间。

11.3.4　系统调试

单片机应用系统调试是系统开发的重要环节。当完成了单片机应用系统的硬件、软件设计和硬件组装后，便可进入单片机应用系统调试阶段。系统调试的目的是要查出用户系统中硬件设计与软件设计存在的错误及可能出现的不协调问题，以便修改设计，最终使应用系统能正确可靠地工作。最好能在方案设计阶段就考虑系统调试问题，如采取什么调试方法、使用何种调试仪器等，以便在系统方案设计时将必要的调试方法综合进软、硬件设计中，或提早做好调试准备工作。

程序调试可以一个模块一个模块地进行，一个子程序一个子程序地调试，最后连起来总调。利用开发工具提供的单步运行和设置断点运行方式，通过检查应用系统的 CPU 现场、RAM 的内容和 I/O 的状态，检查程序执行的结果是否正确，观察应用系统 I/O 设备的状态变化是否正常，从中可以发现程序中的死循环错误、机器码错误及转移地址的错误，也可以发现待测系统中软件算法错误及硬件设计错误。在调试过程中,不断地调整修改应用系统的硬件和软件,直到其正确为止。最后,试运行正常,将软件固化到 EPROM 中,系统研制完成。

11.4 可靠性设计

产品的可靠性通常指在规定条件下,在规定时间内(平均无故障时间)完成规定功能的能力。由于测控系统工作条件一般比较恶劣,单片机应用系统的可靠性、安全性就成了一个非常突出的问题,因此必须注意系统的抗干扰设计。

11.4.1 干扰的来源

单片机应用系统的干扰主要通过传导、辐射和感应 3 种形式进行传播,不但可以由外部传入,而且在系统内部也会相互产生干扰。图 11-5 示出了典型单片机应用系统干扰的来源和传播方式。

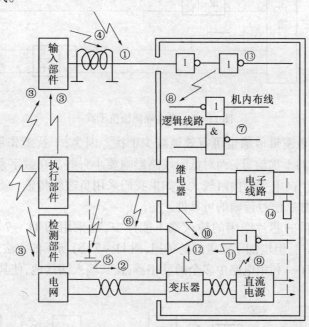

图 11-5 典型单片机应用系统干扰来源

① 装置开口或隙缝处进入的辐射干扰(辐射);② 电网变化干扰(传输);③ 周围环境用电干扰(辐射、传输、感应);
④ 传输线上的反射干扰(传输);⑤ 系统接地不妥引入的干扰(传输、感应);⑥ 外部线间串扰(传输、感应);
⑦ 逻辑线路不妥造成的过渡干扰(传输);⑧ 线间串扰(感应、传输);⑨ 电源干扰(传输);
⑩ 强电器引入的接触电弧和反电动势干扰(辐射、传输、感应);⑪ 内部接地不妥引入的干扰(传输);
⑫ 漏磁感应(感应);⑬ 传输线反射干扰(传输);⑭ 漏电干扰(传输)。

11.4.2 硬件抗干扰技术

一个好的电路设计,应在设计过程中充分考虑抗干扰性的要求。分析系统可能产生干扰的部件,采取必要的硬件抗干扰措施,抑制干扰源,切断干扰传播途径。下面分别介绍开关脉冲量输入/输出通道、模拟量输入/输出通道、地线处理、电源等方面的抗干扰措施。

1. 开关数字量抗干扰措施

对于开关量的输入/输出通道,可以利用阻容 RC 滤波电路、过滤掉开关量输入信号中的干扰信号。这种方法可以消除机械触点、开关闭合或断开产生的抖动。

采用光电耦合隔离方法传送开关量信号或脉冲信号,使光电耦合器的输入端和输出端在电气上完全隔离开来,也是开关脉冲量抗干扰的一种比较好的措施。采用这种方式,输入端和输出端之间的共模干扰电压因为没有电气回路而被完全抑制。利用光电耦合器还可以"浮置"传输长线,当传输线较长,现场干扰十分强烈时,可以通过光电耦合器将长线完全"浮置"起来(图 11–6)。用光电耦合器将长线完全"浮置",隔断了长线两端的公共地线,因此,能有效地消除因电流流经公共地线时,所产生的噪声电压;也能有效地解决长线驱动和阻抗匹配问题;而且还可以在控制设备短路时,保护系统不受损坏。

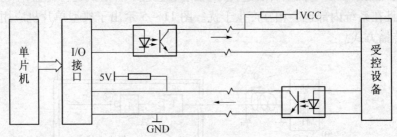

图 11–6　光电隔离法抗干扰

数字信号采用负逻辑传输也可有效地减少干扰。因为,干扰源作用于高阻线路上,容易形成较大幅度的干扰信号,而对低阻线路影响要小一些。在数字系统中,输出低电平时内阻较小,输出高电平时内阻较大。如果我们采用负逻辑传输,就可以减少干扰引起的误动作,提高数字信号传输的可靠性。

此外,数字逻辑的芯片空闲的输入端不能浮空,可采用图 11–7 的方法处理。图 11–7(a)中输入简单,但增加了前级门的负担,图 11–7(b)所示的方法适合于慢速、多干扰的场合;图 11–7(c)利用电路中多余的反相器,让其输入端接地,使其输出去控制工作门不用的输入端。

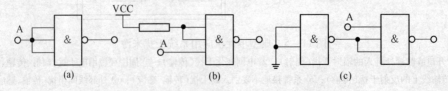

图 11–7　逻辑电路空闲门的处理

2. 模拟量抗干扰措施

随着单片机工作频率的提高,单片机和应用对象之间的长线传输模拟信号就越容易产生干扰。为了保证长线传输的可靠性,提高模拟量输入/输出通道的抗干扰能力,可以采用以下一些措施来提高单片机系统的抗干扰能力。

(1)采用隔离技术传送信号,在输入通道中可以利用高输入阻抗的差分运算放大器作为前置放大器,来达到抑制电路中的共模干扰的效果。对于差模干扰可以在前置放大器的输入端接入如下几种滤波电路来加以抑制(图 11 – 8)。

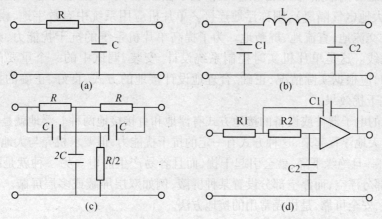

图 11 – 8　4 种滤波方式

(a) RC 滤波器;(b) LC 滤波器;(c) 双 T 滤波器;(d) 有源滤波器。

图 11 – 8(a)中,RC 滤波器的优点是结构简单,但串模抑制比较低;图 11 – 8(b)中,LC 滤波器的优点是串模抑制比较高,但电感体积大且成本较高;图 11 – 8(c)中,双 T 滤波器的结构简单,对某固定频率的干扰抑制效果较好,它主要用于抑制工频干扰,对高频干扰则无能为力;图(d)中,虽然有源滤波器可以得到比较理想的频率特性,但其自身也会带来噪声。在设计滤波电路是要根据具体情况来定,必要时可以采用多级滤波。

(2) 采用电流传送方式传送信号,把单片机应用系统的 0V ~ 5V 电压信号转变为 0mA ~ 10mA 或 4mA ~ 20mA 的标准电流信号,以电流的方式在输入/输出之间传送模拟信号,然后在输出端通过 I/V 变换把电流信号转换为电压信号。

(3) 当环境有很强干扰时,为了保证单片机系统有较高的可靠性,应该采用光电耦合器把单片机部分和其他所有外部设备完全隔开,图 11 – 9 就是一个利用光电耦合器使单片机浮地的例子。图中,A/D 转换器的并行数据输出口、D/A 转换器的并行数据输入口均采用光电耦合器进行隔离,而且光电耦合器的输入/输出电源分开供电,与外部相连的回路也由相应的外部电源供电。这样单片机就与外部设备完全没有电的联系,最大限度地利用光电耦合技术在抗干扰方面的应用。

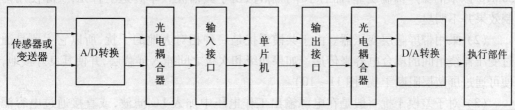

图 11 – 9　模拟通道光电耦合隔离

3. 利用接地技术抗干扰

在电子与计算机应用系统中,接地技术有着广泛的应用。接地技术有接实地和接虚地两种。接实地是指与大地有良好的连接,而接虚地指的是与电位的基准点的连接。如果把地的基准点与大地相连则称为共地连接。如果把地的基准点自行浮置或浮空(即与大地电气隔离),则称浮地连接。单片机应用系统中有数字地、模拟地、功率地,信号地,交流地,直流地、屏蔽地。为了提高单片机系统的抗干扰能力,必须妥善处理好这些地线。这是单片机实时控制系统设计、安装、调试中的一个重要问题。在具体的应用中,应根据实际情况,正确、合理地设计接地的方式,良好、正确的接地可以起到很好的抗干扰效果。

有机壳的电子器件或设备的接地方式有浮地和直接接地两种。浮地就是机壳和各个部件全部与大地浮置起来,这种方式有一定的抗干扰能力,但要求机壳与大地的绝缘电阻大于 50MΩ,一旦绝缘下降,就会引起干扰,而且容易产生静电。另一种就是机壳直接接地,让其余部分浮空,而浮空部分设置某种屏蔽,例如双层屏蔽或多层屏蔽。这种方法抗干扰能力强,安全可靠,是机壳常用的接地方法。

单片机应用系统有很多接地点,这些接地点是集中在一起接地还是多点接地,还是混合接地要根据具体情况而定。一般在低频电路中,布线和元件之间的电感较小,而接地电路形成的环路对干扰的影响却很多,因此采用一点接地。对于高频线路,由于电线上具有电感而增加地线阻抗,同时各地线之间又容易产生电感耦合;当频率甚高时,特别是地线长度等于信号波长 1/4 的奇数倍时,地线阻抗会变得很高,这时地线就变成了天线,可以向外辐射噪声干扰,因此宜采用多点接地。

数字电路中处理的是开关量信号,通常有很大的噪声,而且电平的跳变会产生很大的电流尖峰。所以数字信号地线应该与模拟地线分开走线,只是在最后汇集在一起。特别是在 A/D 和 D/A 电路中,尤其要注意地线的正确连接,否则会影响转换的精度。

功率地上有大电流流过,通过地线电阻会产生大的电压,因此功率地与数字地和模拟地必须严格分开。

4. 电源与电网干扰的抑制

电源干扰以共模干扰和差模干扰两种形式存在,它主要是通过变压器的初级和次级之间的电容耦合到直流电源而产生的干扰。对电源引起的干扰可通过以下 3 种方式抑制。

(1)在电源的输入端加无源线性滤波器。这种滤波器一般由共模电感组成,共模电感对输入的共模电流产生很大的感抗,可以获得较好的滤波效果。一般来说,共模电感对 30MHz 以下的噪声抑制明显,而对于干扰脉冲,由于其谐波频率高达上百兆,实际使用抑制效果并不明显。

(2)采用带屏蔽层变压器。由于共模干扰是一种相对大地的干扰,所以它主要是通过变压器绕组间的耦合电容来传递。如果初级和次级之间插入屏蔽层,并使其良好接地,便可通过屏蔽层阻断干扰(图 11-10)。

(3)对于差模干扰一般是在电源输出工作电压中加入 LC 滤波,或直接通过电容滤波。根据电容滤波特性,滤波时最好把瓷片电容和电解电容并联使用,用瓷片电容滤除高频干扰,电解电容滤除低频干扰。

5. 电磁干扰的抑制

为了防止空间电磁场以感应的方式对传送线上的信号产生干扰,在敷设信号线时,应使传输线远离高电压输电线路和大功率的用电设备;采用带金属屏蔽层的导线作为信号传输线,将信号与外界电磁场隔离开来。

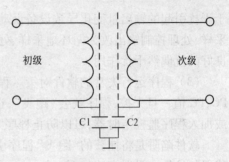

　　用金属外壳将整机或部分元器件包围并屏蔽起来, 对于各种通过电磁感应引起的干扰特别有效。这时屏蔽地的具体接法随屏蔽的目的不同而有所不同。电场的屏蔽是为了解决分布电容问题,一般接大地;电磁的屏蔽主要是屏蔽雷达或短波电台等高频电磁场的辐射干扰,地线应

图 11 - 10　隔离变压器

该用低阻抗的金属材料做成,可以接大地,也可以不接;屏蔽的目的是为了防磁铁、电机、变压器等磁感应和磁耦合的,一般接大地。

11.4.3　软件抗干扰技术

　　在硬件抗干扰技术的基础上,采用软件抗干扰技术加以补充,可以起到良好的抗干扰效果。由于软件抗干扰方法简单、灵活、节省硬件资源,因此它成为系统抗干扰设计不可缺少的手段。常见的软件抗干扰技术有软件陷阱、指令冗余、设置特征标识和数字滤波器。

　　(1) 实时数据采集系统采用的软件抗干扰采用数字滤波。软件滤波较数字滤波有节约硬件、滤波器设计灵活、方法简单等优点。常见的数字滤波方法有有限幅滤波、中值滤波、算术平均滤波法、递推平均滤波法、加权滑动平均滤波、中值平均滤波等,例 4 - 29 ~ 例 4 - 32 是各种滤波方法的程序实现。

　　此外,利用软件方法也可以很方便地实现一阶低通 RC 滤波,其原理如下:

$$RC \cdot \frac{\mathrm{d}y(t)}{\mathrm{d}t} + y(t) = x(t)$$

$$\left(1 + \frac{RC}{\Delta t}\right) \cdot y_n = X_n + \frac{RC}{\Delta t} \cdot y_{n-1}$$

设 $a = \dfrac{1}{1 + RC/\Delta t}$,　　$b = \dfrac{RC/\Delta t}{1 + RC/\Delta t}$,则有

$$y_n = aX_n + by_{n-1}$$

若取采样间隔 Δt 足够小,则 $a \approx \Delta t/RC$,滤波器的截止频率为

$$f_c = \frac{1}{2\pi RC} \approx \frac{a}{2\pi\Delta t}$$

　　(2) 开关控制系统的软件抗干扰可采用指令冗余、设置当前输出状态寄存单元等措施。指令冗余就是多次使用同一功能的软件指令,以保证指令指令执行的可靠性,这从以下几个方面考虑:① 采取多次读入法,确保开关量输入正确无误,重要输入信息利用软件多次读入,比较几次结果一致后再让其参与运算。对于按钮和开关状态的读入时,要配合延时以消除抖动和误动作。② 不断查询输出状态寄存器,及时纠正输出状态。设置输出状态寄存器,利用软件不断查询,当发现和输出的正确状态不一致时,及时纠正,防止由

于干扰引起的输出量变化导致设备误动作。③ 对于条件控制系统,把对条件控制的一次采样、处理控制输出改为循环地采样、处理输出。这种方法对于惯性较大的控制系统具有良好的抗偶然干扰作用。

（3）程序运行失常的软件对策。程序运行失常是指由于系统干扰可能破坏程序指针 PC,PC 值一旦失控,程序就会"跑飞",造成系统运行的一系列错误。通过设置软件陷阱或加入程序监控定时器,可以防止程序"跑飞"。

软件陷阱是将捕获的"跑飞"程序引导到复位入口地址 0000H 或者指定的错误处理代码的地址。设置方法如下：

① 在 EPROM 中,非程序区设置软件陷阱,软件陷阱一般 1KB 的空间有 2 个 ~3 个就可以有效地进行拦截,指令如下：

```
NOP
NOP
LJMP    0000H
```

② 在未使用的中断入口地址中设置软件陷阱,能及时地捕获错误的中断,指令如下：

```
NOP
NOP
RETI
```

当然,也可以在用户程序区的间断点或表格的后面设置软件陷阱的捕获点。

利用设置软件陷阱的方法虽然在一定程度上解决了程序"跑飞"失控问题,但不能解决死循环问题。设置硬件或软件"看门狗",可以解决这个问题。

硬件"看门狗"是由"看门狗"芯片（如 MAX813、5045）完成,当芯片的触发端在规定的时间内得到触发,它就不会出现翻转,否则它的输出就会出现翻转。实际应用中,一般把"看门狗"芯片的触发端连到单片机的某一端口,而把它的输出端连到单片机的复位端。正常情况下,程序会不时地通过端口触发"看门狗",当程序失控时,"看门狗"芯片时时得不到触发,它的输出就会翻转,进而引起系统复位。图 2 – 11 是采用专用集成电路 MAX706 构成的一种自动复位电路。

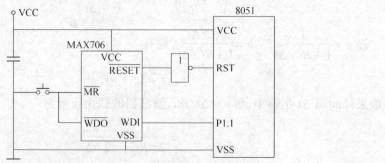

图 11 – 11   MAX706 构成的单片机复位电路

软件"看门狗"就是设置一个定时器,在程序中断时给它赋初值（喂狗）不让它溢出产生中断。当程序正常运行时,由于"喂狗"指令的作用,定时器不会产生溢出中断;而当程序失控或进入死循环时,由于没有"喂狗"指令,定时器会产生溢出中断。当定时器出现溢出中断时,就可以判断程序已经失控,这时可以通过相关错误处理代码,把程序引导到正常的状态中。

习题与思考

11.1　一般单片机应用系统由哪些部分组成?

11.2　简述单片机应用系统中软硬件设计过程?

11.3　简述单片机应用系统中干扰产生原因和克服方法?

11.4　为什么电路设计中要考虑逻辑的接口问题?

11.5　简述什么是共模干扰和串模干扰,如何克服它们?

11.6　试比较软件"看门狗"和硬件"看门狗"优缺点?

11.7　简述如何抑制地线系统干扰? 接地设计时应注意什么问题?

11.8　"软件陷阱"一般设置在程序的什么地方?

11.9　简述如何抑制电网或电源上的干扰?

第 12 章 柴油发电机组测控系统设计举例

12.1 系统基本原理

柴油发电机广泛应用于野外作业、抗洪救灾及军事等领域。它是由柴油机带动发电机的转子做切割磁力线运动而产生发电。图 12－1 中，柴油机的转速由油控系统控制。当油控系统增加喷油量时，柴油机转速变快；反之，当油控系统减少喷油量时，柴油机转速变慢。柴油机转速的快慢，决定了转子切割磁力线的快慢，进而决定了输出电压的高低。为保证输出电压的稳定，柴油发电机组一般都会配置一套测控系统。测控系统主要功能包括检测输出电压，通过一定的算法处理得到喷油控制量，并把喷油控制量传送到油控系统以控制柴油机的转速和输出电压。

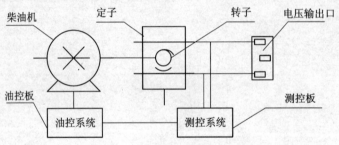

图 12－1 柴油发电机组原理

12.2 主要技术指标要求

柴油发电机组测控系统的主要技术指标要求如下：

（1）能对输出电压、电流、频率进行测量，测量精度为 0.5%；

（2）通过电流环传送喷油控制量以调节输出电压，输出电压范围为 230V ±1%；

（3）能够通过 4 位 LED 交替显示测量的电压、电流、频率，且能够通过键盘锁定以上 3 个被测量的独立显示；

（4）具有报警功能，通过不同的标识显示报警内容；

（5）能通过键盘设置各种参数；

（6）能提供 RS－485 接口，供 PC 机进行出厂测试使用；

（7）使用操作方便，安全可靠，能连续工作 3000h。

12.3　系统总体设计

根据柴油发电机组测控系统的技术指标要求,从以下几个方面考虑总体设计方案。

1. 微处理器的选择

根据技术指标要求,系统采用内带 A/D、D/A 接口的 MCS – 51 系列单片机 C8051F005 作为主控 CPU。和传统的 8051 单片机相比,C8051F005 具有如下优点:

(1)内带 1 个 12 位的 A/D 转换器,且可通过内部模拟开关外接 8 个 A/D 转换输入端;

(2)内部具有 2 个 12 位 D/A 转换器和 1 个 2.4V 的基准源;

(3)内部扩展了 2KB 外部数据存储器和 32KB 程序存储器,且程序存储器可以编程实现非易失性存储;

(4)采用流水线指令结构,70% 的指令的执行时间为一个或两个系统时钟周期;较传统的 MCS – 51 单片机指令执行速度大大提高。

此外,C8051F005 工作电压为 2.7V ~ 3.6V,所有端口容许 5V 电压。

2. 输入模拟信号处理

本系统要求采样并计算发电机组输出电压、电流的大小。根据指标要求,拟选用的传感器分别为精度为 0.1% 的电压互感器、精度为 0.1% 电流互感器,采用 CPU 内部的 12 位 A/D 作为模数转换器。

根据输入信号特点,系统采用交流采样的方式测量电压、电流值。交流采样的原理是在一个周期内对输入信号进行等间隔的 N 个点采样,并由这些采样值计算信号的有效值(图 12 – 2)。图 12 – 2 中 T 为信号周期,Δt 为采样间隔($\Delta t = T/N$)。

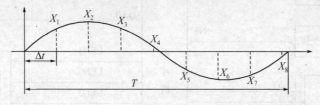

图 12 – 2　交流测量原理

设这 N 个点的采样值分别为 $X_1, X_2, \cdots, X_i, \cdots, X_N$,则该周期信号的有效值 Y 为

$$Y = \sqrt{\sum_{i=1}^{N} X_i^2 \Big/ N}$$

为测量信号的周期,系统需提供一个测频电路,把周期性的交流信号转变为方波信号。

3. 输出模拟信号处理

根据指标要求,系统模拟输出信号先由 C8051F005 内部 12 位 D/A 进行数模转换,然后通过 V/I 变换电路把电压信号转换为电流信号,并传输给油控系统。控制量(D/A 数字值)的大小由 PID 控制算法得出。

4. 人机接口设计

系统的键盘与显示面板如图 12 - 3 所示。图中 LED1 ~ LED3 代表电压、电流、频率显示标识。当 LED1 亮时,数码管显示测量的电压值;当 LED2 亮时,数码管显示测量的电流值;当 LED3 亮时,数码管显示测量的频率值。一般情况下,电压、电流、频率交替显示。当需要单独显示某一测量值时,可由 KEY1、KEY2 或 KEY3 键进行切换。KEY1 对应电压独立显示,KEY2 对应电流独立显示,KEY3 对应频率独立显示。

4 个数码管采用静态显示方式,它由 4 片串转并芯片 74LS164 驱动,占用两个 CPU 的 I/O 口。LED 和键盘直接采用 CPU 端口驱动,共占用 7 个 I/O 口。

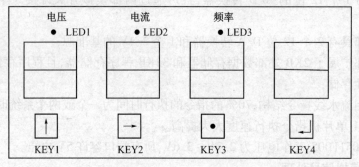

图 12 - 3　人机接口面板

5. 硬件系统的结构设计

综上所述,基于单片机的测控系统的系统结构如图 12 - 4 所示。图中注意:

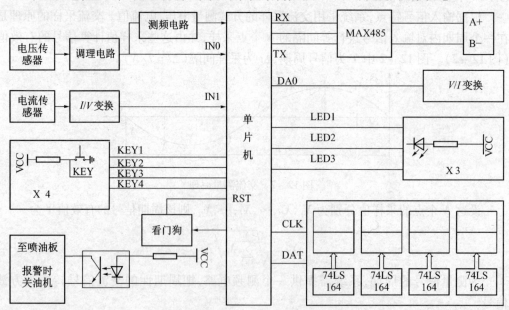

图 12 - 4　系统结构图

（1）由于采用 RS - 485 通信,接口芯片 MAX485 除占用 RX 和 TX 两个口线外,还需要一根收发控制线。

（2）为了提供系统可靠性,系统外接了"看门狗"控制芯片。

（3）当检测到系统出现了过压、欠压、过流、过载、频率超限等故障时，会产生报警并关闭柴油机。为提高可靠性，关机信号通过光耦隔离后送至喷油控制系统。

（4）系统一些参数要求停电后能保存，由于 C8051F005 可以编程闪存，因此没有外扩 EEPROM 芯片。如果使用其他单片机可能需要外括 EEPROM。

（5）C8051F005 内部有 32KB 闪存 FLASH 并集成了 2KB 外部 RAM，因此没有扩展存储器。当使用其他类型 CPU 时，可根据需要扩展存储器。

6. 数据和状态显示

根据指标要求，系统要求除了显示电压、电流、频率测量值外，还要显示各种报警信息。表 12 - 1 是各种报警信息显示内容。

表 12 - 1　报警信息显示码含义

显 示 信 息	含　义	显 示 信 息	含　义
U - H	输出电压过高	I - H	输出电流过高
U - L	输出电压过低	F - E	频率超限
P - H	输出功率过高		

7. 通信协议与格式

当柴油发电机组出厂测试时，要求把测量值和报警信息上传到上位机。系统采用 RS - 485 和主从式方式通信。上位机为主机，测试系统为从机，通信由主机发起，从机只作应答。通信格式如下：

[起始码]　[地址码]　[命令码]　[数据]　[校验和]

起始码：起始码主要是完成帧界定的作用，为 0xff。

地址码：每个测控系统都有唯一的地址码，可由键盘设置。地址码占 1B，0x00 和 0xff 不用，因此系统最大从机数量为 254 台。

命令码：由于通信任务简单，系统仅提供两条命令。一条是主机命令从机关机命令，另一条是主机请求从机上传测量数据命令。

对应的两条命令为：

关机命令 { 主机关机命令：　0xff　从机地址　0xa0　校验和
从机应答：　　　0xff　本机地址　0xa0　校验和 }

请求数据 { 主机请求数据命令：0xff　从机地址　0xa1　校验和
从机应答：　　　0xff　本机地址　0xa1　数据　　校验和 }

数据：当从应答测试数据时，数据顺序为

[电压高 8 位][电压低 8 位][电流高 8 位][电流低 8 位][频率高 8 位]
[频率低 8 位][报警值]；

检验和：检验和采用算术和。

8. 键盘功能划分

本系统键盘要实现的功能有报警门限值设置、PID 参数设置以及通信参数设置等。系统键盘个数共有 KEY1、KEY2、KEY3 和 KEY4 4 个，每个键盘都具有多种功能。

图 12 - 5 按"倒树"结构罗列了系统键盘功能。由于按键个数较少，因此采用二级下

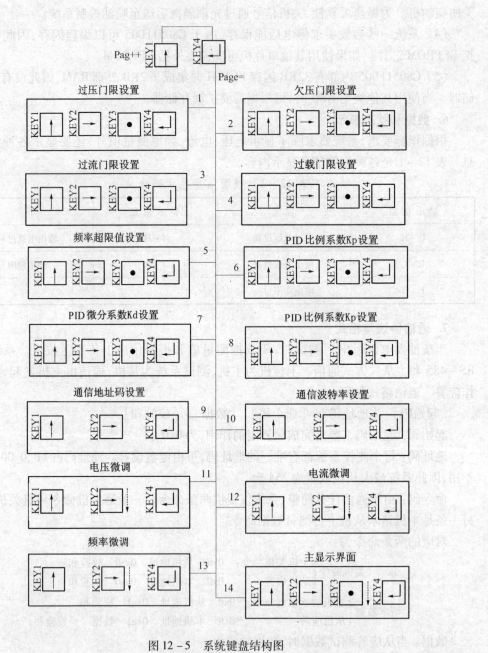

图 12 - 5　系统键盘结构图

拉菜单方式编写键盘程序。系统按功能不同把键盘划分 15 页(Page0 ~ Page14)。每页允许按键个数和各键功能各不相同。如第 1 页可按 4 个键,而第 11 页只能按 3 个键。图 12 - 6 是第 2 级第 1 页键盘功能图,该页利用 4 个按键完成过压门限值的设置。图中 KEY1 的功能是在设置数值时,实现数字按 0 ~ 9 顺序循环切换;KEY2 的功能是实现设置数值位数循环向前移动;KEY3 的功能是

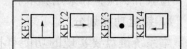

图 12 - 6　第 1 页键盘功能

完成当前设置位有无小数点的切换；KEY4 的功能是设置确认，并使菜单回到第 1 级（Page = 0）。图 12 - 5 各页功能见表 12 - 2。

表 12 - 2　各页及按键功能

页号	功 能 说 明	页号	功 能 说 明
0 主界面	KEY1 页号加 1；KEY4 确认按下该键进入相应页面菜单	8 Ki 设置	KEY1 ~ KEY3 功能同上；KEY4 按下后保存 PID 算法的积分常量 Ki 并返回初始页面
1 过压门限设置	KEY1 数字加 1；KEY2 数字位前移；KEY3 小数点；KEY4 按下后保存过压门限值并返回初始页面	9 通信地址设置	KEY1 数字加 1；KEY2 数字位前移；KEY4 按下后确定地址参数，并返回初始页面
2 欠压门限设置	KEY1 ~ KEY3 功能同上；KEY4 按下后保存欠压门限值并返回初始页面	10 波特率设置	KEY1 数字加 1；KEY2 数字位前移；KEY4 按下后确定波特率参数，并返回初始页面
3 过流门限设置	KEY1 ~ KEY3 功能同上；KEY4 按下后保存过流门限值并返回初始页面	11 电压微调	KEY1 数字加 1，KEY2 数字减 1；KEY4 确认微调电压比例系数并返回主面面
4 过载门限设置	KEY1 ~ KEY3 功能同上；KEY4 按下后保存过载门限值并返回初始页面	12 电流微调	KEY1 数字加 1，KEY2 数字减 1；KEY4 确认微调电流比例系数并返回主面面
5 频率超限设置	KEY1 ~ KEY3 功能同上；KEY4 按下后保存频率超限值并返回初始页面	13 频率微调	KEY1 数字加 1，KEY2 数字减 1；KEY4 确认微调频率比例系数并返回主面面
6 Kp 设置	KEY1 ~ KEY3 功能同上；KEY4 按下后保存 PID 算法的比例常量 Kp 并返回初始页面	14 主显示页面	KEY1 按下只显示电压，再按电压、电流、频率交替显示；KEY2 固定电流显示，类似 KEY1；KEY3 固定频率显示，类似 KEY1；KEY4 返回初始界面
7 Kd 设置	KEY1 ~ KEY3 功能同上；KEY4 按下后保存 PID 算法的微分常量 Kd 并返回初始页面		

＊＊微调方法：设一个变量的测量值为 X1，用标准仪器测量值（真实值）为 X0。再设 K = X0/X1，则以后测量的 X1 与 K 的乘积就刚好为真实值。电压、电流和频率的微调就是求出上面的 K。使用时通过微调键把测量值调到标准值，再按 KEY4 计算并确认对应的 K。以后再把测量是与 K 相乘，即为微调后的测量值。

9. 软件功能划分

系统软件主要功能有键盘处理、数据采集、数据处理、数据或状态显示、通信等。根据模块化编程思想，软件系统可以分为系统初始化模块、键盘处理模块、显示处理模块、数据采集模块、数据处理模块、检测报警模块和通信模块。

系统初始化模块主要完成显示缓冲、串行接口、特殊功能寄存器、数据缓冲区及变量的初始化，使系统复位后进入安全、确定的状态。键盘处理模块主要完成键盘扫描、各按键功能的处理等功能。显示处理模块主要完成显示器硬件驱动,按键显示、报警显示和采样电压、电流、频率的显示等功能。数据采集模块主要完成电压、电流采样和频率的测量等功能。数据处理模块主要是实现电压、电流有效值的计算,通过 PID 控制算法计算出控制量并通过 D/A 输出,实现输出电压的稳定。检测报警模块主要是检测输出电压、电流、频率等值是否超限,当出现超限时,通过数码管显示报警信息,同时关闭油机。通信模块主要完成上下位机通信。

根据以上分析,并结合系统硬件结构和模块化分层编程思想,可以确定图 12-7 所示的系统软件结构。图中第 4 层主要是完成 CPU 外部接口硬件的驱动编程,第 3 层主要是完成 CPU 内部资源和软硬件接口的编程,第 2 层主要实现应用数据的处理,第 1 层主要实现用户人机接口程序的处理。

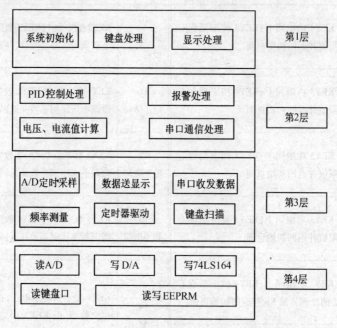

图 12-7 系统软件结构

12.4 系统的硬件设计

根据系统总体方案,下面按输入模拟信号处理模块、频率测量模块、通信模块和单片机外围接口模块对硬件系统予以介绍。

1. 模拟输入信号处理模块

模拟信号处理模块如图 12-8 所示。图中,输入电压先由电流型电压互感器把电压信号转变为电流信号,再由高精度电阻 $R1$ 取样,把电流信号转变为电压信号 V_{IN}。

设 $R2 = R6, R3 = R5$ 则有

$$V_O = 1.2 - \frac{R3}{R4} V_{IN}$$

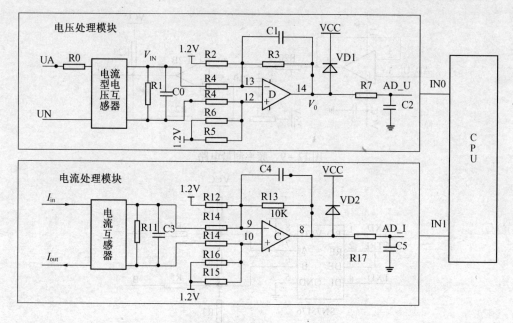

图 12-8 模拟输入模块电路

由于 C8051F005 基准为 2.4V,设计时取抬升电压为 1.2V,并取 $\dfrac{R3}{R4}V_{IN}$ 的幅值小于

1.2V,则可保证输出电压的值大于 0V。这样,运算放大器可以采用单电源供电,从而节省了一组负电源。

电流处理电路和电压处理电路类似,请读者自己分析。

处理后的电流信号 AD_I 和电压信号 AD_U 接入 C8051F005 的两个模拟输入端 IN0 和 IN1,供 CPU 采样。

2. 频率测量电路设计

频率测量电路主要功能是把交流电压信号整型变为方波信号(图 12-9)。图中,电压跟随器 U2A 起到信号隔离和增加驱动能力的作用。R20 和 C10 实现了 RC 滤波。由图 12-9 可知:运放 U2B 输入电压为

$$V_1 = 1.2 - \frac{R3}{R4}V_{IN}$$

U2B 输出电压为

$$V_2 = \left(1 + \frac{R2}{R1}\right) \times \frac{R3}{R4}V_{IN}$$

当 $\left(1 + \dfrac{R2}{R1}\right) \gg 1$ 时,输入电压稍大于 0,输出电压即跳变为 VCC,这样就实现了把交流电压信号整型变为方波信号的目的。整型后的方波信号接入 CPU 的 INT0,供 CPU 测频用。

3. RS-485 接口电路设计

图 12-10 的 RS-485 模块中,SN75176 的 A、B 端分别接了上拉和下拉电阻。这样即使该模块(以下称为节点)未连接到总线上,A、B 引脚上的电压差仍能使 RO 输出为

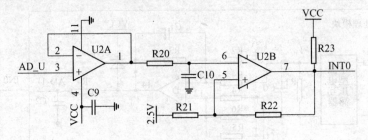

图 12 - 9 频率测量电路

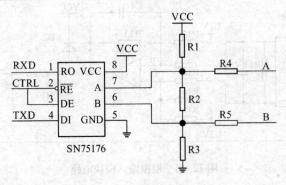

图 12 - 10 RS - 485 接口电路

高,从而避免因总线的干扰信号引起单片机串行口的误接收。图中的 R4、R5 为保护电阻,其作用是把本节点的 A、B 引脚和总线隔离开来。假设本节点的 A、B 引脚对地击穿,由于 R4、R5 的阻值较大,通信总线不会因此被拉低,也不会影响其他节点的通信。R2 为匹配电阻,用于匹配线路阻抗,吸收反射信号。图中 SN75176 的 2、3 脚通过 CTRL 接到单片机端口,当 CTRL = 1 时,芯片处于发送数据状态,当 CTRL = 0 时,芯片处于接收数据状态。

4. CPU 外围接口

CPU 接口电路比较简单,表 12 - 3 列出 CPU 各端口的信号连接。

表 12 - 3 CPU 外围接口

端口(名称)	功　能	端口(名称)	功　能
P1.0(Clk164)	输出:74LS164 的时钟输入端	P1.6(KEY3)	输入:键盘
P1.1(Data164)	输出:74LS164 的数据输入端	P1.7(KEY4)	输入:键盘
P1.2(WDog)	输出:"看门狗"控制	P2.0(LED1)	输出:电压指示灯
P1.3(Stop)	输出:关油机控制端	P2.1(LED2)	输出:电流指示灯
P1.4(KEY1)	输入:键盘	P2.2(LED3)	输出:频率指示灯
P1.5(KEY2)	输入:键盘	P2.3(CTRL)	输出:RS - 485 收发控制

12.5 软 件 设 计

本节按变量定义、显示模块、键盘处理模块、数据采集和处理模块、通信模块的顺序介绍系统软件。

1. 变量定义

与硬件接口有关的变量定义如下：

```
sbit  Clk164 = P3^1;    //74LS164 的时钟端
sbit  Data164 = P1^0;   //74LS164 的数据端
sbit  WDog = P1^2;      //看门狗的控制端
sbit  Stop = P1^3;      //油机控制端,输出 0 关油机
sbit  Key1 = P1^4;
sbit  Key2 = P1^5;
sbit  Key3 = P1^6;
sbit  Key4 = P1^7;      //KEY1 ~ KEY4 对应端口
sbit  LED1 = P2^0;      //电压显示标识
sbit  LED2 = P2^1;      //电流显示标识
sbit  LED3 = P2^2;      //频率显示标识
sbit  Ctrl = P2^4;      //RS485 收发控制,"1"发送数据、"0"接收数据
```

与下面介绍的程序有关的全局变量如下：

```
#define uint     unsigned int
#define uchar    unsigned char
uint    UValue;
uint    IValue;
uint    FValue;
uchar   Page;
uchar   DispMode;
uint    SetBuf[4];
uint    DispBuf[4];
uchar   ShapeBuf[4];
uchar   KeyValue;
bit     Hold;
bit     WhoHold;
bit     Dot;
uchar   DotPos;
uchar   SetPos;
uchar   SampTimeL;
uchar   SampTimeH;
uint    xdata AcUSampleValue[32];
uint    xdata AcISampleValue[32];
```

2. 显示模块

按照从最底层到顶层的顺序,显示模块包含下面函数：

　　　void Shift164(unsigned char In)

该函数是通过对 74LS164 时序编程,把数据 In 输出到 74LS164 的并行口,实现串转并的功能,函数原型见例 10.8。

　　　void SendDisp(unsigned char * ShapeBuf)

该函数的功能是把 ShapeBuf 指向的连续 4 个单元的数据送到数码管中显示。注意：

　　ShapeBuf 指向连续单元中的数据已是与硬件相关的字形码数据。函数原型见例 10.8。

　　　　void FindShape(unsigned char * DispBuf,unsigned char * ShapeBuf,char Dot)

　　该函数是把 DispBuf 指向的 4 个显示缓冲区的数字,转变为要显示的字形码。对应的字形码存放在 ShapeBuf 指向的连续 4 个单元。Dot 是要显示小数点的位置,小数点位置从左到右依次为 0,1,2,3。当为其他值时,输入小数点位置非法。函数原型见例 10.8。

　　　　void DataSeparate(unsigned int InData ,unsigned char * OutData)

　　当要把具体数值(如电压、电流、频率)送显时,首先要把数值拆分成各个数字,才能送到显示缓冲区显示,这一功能由该函数完成。

　　InData 为要拆分的数值,OutData 拆分后的数字存放位置。OutData[0]存千位,OutData[1]存百位,OutData[2]存十位, OutData[3]存个位。由于是 4 位显示,InData 最大值为 9999。函数原型见例 10.8。

　　　　void UIFDisp(char WhoDisp)

　　该函数主要是按形参 WhoDisp 的要求,显示电压、电流或频率值。

　　WhoDisp 各值含义如下:

//0：显示电压,包括 1 位小数

//1：显示电流,包括 2 位小数

//2：显示频率,包括 2 位小数

　　函数原型如下:

```
#define C_On          0
#define C_Off         1
#define LEDVOn        {LED1 = C_On; LED2 = C_Off; LED3 = C_Off; }
#define LEDIOn        {LED1 = C_Off; LED2 = C_On; LED3 = C_Off; }
#define LEDFOn        {LED1 = C_Off; bLED2 = C_Off; LED3 = C_On; }
void UIFDisp(char WhoDisp)
{
    if(WhoDisp == 0)                //显示电压
    {
      DataSeparate(UValue ,DispBuf);
      FindShape(DispBuf,ShapeBuf,2);//小数点位置在第 2 位,1 位小数
      LEDVOn
    }
    else if(WhoDisp == 1)           //显示电流
    {
      DataSeparate(IValue ,DispBuf);
      FindShape(DispBuf,ShapeBuf,1); //小数点位置在第 1 位,2 位小数
      LEDIOn
    }
    else if((WhoDisp == C_DispF)     //显示频率
    {
      DataSeparate(FValue ,DispBuf);
```

```
        FindShape(DispBuf,ShapeBuf,1);  //小数点位置在第 1 位,2 位小数
        LEDFOn
    }
    SendDisp(ShapeBuf);//数据送显
}
```

```
    void UIFCycleDisp(bit Hold,char WhoHold)
```

该函数实现电压、电流、频率的固定或循环显示,函数原型如下:

```
//Hold: 当它为 1 时表示要固定显示 WhoHold 指定的量;当它为 0 时,电压、电流、
//      频率交替显示
//WhoHold: 当 Hold =1 时有效,取值为 0(显示电压)、1(显示电流)、2(显示频率)
void UIFCycleDisp(bit Hold,unsigned char WhoHold)
{
    static char   Step =0;
    if(Hold ==1)        //如果 Hold =1,固定显示 WhoHold 指示的变量
    {
      if(WhoHold >2)
        WhoHold =0;
      Step =WhoHold;
    }
    else          //否则循环显示
    {
      Step ++;
      Step% =3;
    }
    UIFDisp( Step);
}
```

```
        DispSetData(char SetPos,bit Dot,char DotPos)
```

该函数实现按键时设定值的显示,函数原型如下:

```
//SetPos: 4 个数码管的哪一个数码管处于设定状态。处于设定状态的数码管会闪烁
//Dot:     处于设定状态的位是否按了小数点键,按下小数点键后,Dot 在 0、1
//        之间切换。
//DotPos:小数点位置
void DispSetData(char SetPos,bit Dot,char DotPos)
{
    static char Step;
    if(Dot ==1)
        FindShape(SetBuf,ShapeBuf,DotPos);
    else
        FindShape(SetBuf,ShapeBuf,-1);
    if(Step ==1)//Step =0,显示数字,Step =1 关显示,这样就实现了设置位闪烁。
        ShapeBuf[SetPos] =C_DispOFF;
    SendDisp(ShapeBuf);
    Step ++;
```

```
        Step% =2;
}

    void SysDisp()
```

系统显示函数,函数根据显示模式实现主界面显示(显示电压、电流、频率),设定状态显示或报警显示。函数显示模式由全局变量 DispMode 决定: DispMode = 0,主界面显示;DispMode = 1 设定值显示;DispMode = 2,报警界面显示。

```
void SysDisp()
{
    if(DispMode ==0)
        UIFCycleDisp(Hold,WhoHold);    //显示测量值
    else if(DispMode ==1)
        DispSetData(DotPos, Dot, DotPos); //显示设定值
    else if(DispMode ==2)              //显示报警值
        SendDisp(ShapeBuf);
}

    void    SysDispTask(void)
```

该函数每隔 0.5s 进行一次系统显示。函数调用的超时函数 TimeOut( )的原型见例 10.3。

```
void    SysDispTask(void)
{
    if(TimeOut(&DispTime,500)) //0.5s 显示一次
        SysDisp();
}
```

3. 键盘处理模块

按照从最底层到顶层的顺序,键盘处理函数包含下面函数:

```
    void GetKey()
```

从硬件中读出键值,函数原型见例 10.9。

```
    void KeyScan(void)
```

键盘扫描程序,函数原型见例 10.9。

```
    void    KeyProcess(uchar Page)
```

该函数主要完成按键处理功能。为实现这个函数,定义了一个结构体 Page_KeyFun,这个结构体中成员 KeyNo 表示哪个键按下了,成员(* Fun)( )是指针函数,它指向按下该键所要执行的函数。

```
typedef struct
{  uchar   KeyNo;
    void   ( * Fun)();
} Page_KeyFun;
```

从前面的介绍可知,本系统键盘分为 15 页,每页可按的键也不一样。例如第 0 页可按 KEY1 和 KEY4 键(图 12 - 6)。设按 KEY1 后执行的函数为 Page0Key1Fun( ),按 KEY4 后执行的函数为 Page0Key4Fun( ),则可用一个 Page_KeyFun 结构体数组把表示它们:

```
code Page_KeyFun  Page0KeyFun[2] =
    {{C_Key1, Page0Key1Fun},{C_Key4, Page0Key4Fun}};
```

　　同样可以得出其他页对应的结构体数组。为节约篇幅,下面仅列出第 1 页和第 14 页对应的结构体数组。

```
code Page_KeyFun  Page1KeyFun[4] = {{C_Key1,Page1Key1Fun},
    {C_Key2,Page1Key2Fun},{C_Key3,Page1Key3Fun},{C_Key4,Page1Key4Fun}};
code Page_KeyFun Page14KeyFun[4] = {{C_Key1,Page14Key1Fun},
    {C_Key2,Page14Key2Fun},{C_Key3,Page14Key3Fun},{C_Key4,Page14Key4Fun}};
```

　　把上面 15 个页面对应的结构体数组定义好后,再定义一个 Page_KeyFun 类型的指针数组,数组中成员值即为上面 15 页对应数组首地址,即数组名。定义如下:

```
code Page_KeyEnable * PageKeyAddr[15] =
    {Page0KeyFun,Page1KeyFun,…,Page1KeyFun};
```

　　同时把每一页可以按下键盘的个数用数组 PageEnKeys[15]定义,定义如下:

```
uchar code PageEnKeys[4] = {2,4,…,4};
```

　　这样键盘处理函数可按下列方法执行:

　　(1) 找到某一页对应的结构体数组。

　　(2) 查找这一页哪个键按下。

　　(3) 由结构体数组,找出执行按下该键对应的函数入口地址(函数名),执行相应程序。

　　函数原型如下:

```
void    PageKeyProcess(uchar Page) //加下拉
{ uchar  i;
    Page_KeyFun  * FirstKey;
    FirstKey = (Page_KeyFun * )PageKeyAddr[Page]; //找到某页对应结构体数组首地址
    for(i = 0;i < PageEnKeys[Page];i ++ ) //查找该页中是哪个键按下
    {
        if(FirstKey - > KeyNo == KeyValue)  //找到了
        {
        FirstKey - > Fun();     //处理该键对应的函数
        KeyValue = KeyValue&0x7f;  //键值最高位清 0,表示该键已处理了
        break;
        }
        FirstKey ++ ;
    }
}
```

　　//以下为第 0 页对应两个按键(KEY1,KEY4)对应的函数介绍

```
    void Page0Key1Fun()
```

　　每按下 KEY1,页面显示加 1,数码管最后两位显示页面号,最后一位闪烁,前面 2 显示"d_"。函数原型如下:

```
void Page0Key1Fun()
{
    Page ++ ;
    Page% = 15;      //最大 15 页
```

```
        SetBuf[0] = C_d;
        SetBuf[1] = C_Line;  //前面 2 位显示"d_"
        SetBuf[2] = Page/10;
        SetBuf[3] = Page% 10;  //后面 2 位显示页号
        SetPos = 3;        //第 4 位闪烁
        Dot = 0;         //不显示小数点
        DispMode = 1;     //显示模式为设定值显示
    }
        void Page0Key4Fun()  //确认并初始化被选的页面
    {
    if( Page == 14)       //如果是主显页面,显示电压、电流、频率等
        {
        DispMode = 2;    //显示模式 2
        Hold = 0;       //刚开始不固定某一变量显示
        }
    else         //否则,进入设定页面显示
        {
        SetBuf[0] = SetBuf[1] = SetBuf[2] = SetBuf[3] = 0;  //刚开始显示"0000"
        SetPos = 0;    //最高位闪烁
        Dot = 0;      //不显示小数点
        }
    }
```

以下是第 1 页 4 个按键对应的 4 个函数介绍,该页面实现高压门限电压 SetHighV 的设定。

```
        void Page1Key1Fun()
```

当前设置位置数字(0~9)加 1,函数原型如下:

```
void Page1Key1Fun()
{
    SetBuf[SetPos] ++;SetBuf[SetPos]% =10;
}
```

```
        void Page1Key2Fun()
```

设定位置(0~3)前移,函数原型如下:

```
void Page1Key2Fun()
{
    SetPos ++;SetPos% =4;
}
```

```
    void Page1Key3Fun()
```

确定是否设置位有小数点按下,并记录小数点位置,函数原型如下:

```
void Page1Key3Fun()
{
    Dot = ~Dot;      //小数点有无切换
    DotPos = SetPos;    //小数点位置确定
```

```
}
    void Page1Key4Fun()
```

设定值保存在 SetHighV 中,并保存在 flash 中,同时返回到初始页面。

```
void Page1Key4Fun()
{
    unsigned int Temp0; float Temp1;
    Temp0 + = SetBuf[0]*1000 + SetBuf[1]*100 + SetBuf[2]*10 + SetBuf[3];
    Temp1 = (float) Temp0;
    if(Dot == 1)//如果有小数点,根据小数点位置重新计算设置值
    {
        if(DotPos == 0)    //千位有小数点,除1000
            j = 1000;
        else if(DotPos == 1) //百位有小数点,除100
            i = 100;
        else if(DotPos == 2)   //十位有小数点,除10
            j = 10;
        else        //其他情况保留原数
            j = 1;
        Temp1 = Temp1 /j
    }
    SetHighV = Temp1;      //数值送 SetHighV 保存
    WriteEERom(SetHighV,C_SetVHigh_Addr);//保存到 flash 中
    Page = 0;           //切换到初始页面,并进行初始页面初始化
    SetBuf[0] = C_d;  SetBuf[1] = C_Line;   //前面2位显示"d_"
    SetBuf[2] = 0;    SetBuf[3] = 0;        //后面2位显示页号
    SetPos = 3;              //第4位闪烁
    Dot = 0;                //不显示小数点
    DispMode = 1;           //显示模式为设定值显示
}
```

以下是第 14 页 4 个按键对应的函数介绍,该页面主要实现单独显示和循环显示的切换。

```
    void Page14Key1Fun()
```

电压单独显示或循环显示切换。

```
void Page14Key1Fun()
{
    Hold = ~Hold;    //Hold = 1 固定显示,Hold = 0 循环显示;按下该键在电压独立显示
    WhoHold = 0;     //和循环显示之间切换
}
```

```
    void Page14Key2Fun()
```

电流单独显示或循环显示切换。

```
void Page14Key2Fun()
{
    Hold = ~Hold;    //Hold = 1 固定显示,Hold = 0 循环显示;按下该键电流单独显示
```

```
    WhoHold = 1;        //和循环显示之间切换
}
        void Page14Key3Fun()
```

频率单独显示或循环显示切换。

```
void Page14Key3Fun()
{
    Hold = ~Hold;       //Hold = 1 固定显示,Hold = 0 循环显示;按下该键频率单独显示
    WhoHold = 2;        //和循环显示之间切换
}
        void Page14Key4Fun()
```

按下该键进入初始设置页面。

```
void Page14Key4Fun()
{
    Page = 0;           //切换到初始页面,并进行初始页面初始化
    SetBuf[0] = C_d;  SetBuf[1] = C_Line;   //前面 2 位显示"d_"
    SetBuf[2] = 0;    SetBuf[3] = 0;        //后面 2 位显示页号
    SetPos = 3;       //第 4 位闪烁
    Dot = 0;          //不显示小数点
    DispMode = 1;
    WhoHold = 2;
}
        void KeyTask()
```

每隔 10ms 进行 1 次键盘扫描,并完成键盘处理任务。

```
void KeyTask(void)
{
    if(TimeOut(&KeyTime,10)
    {
        KeyScan();            //键盘扫描
        PageKeyProcess(Page); //键盘处理
    }
}
```

4. 采样模块

采样模块实现对交流电压、电流的采样。它的基本过程是在外部中断 0 的中断服务程序中启动信号频率的测量,测到频率($1/T$)后,以 $T/32$ 的时间间隔在信号下降到来时启动定时器 T0 中断,并在定时器 T0 中断中进行 A/D 采用,每周期采样 32 点。采样模块由下列函数组成。

```
        void Ex0_ISR(void) interrupt 0  using 1
```

该函数实现对交流电压信号的频率测量,并启动定时器 T0 实现对电压、电流的交流采样。函数原型见例 10.9。

```
        void  T0_ISR(void)  interrupt 1
```

该函数是在定时器 T0 中实现信号一个周期 32 点采样。它通过内部模拟开关实现电压、电流的交替采样。1 个周器采样电压、另一周期采样电流,依次轮换。

另外,在对电压、电流进行采样前,还要分析前面采用的数据是否处理完了。只有前面采样的数据处理完了,才允许当前的采样;否则关定时器 T0,取消该次采样。函数原型如下:

```
void   T0_ISR(void)   interrupt 1
{
    static char   SampleCount =0;//采样次数,最大 32 次
    static bit   Step =0; //Step =0 采样电压,Step =1 采样电流
    TL0 |= SampTimeL;
    TH0 = SampTimeH;      //定时器重新赋初始值
    //-----------------------------以下是电压采样阶段----------------------------------
    if(Step ==0)
    {
        if(bCalUFin ==0)   //如果上次采样数据没处理完,关定时器 T0,不采样
            TR0 =0;
        else
        {
            AcUSampleValue[SampleCount] =RdAD();//采样电压保存
            SampleCount ++;   //采样次数加 1
            if(SampleCount > = C_SampleFreq)   //如果 32 点采样完
            {
                bUISelect(1);   //模拟开关接电流端
                bCalUFin =0;      //置电压采样数据尚未处理标识
                SampleCount =0;   //初始化下次采样的计数器
                Step =1;
                TR0 =0;           //关采样,当下一个沿到来时,由外部中断 0 启动
            }                     //下一轮的采样
        }
    }
    //--------------------以下为电流采样阶段----------------------------------------
    else
    {
        if(bCalUFin ==0)   //如果上次采样数据没处理完,关定时器 T0,不采样
            TR0 =0;
        else
        {
            AcISampleValue[SampleCount] =RdAD();//采样电流保存
            SampleCount ++;   //采样次数加 1
            if(SampleCount > = C_SampleFreq)   //如果 32 点采样完
            {
                bUISelect(0);   //模拟开关接电压端
                bCalIFin =0;      //置电流采样数据尚未处理标识
                SampleCount =0;   //初始化下次采样的计数器
```

```
            Step = 0;
            TR0 = 0;              //关采样,当下一个沿到来时,由外部中断 0 启动
        }                         //下一轮的采样
    }
  }
}
```

5. 数据处理模块

数据处理模块主要是实现对采样电压、电流有效值的计算,数字滤波处理和 PID 控制算法处理。数字滤波可程序参照例 10.6,PID 控制算法主要目的是根据测量的电压,利用 PID 算法,调节喷油控制量(D/A 输出)。PID 算法的具体内容可参照其他课程,本书不予介绍。下面介绍与数据处理有关的几个函数:

```
            unsigned int TimeValue(int * Sour,float Gain,int Len)
```

函数实现交流信号有效值的计算。设一个周期内对信号采样 N 点,采样值分别为 $X_1, X_2, \cdots, X_i, \cdots, X_N$,则该周期的有效值为 $Y = \mathrm{sqrt}((X_1^2 + X_2^2 + X_i^2 + X_N^2)/N)$。函数原型如下:

```
//Sour: 采样值存放的位置
//Gain: 信号放大倍数
//Len: 采样点数
//返回: 计算的有效值
unsigned int TimeValue( unsigned int * Sour,float Gain,int Len)
{
    int     Temp;  char k;
    float   Sum = 0;
    for(k = 0;k < Len;k + +)
    {
        Temp = * (Sour + k) - C_Ref12;   //由硬件电路可知,信号抬高了 1.2V
        Sum + = Temp * Temp;
    }
    Sum = Sum/(Len);   //Sum = (X₁² + X₂² + Xᵢ² + Xₙ²)/N
    Sum = sqrt(Sum);
    Sum/= Gain;
    return((unsigned int)Sum);
}

            void CalValueTask()
```

该函数实现电压、电流有效值的计算。需要注意的是:在计算电压或电流的有效值时,要先判断采样数据是否已计算过,如果已计算过就没必要再计算。计算完有效值后,要置计算完标识,以使采样程序知道可以采样新的数据。

```
void CalValueTask()
{
    if(bCalIFin = = 0)//采样的电流数据没计算,则计算电流有效值
    {
        unsigned int P;
```

```
        IValue = TimeValue((int xdata *)AcISampleValue, GainI, 32);
        bCalIFin = 1;                    //电流计算完了,置电流计算完标识
        if((IValue > SetMaxI)            //电流超限,超限计数值加1
            AcIHighCount ++;
        else if(AcIHighCount >0)         //否则,超限计数值减1
            AcIHighCount --;
        P = IValue * UValue;             //计算功率
        if((P > SetMaxP)                 //功率超限,功率超限计数值加1
            AcPHighCount ++;
            else if(AcPHighCount >0)     //否则,功率超限计数值减1
                AcPHighCount --;
    }
    if(bCalUFin == 0)               //采样的电压数据没计算,则计算电压有效值
    {
        UValue = TimeValue((int xdata *)AcUSampleValue, GainU, 32);
        bCalUFin = 1;                    //电压计算完了,置电压计算完标识
        if((UValue > SetMaxV)            //如果电压超限,电压超限计数值加1
            AcUHighCount ++;
        else if(AcUHighCount >0)         //否则电压超限计数值减1
            AcUHighCount --;
        if((AcUValue < C_MinV)           //如果欠压,欠压计数值加1
            AcULowCount ++;
        else if(AcULowCount >0)          //否则欠压计数值减1
            AcULowCount --;
        if((AcFValue > SetMaxF)||(AcFValue < SetMinF))   //如果频率超限
            AcFHighCount ++;             //频率超限计数值加1
        else if(AcFHighCount >0)
            AcFHighCount --;             //否则频率超限计数值减1
    }
}

    void ACProtect()
```

该函数设置报警标识,方法是当超限计数值大于门限值时,设置报警标识。报警标识由位联合体变量 Protect 表示。联合体原型如下:

```
//----------------------定义 ProtectBit 结构体----------------------------------
typedef struct
{
    uchar bVHighFlag:1;  //过压表标识位
    uchar bVLowFlag :1;  //欠压标识位
    uchar bIHighFlag:1;  //过流标识位
    uchar bFHighFlag:1;  //频率超限标识位
    uchar bPHighFlag:1;  //过载标识位
    uchar Reserve   :3;  //保留
}ProtectBit;
```

```
//---------------------以下定义 ProtectByte 联合体---------------------------
typedef union
{   ProtectBit    xx;
    uchar    yy;
} ProtectByte;
ProtectByte Protect;
void ACProtect()
{
    if(AcUHighCount > C_CompProctCount) //电压超限计数值大于门限值,则置过压标识
        Protect.xx.bVHighFlag = 1;
    else
        Protect.xx.bVHighFlag = 0;
    ⋮
    if(AcPHighCount > C_CompProctCount) //功率超限计数值大于门限值,则置过载标识
        Protect.xx.bPHighFlag = 1;
    else
        Protect.xx.bPHighFlag = 0;
}
    void ProtectDisp()
```

出现报警时,则关闭油机,同时在显示器里显示报警信息。

```
void ProtectDisp()
{
    if(Protect.yy > 0)          //有报警信息时
    {
        Stop = 0;               //关油机
        DispMode = 3;           //显示模式为报警显示模式
        if(Protect.xx.bVHighFlag == 1) //如过压,显示"U-H"
        {
            DispBuf[0] = C_U;
            DispBuf[1] = DispBuf[2] = C_Line;
            DispBuf[3] = C_H;
        }
        else if(Protect.xx.bVLowFlag == 1) //如过压,显示"U-L"
        {
            DispBuf[0] = C_U;
            DispBuf[1] = DispBuf[2] = C_Line;
            DispBuf[3] = C_H;
        }
        ⋮
        else //频率超限,则显示"F-E"
        {
            DispBuf[0] = C_F;
            DispBuf[1] = DispBuf[2] = C_Line;
```

```
            DispBuf[0] = C_E;
        }
    }
}
        void DataProcessTask()
```
实现电压电流有效值的计算以及报警和控制算法处理。
```
void DataProcessTask()
{
    if((bCalIFin = =0)||(bCalUFin = =0))//采样数据没处理
    {
        CalValueTask();    //计算有效值
        ACProtect();       //设置报警标识
        ProtectDisp();     //设置报警显示信息
        PIDControl();      //PID 控制算法
    }
}
```

6. 通信模块

通信模块的任务包括：（1）接收上位机传送的命令并做出相应应答。当上位机命令关机时，通信模块关闭油机并向上位机回应。（2）当上位机请求数据时，该模块回应采样的电压、电流、频率和报警信息值。通信模块由串行中断程序自动完成。
```
        void RxCom(void)
```
该函数主要是对接收到的数据进行分析，如果接收正确，则按通信格式封装好应答数据，同时启动应答数据的发送。函数采用图 12 – 11 状态图编写。

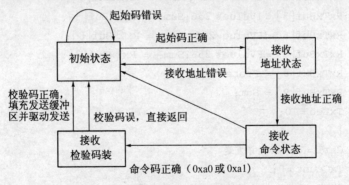

图 12 – 11　接收过程状态图

```
void RxCom(void)
{
    unsigned char static State = 0;
    unsigned char static Sum = 0;
    switch (state)
    {
    case 0:      //初始状态
```

```
        if(SBUF = 0xff)  state =1;
        break;
    case   1:    //接收地址状态
        if(SBUF = = MyAddr) {Sum = RxTxBuf[0] = SBUF;State =2;}
        else   state =0;
        break;
    case   2: //接收命令状态
        if((SBUF = =0XA0)||(SBUF = =0XA1))//命令正确
            {RxTxBuf[1] = SBUF;Sum + = RxTxBuf[1];State =3;}
        else    State =0;
        break;
    case   3: //接收校验和状态
        if(SBUF = = Sum)//校验和正确,则分析命令
        {
            if(RxTxBuf[1] =0xa1)
            {  RxTxBuf[2] = Sum;
            TxLen =3;
            Stop =0;//关由机
            }
            else   //请求数据命令,把要发送数据按通信格式组装到发送缓冲区
            {
            RxTxBuf[2] = UVulue/256;Sum + = RxTxBuf[2];
            RxTxBuf[3] = UVulue% 256;Sum + = RxTxBuf[3];
            RxTxBuf[4] = IVulue/256;Sum + = RxTxBuf[4];
            RxTxBuf[5] = IVulue% 256;Sum + = RxTxBuf[5];
            RxTxBuf[6] = FVulue/256;Sum + = RxTxBuf[6];
            RxTxBuf[7] = FVulue% 256;Sum + = RxTxBuf[7];
            RxTxBuf[8] = Protect.yy;
            RxTxBuf[9] = Sum;
            TxLen =10;
            }
            Ctrl =1;  //允许发送
            TxCount =0;
            SBUF =0XFF;发送起始码,启动发送中断
        }
    default:
        State =0;
        break;
    }
}
    void TxCom(void)
```

该函数把缓冲区中要发送的数据全部发送到上位机。

```
void TxCom(void)
```

```
{
    if(TxCount < TxLen)  //数据没发完
        SBUF = RxTxBuf[TxCount++];//发送缓冲区数据,同时发送指针前移
    else
        bRs485Ctr = 0;   //数据发送完后,使RS-485处于接收数据状态
}
```

void SCI_ISR(void) interrupt 4

利用串行中断,自动处理通信数据的收发。

```
void SCI_ISR(void) interrupt 4
{
    if(RI == 1)
    {
        RI = 0;
        RxCom();
    }
    else
    {
        TI = 0;
        TxCom();
    }
}
```

7. 主程序设计

综合上面介绍,系统主程序如下:

```
void main(void)
{
    SysInit();
    Page = 0;
    SysDispTask();
    DispMode = 2;
    while(1)
    {
        SysDispTask();
        KeyTask();
        DataProcessTask();
    }
}
```

附录1　MCS-51指令系统

助 记 符		指 令 说 明	字节数	周期数
		（数据传递类指令）		
MOV	A,Rn	寄存器传送到累加器	1	1
MOV	A,direct	直接地址传送到累加器	2	1
MOV	A,@Ri	累加器传送到外部RAM(8地址)	1	1
MOV	A,#data	立即数传送到累加器	2	1
MOV	Rn,A	累加器传送到寄存器	1	1
MOV	Rn,direct	直接地址传送到寄存器	2	2
MOV	Rn,#data	累加器传送到直接地址	2	1
MOV	direct,Rn	寄存器传送到直接地址	2	1
MOV	direct,direct	直接地址传送到直接地址	3	2
MOV	direct,A	累加器传送到直接地址	2	1
MOV	direct,@Ri	间接RAM传送到直接地址	2	1
MOV	direct,#data	立即数传送到直接地址	3	2
MOV	@Ri,A	直接地址传送到直接地址	1	2
MOV	@Ri,direct	直接地址传送到间接RAM	2	1
MOV	@Ri,#data	立即数传送到间接RAM	2	2
MOV	DPTR,#data16	16位常数加载到数据指针	3	1
MOVC	A,@A+DPTR	代码字节传送到累加器	1	2
MOVC	A,@A+PC	代码字节传送到累加器	1	2
MOVX	A,@Ri	外部RAM(8地址)传送到累加器	1	2
MOVX	A,@DPTR	外部RAM(16地址)传送到累加器	1	2
MOVX	@Ri,A	累加器传送到外部RAM(8地址)	1	2
MOVX	@DPTR,A	累加器传送到外部RAM(16地址)	1	2
PUSH	direct	直接地址压入堆栈	2	2
POP	direct	直接地址弹出堆栈	2	2
XCH	A,Rn	寄存器和累加器交换	1	1
XCH	A,direct	直接地址和累加器交换	2	1
XCH	A,@Ri	间接RAM和累加器交换	1	1
XCHD	A,@Ri	间接RAM和累加器交换低4位字节	1	1
		（算术运算类指令）		
INC	A	累加器加1	1	1
INC	Rn	寄存器加1	1	1
INC	direct	直接地址加1	2	1
INC	@Ri	间接RAM加1	1	1
INC	DPTR	数据指针加1	1	2
DEC	A	累加器减1	1	1
DEC	Rn	寄存器减1	1	1
DEC	direct	直接地址减1	2	2

（续）

助 记 符		指 令 说 明	字节数	周期数
		（算术运算类指令）		
DEC	@ Ri	间接 RAM 减 1	1	1
MUL	AB	累加器和 B 寄存器相乘	1	4
DIV	AB	累加器除以 B 寄存器	1	4
DA	A	累加器十进制调整	1	1
ADD	A, Rn	寄存器与累加器求和	1	1
ADD	A, direct	直接地址与累加器求和	2	1
ADD	A, @ Ri	间接 RAM 与累加器求和	1	1
ADD	A, #data	立即数与累加器求和	2	1
ADDC	A, Rn	寄存器与累加器求和(带进位)	1	1
ADDC	A, direct	直接地址与累加器求和(带进位)	2	1
ADDC	A, @ Ri	间接 RAM 与累加器求和(带进位)	1	1
ADDC	A, #data	立即数与累加器求和(带进位)	2	1
SUBB	A, Rn	累加器减去寄存器(带借位)	1	1
SUBB	A, direct	累加器减去直接地址(带借位)	2	1
SUBB	A, @ Ri	累加器减去间接 RAM(带借位)	1	1
SUBB	A, #data	累加器减去立即数(带借位)	2	1
		（逻辑运算类指令）		
ANL	A, Rn	寄存器"与"到累加器	1	1
ANL	A, direct	直接地址"与"到累加器	2	1
ANL	A, @ Ri	间接 RAM"与"到累加器	1	1
ANL	A, #data	立即数"与"到累加器	2	1
ANL	direct, A	累加器"与"到直接地址	2	1
ANL	direct, #data	立即数"与"到直接地址	3	2
ORL	A, Rn	寄存器"或"到累加器	1	2
ORL	A, direct	直接地址"或"到累加器	2	1
ORL	A, @ Ri	间接 RAM"或"到累加器	1	1
ORL	A, #data	立即数"或"到累加器	2	1
ORL	direct, A	累加器"或"到直接地址	2	1
ORL	direct, #data	立即数"或"到直接地址	3	1
XRL	A, Rn	寄存器"异或"到累加器	1	2
XRL	A, direct	直接地址"异或"到累加器	2	1
XRL	A, @ Ri	间接 RAM"异或"到累加器	1	1
XRL	A, #data	立即数"异或"到累加器	2	1
XRL	direct, A	累加器"异或"到直接地址	2	1
XRL	direct, #data	立即数"异或"到直接地址	3	1
CLR	A	累加器清零	1	2
CPL	A	累加器求反	1	1
RL	A	累加器循环左移	1	1
RLC	A	带进位累加器循环左移	1	1

（续）

	助 记 符	指 令 说 明	字节数	周期数
		（逻辑运算类指令）		
RR	A	累加器循环右移	1	1
RRC	A	带进位累加器循环右移	1	1
SWAP	A	累加器高、低4位交换	1	1
		（控制转移类指令）		
JMP	@ A + DPTR	相对 DPTR 的无条件间接转移	1	2
JZ	rel	累加器为0 则转移	2	2
JNZ	rel	累加器为1 则转移	2	2
CJNE	A,direct,rel	比较直接地址和累加器,不相等转移	3	2
CJNE	A,#data,rel	比较立即数和累加器,不相等转移	3	2
CJNE	Rn,#data,rel	比较寄存器和立即数,不相等转移	2	2
CJNE	@ Ri,#data,rel	比较立即数和间接 RAM,不相等转移	3	2
DJNZ	Rn,rel	寄存器减1,不为0 则转移	3	2
DJNZ	direct,rel	直接地址减1,不为0 则转移	3	2
NOP		空操作,用于短暂延时	1	1
ACALL	add11	绝对调用子程序	2	2
LCALL	add16	长调用子程序	3	2
RET		从子程序返回	1	2
RETI		从中断服务子程序返回	1	2
AJMP	add11	无条件绝对转移	2	2
LJMP	add16	无条件长转移	3	2
SJMP	rel	无条件相对转移	2	2
		（布尔指令）		
CLR	C	清进位位	1	1
CLR	bit	清直接寻址位	2	1
SETB	C	置位进位位	1	1
SETB	bit	置位直接寻址位	2	1
CPL	C	取反进位位	1	1
CPL	bit	取反直接寻址位	2	1
ANL	C,bit	直接寻址位"与"到进位位	2	2
ANL	C,/bit	直接寻址位的反码"与"到进位位	2	2
ORL	C,bit	直接寻址位"或"到进位位	2	2
ORL	C,/bit	直接寻址位的反码"或"到进位位	2	2
MOV	C,bit	直接寻址位传送到进位位	2	1
MOV	bit, C	进位位传送到直接寻址	2	2
JC	rel	如果进位位为1 则转移	2	2
JNC	rel	如果进位位为0 则转移	2	2
JB	Bit,rel	如果直接寻址位为1 则转移	3	2
JNB	Bit,rel	如果直接寻址位为0 则转移	3	2
JBC	Bit,rel	直接寻址位为1 则转移并清除该位	2	2

附录 2 常用字符的 ASCII 码(用十六进制数表示)

字符	ASCII	字符	ASCII	字符	ASCII	字符	ASCII	字符	ASCII
NUL	00	.	2F	C	43	W	57	K	6B
BEL	07	0	30	D	44	X	58	L	6C
LF	0A	1	31	E	45	Y	59	M	6D
FF	0C	2	32	F	46	Z	5A	N	6E
CR	0D	3	33	G	47	[	5B	O	6F
SP	20	4	34	H	48	\	5C	P	70
!	21	5	35	I	49	]	5D	Q	71
"	22	6	36	J	4A	↑	5E	R	72
#	23	7	37	K	4B	'	5F	S	73
$	24	8	38	L	4C	←	60	T	74
%	25	9	39	M	4D	A	61	U	75
&	26	:	3A	N	4E	B	62	V	76
'	27	;	3B	O	4F	C	63	W	77
(	28	<	3C	P	50	D	64	X	78
)	29	=	3D	Q	51	E	65	Y	79
*	2A	>	3E	R	52	F	66	Z	7A
+	2B	?	3F	S	53	G	67	{	7B
,	2C	@	40	T	54	H	68	|	7C
-1	2D	A	41	U	55	I	69	}	7D
/	2E	B	42	V	56	J	6A	~	7E

参 考 文 献

［1］ 张友德,等.单片微型机原理、应用与实验.上海:复旦大学出版社,2006.

［2］ 蔡美琴,等.MCS-51系列单片机系统及其应用.2版.北京:高等教育出版社,2004.

［3］ 苏家健,等.单片机原理及应用技术.北京:高等教育出版社,2004.

［4］ 王质朴,等.MC5-51单片机原理接口及应用.北京:北京理工大学出版社,2009.

［5］ 何宏,等.单片机原理与接口技术.北京:国防工业出版社,2006.

［6］ 张道德,等.单片机接口技术(C51版).北京:中国水利水电出版社,2007.

［7］ 李全利.单片机原理及应用技术.北京:高等教育出版社,2001.

［8］ 李群芳,黄建.单片微型计算机与接口技术.北京:电子工业出版社,2001.

［9］ 汪吉鹏.微机原理与接口技术.北京:高等教育出版社,2001.

［10］ 张毅刚,等.新编MCS-51单片机应用设计.哈尔滨:哈尔滨工业大学出版社,2003.

［11］ 唐俊杰,等.微型计算机原理及应用.北京:高等教育出版社,1993.